国家电网有限公司
技能人员专业培训教材

水电起重工

国家电网有限公司 组编

中国电力出版社
CHINA ELECTRIC POWER PRESS

图书在版编目（CIP）数据

水电起重工 / 国家电网有限公司组编. —北京：中国电力出版社，2020.8
国家电网有限公司技能人员专业培训教材
ISBN 978-7-5198-4467-7

Ⅰ.①水… Ⅱ.①国… Ⅲ.①起重机械–操作–技术培训–教材 Ⅳ.①TH21

中国版本图书馆 CIP 数据核字（2020）第 042776 号

出版发行：中国电力出版社
地　　址：北京市东城区北京站西街 19 号（邮政编码 100005）
网　　址：http://www.cepp.sgcc.com.cn
责任编辑：安小丹（010-63412367）
责任校对：黄　蓓　马　宁
装帧设计：郝晓燕　赵姗姗
责任印制：吴　迪

印　　刷：三河市百盛印装有限公司
版　　次：2020 年 8 月第一版
印　　次：2020 年 8 月北京第一次印刷
开　　本：710 毫米×980 毫米　16 开本
印　　张：15.75
字　　数：296 千字
印　　数：0001—1500 册
定　　价：48.00 元

版 权 专 有　　侵 权 必 究

本书如有印装质量问题，我社营销中心负责退换

本书编委会

主　　任　吕春泉

委　　员　董双武　张　龙　杨　勇　张凡华
　　　　　王晓希　孙晓雯　李振凯

编写人员　蒲英健　陶玉文　代祥文　冯　杰
　　　　　曹爱民　战　杰　张　冰　张亚武
　　　　　董有林　李　勇　张振勇

前 言

为贯彻落实国家终身职业技能培训要求，全面加强国家电网有限公司新时代高技能人才队伍建设工作，有效提升技能人员岗位能力培训工作的针对性、有效性和规范性，加快建设一支纪律严明、素质优良、技艺精湛的高技能人才队伍，为建设具有中国特色国际领先的能源互联网企业提供强有力人才支撑，国家电网有限公司人力资源部组织公司系统技术技能专家，在《国家电网公司生产技能人员职业能力培训专用教材》（2010年版）基础上，结合新理论、新技术、新方法、新设备，采用模块化结构，修编完成覆盖输电、变电、配电、营销、调度等50余个专业的培训教材。

本套专业培训教材是以各岗位小类的岗位能力培训规范为指导，以国家、行业及公司发布的法律法规、规章制度、规程规范、技术标准等为依据，以岗位能力提升、贴近工作实际为目的，以模块化教材为特点，语言简练、通俗易懂，专业术语完整准确，适用于培训教学、员工自学、资源开发等，也可作为相关大专院校教学参考书。

本书为《水电起重工》分册，由蒲英健、陶玉文、代祥文、冯杰、曹爱民、战杰、张冰、张亚武、董有林、李勇、张振勇编写。在出版过程中，参与编写和审定的专家们以高度的责任感和严谨的作风，几易其稿，多次修订才最终定稿，在本套培训教材即将出版之际，谨向所有参与和支持本书籍出版的专家表示衷心的感谢！

由于编写人员水平有限，书中难免有错误和不足之处，敬请广大读者批评指正。

目 录

前言

第一部分 起重作业技能

第一章 纤维绳的绳结制作 ·· 2
    模块 1 16 种绳结制作方法（ZY5600601001） ······················· 2
第二章 钢丝绳的绳结制作与编结 ·· 14
    模块 1 钢丝绳的编结方法（ZY5600602001） ························ 14
第三章 钢丝绳穿绕滑轮组 ·· 23
    模块 1 滑车和滑车组（ZY5600603001） ····························· 23
    模块 2 钢丝绳穿绕滑轮组方法（ZY5600603002） ··················· 32
第四章 起重指挥信号 ·· 38
    模块 1 手势信号（ZY5600604001） ··································· 38
    模块 2 旗语信号（ZY5600604002） ··································· 47
    模块 3 音响信号（ZY5600604003） ··································· 52
第五章 汽车起重机作业 ··· 55
    模块 1 流动式汽车起重机使用（ZY5600605001） ·················· 55
第六章 尾水平台搭设 ·· 78
    模块 1 尾水平台搭设方法及步骤（ZY5600606001） ················ 78
第七章 吊带使用与维护 ··· 83
    模块 1 吊带的功能及使用维护方法（ZY5600607001） ············· 83
    模块 2 化学纤维绳维护（ZY5600607002） ·························· 87
    模块 3 合成纤维吊带维护（ZY5600607003） ······················· 92
第八章 小型电气设备吊运 ·· 96
    模块 1 小型电气设备吊运方法（ZY5600608001） ·················· 96

第二部分 设 备 吊 装

第九章 独脚桅杆架设作业 107
  模块 1　独脚桅杆架设作业（ZY5600701001） 107

第十章 人字桅杆架设作业 113
  模块 1　人字桅杆架设作业（ZY5600702001） 113

第十一章 三角桅杆架设作业 119
  模块 1　三角桅杆架设作业（ZY5600703001） 119

第十二章 锚桩埋设 122
  模块 1　锚桩种类结构、简单计算（ZY5600704001） 122
  模块 2　锚桩埋设的方法及步骤（ZY5600704002） 124

第十三章 发电机主要部件拆装 127
  模块 1　发电机组成及代表部件拆装（ZY5600705001） 127

第十四章 水轮机主要部件拆装 133
  模块 1　水轮机结构组成及典型部件起重拆装（ZY5600706001） 133

第十五章 脚手架搭设 136
  模块 1　脚手架的搭设（ZY5600707001） 136

第十六章 建筑构件的捆绑 141
  模块 1　建筑构件的绑扎方法（ZY5600708001） 141

第十七章 物件水平移动与装卸 151
  模块 1　物件的水平移动（ZY5600709001） 151
  模块 2　一般物件的装卸（ZY5600709002） 159
  模块 3　利用滚杠完成物件的装卸车作业（ZY5600709003） 162
  模块 4　利用拖板运输一般设备（ZY5600709004） 163

第三部分 机 具 维 护

第十八章 白棕绳使用与维护 166
  模块 1　白棕绳使用维护方法（ZY5600801001） 166

第十九章 钢丝绳使用与维护 171
  模块 1　钢丝绳的构造、种类、规格（ZY5600802001） 171
  模块 2　钢丝绳的选择常识（ZY5600802002） 175
  模块 3　钢丝绳的安全检查（ZY5600802003） 178
  模块 4　正确使用钢丝绳（ZY5600802004） 180

第二十章　绳卡、卸扣、吊环和吊钩使用与维护……………………………184
　　模块1　绳卡（ZY5600803001）……………………………………………184
　　模块2　卸扣（卡环）（ZY5600803002）…………………………………188
　　模块3　吊环（ZY5600803003）……………………………………………192
　　模块4　吊钩（ZY5600803004）……………………………………………193
第二十一章　千斤顶使用与维护…………………………………………………198
　　模块1　齿条千斤顶的使用（ZY5600804001）……………………………198
　　模块2　螺旋千斤顶（ZY5600804002）……………………………………199
　　模块3　液压千斤顶（ZY5600804003）……………………………………202
第二十二章　钢管桅杆的立、拆和移动作业……………………………………204
　　模块1　钢管桅杆的立、拆及移动作业方法步骤（ZY5600805001）……204
第二十三章　绞磨使用与维护……………………………………………………207
　　模块1　绞磨种类、构造原理以及使用注意事项（ZY5600806001）……207
第二十四章　手拉葫芦使用与维护………………………………………………209
　　模块1　手拉葫芦（ZY5600807001）………………………………………209
　　模块2　手扳葫芦（ZY5600807002）………………………………………213
第二十五章　发电厂设备吊装实例………………………………………………216
　　模块1　设备翻身作业（ZY5600808001）…………………………………216

第四部分　大型起重设备操作及故障处理

第二十六章　大型起重设备操作…………………………………………………226
　　模块1　大型起重设备的构造及原理（ZY5600901001）…………………226
　　模块2　大型起重设备操作（ZY5600901002）……………………………227
第二十七章　电动葫芦故障处理…………………………………………………236
　　模块1　电动葫芦故障处理方法（ZY5600902001）………………………236
参考文献……………………………………………………………………………240

国家电网有限公司
技能人员专业培训教材 水电起重工

第一部分

起重作业技能

第一章

纤维绳的绳结制作

▲ 模块 1 16 种绳结制作方法（ZY5600601001）

【模块描述】本模块介绍纤维绳的绳结制作知识。通过对纤维绳绳结制作的实例讲解，掌握 16 种常用纤维绳绳结及其打结方法，掌握纤维绳与纤维绳的连接，纤维绳与吊钩、吊环的连接，以及作为捆绑用的绳结等。

【模块内容】

纤维绳在使用过程中，由于使用的场合不同，需将纤维绳系结成各式各样的绳结，以满足不同的需要。如纤维绳与纤维绳的连接，纤维绳与吊钩、吊环的连接，以及作为捆绑用的绳结等。本模块训练的要求是：掌握 16 种常用纤维绳绳结及其打结方法。

一、操作准备

准备 ϕ10mm、长 3m 的纤维绳两根，直径 ϕ60mm、长 0.6m 的木杆 1 根，油桶 1 个，吊钩 1 个，直径 ϕ60mm、长 0.6m 的木桩 1 根，锤子 1 把。

二、常用纤维绳绳结制作操作步骤

1. 平结

平结又称接绳结，用于连接两根粗细相同的纤维绳。结绳方法如下：

第一步，将两根纤维绳的绳头互相交叉在一起，如图 1-1-1（a）所示（A 绳头在 B 绳头的下面，也可以互相对调位置）。

第二步，将 A 绳头在 B 绳头上绕一圈，如图 1-1-1（b）所示。

第三步，将 A、B 两根绳头互相折拢并交叉，A 绳头仍在 B 绳头的下面，如图 1-1-1（c）所示。

第四步，将 A 绳头在 B 绳头上绕一圈，即将 A 绳头绕过 B 绳头从绳圈中穿入，与 A 绳并在一起（也可以将 B 绳头按 A 绳头的穿绕方法穿绕）将绳头拉紧即成平结，如图 1-1-1（d）所示。

在进行第三步时，A、B 两个绳头不能交叉错误，如果 A 绳头放在 B 绳头的上面

［见 1-1-1（e）］，则 A 绳头在 B 绳头上绕过后，A 绳头就不会与 A 绳并在一起，而打成的绳结［见图 1-1-1（f）］所示。此绳结的牢固程度不如平结，外表不如平结美观。

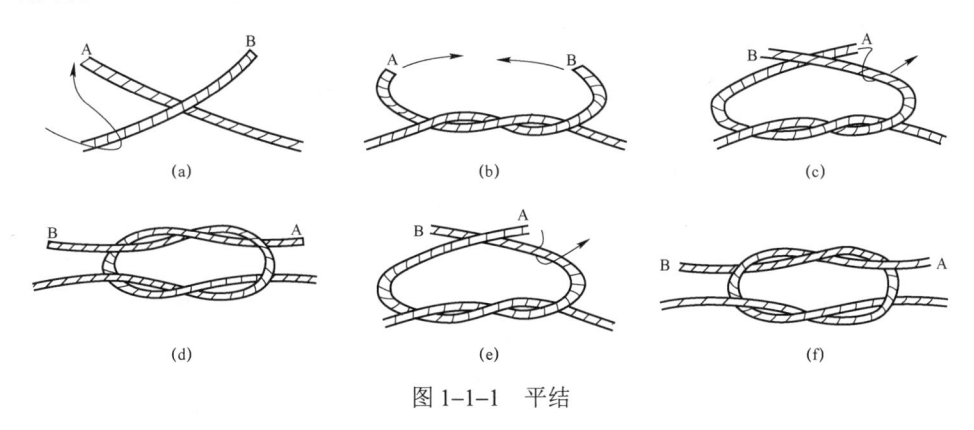

图 1-1-1　平结

2. 活结

活结的打结方法基本上与平结相同，只是在第一步将绳头交叉时，把两个绳头中的任一根绳头（A 或 B）留得稍长一些。在第四步中，不要把绳头 A（或绳头 B）全部穿入绳圈，而将其绳端的圈外留下一段.然后把绳结拉紧，如图 1-1-2 所示。

图 1-1-2　活结

活结的特点是当需要把绳结拆开时，只需把留在圈外的绳头 A（或 B）用力拉出，绳结即被拆开，拆开方便而迅速。

3. 死结

死结大多数用在重物的捆绑吊装，其绳结的结法简单，可以在绳结中间打结。捆绑时必须将绳与重物扣紧，不允许留有间隙，以免重物在绳结中滑动。死结的结绳方法有两种。

（1）第一种方法是将纤维绳对折后打成绳结，然后把重物从绳结穿过，把绳结拉紧后即成死结，如图 1-1-3 所示。下述为打结步骤：

第一步，将纤维绳在中间部位（或其他适当部位）对折，如图 1-1-3（a）所示。

第二步，将对折后的绳套折向后方（或前方），形成如图 1-1-3（b）所示的两个绳圈。

第三步，将两个绳圈向前方（或后方）对折，即成为如图 1-1-3（c）所示的死结。

(a)　　　　　　　(b)　　　　　　　(c)

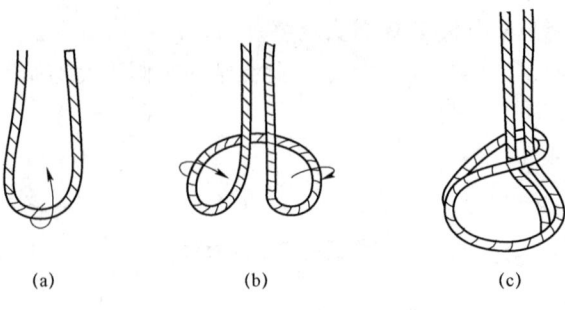

图 1-1-3　死结

(2) 由于第一种结绳方法是先系成绳结，然后将物件从绳结中穿过再扣紧绳结，故当物件很长时，利用第一种方法很困难，可采用第二种方法。其步骤如下：

第一步，将纤维绳在中间对折并绕在物件（如电杆木）上，如图 1-1-4（a）所示。

第二步，将绳头从绳套中穿过，如图 1-1-4（b）所示，然后将绳结扣紧，即可进行吊运工作。

4. 水手结（滑子扣、单环结）

水手结在起重作业中使用较多，主要用于拖拉设备和系挂滑车等。此绳结牢固、易解，拉紧后不会出现死结。其结绳方法有两种。

(1) 第一种结绳方法。

第一步，在纤维绳头部适当的长度上打一个圈，如图 1-1-5（a）所示。

第二步，将绳头从圈中穿出，如图 1-1-5（b）所示。

(a)　　　　　　　　　　　(b)

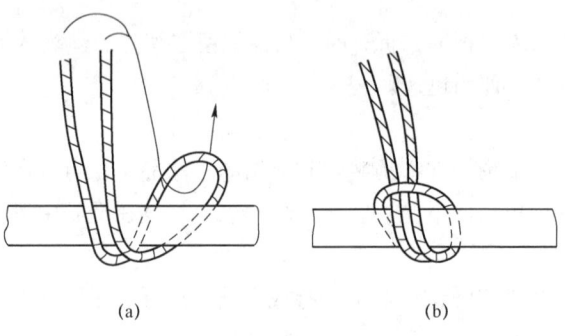

图 1-1-4　死结另一种结绳方法

第三步，将已穿出的绳头从纤维绳的下面绕过后再穿入圈中，便成为如图 1-11-1-5（c）所示的水手结。绳结结成后，必须将绳头的绳结〔见图 1-1-5（a）〕的圈拉紧。否则在受力后，图 1-1-5（c）中的 A 部分会翻转，使绳结不紧。翻转后的绳结如图 1-1-5（d）、(e) 所示。

(a)　　　　　(b)　　　　　(c)　　　　　(d)

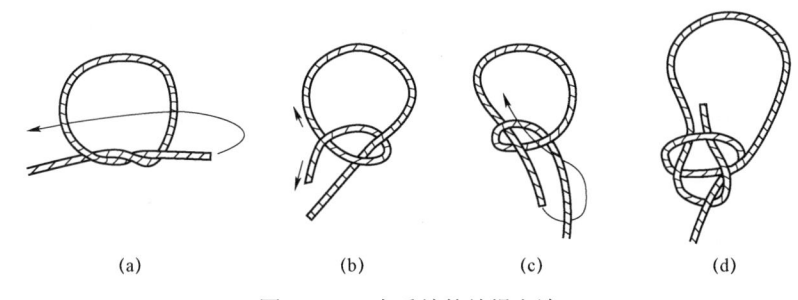

图 1-1-5　水手结的结绳方法

（2）第二种结绳方法。

第一步，将纤维绳结成一个圈，如图 1-1-6（a）所示。

第二步，将绳头按图 1-1-6（a）中箭头所示方向向左折，即形成如图 1-1-6（b）所示的绳圈。

第三步，按图 1-1-6（b）所示的箭头方向将绳头拉直，即成为如图 1-1-6（c）所示的绳圈。

第四步，将图 1-1-6（c）中的绳头在绳的下面绕过后再穿入绳圈中，便形成如图 1-1-6（d）所示形状的水手结。绳结形成后，同样要把绳结拉紧后才能使用。

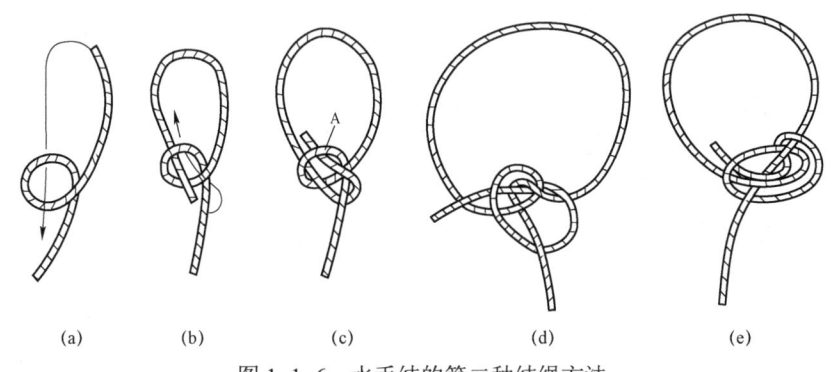

(a)　　　(b)　　　(c)　　　　(d)　　　　　(e)

图 1-1-6　水手结的第二种结绳方法

5. 双环扣（双环套、双绕索结）

双环扣的作用与水手结基本相同，它可在绳的中间打结。由于其绳结同时有两个绳环，因此，在捆绑重物时更安全。其结绳的方法有两种。

（1）第一种结绳方法。

第一步，把绳对折后将绳头压在绳环上形成如图 1-1-7（a）所示的绳环 A、B。

(a)　　　　(b)

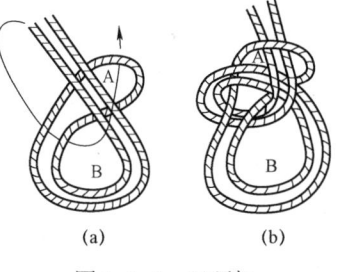

图 1-1-7　双环扣

第二步，将绳头从绳环 A 的上面绕到下面，从绳环 B 中穿出后再穿绳环 A 中，即成为如图 1-1-7（b）所示的双环扣。

（2）第二种结绳方法。

第一步，将绳对折后圈成一个绳环 B，如图 1-1-8（a）所示。

第二步，将绳环 A 从绳环 B 的上面穿入，成为如图 1-1-8（b）所示的形状。

第三步，将绳环 A 向前面翻过来，并套在绳环 C 的下面，形成如图 1-1-8（c）所示的形状。

第四步，绳环 A 继续向上翻，直至靠在两根绳头上，然后将绳拉紧，即成为如图 1-1-8（d）所示的双环扣。

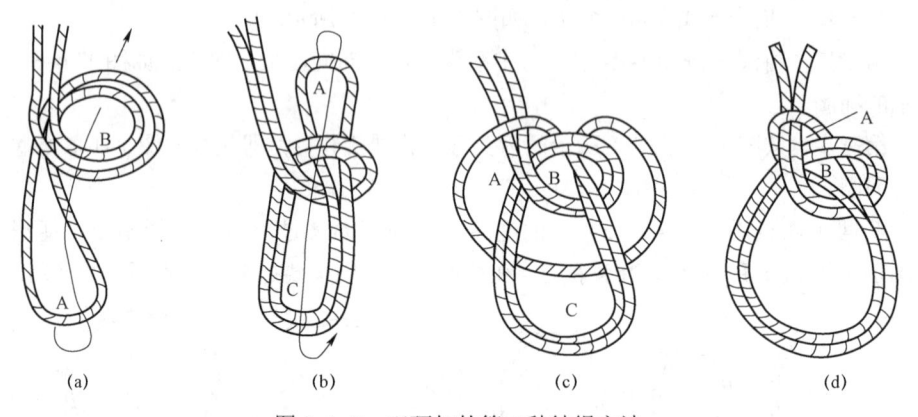

图 1-1-8 双环扣的第二种结绳方法

6. 单帆索结

单帆索结用于两根纤维绳的连接。其结法如下所述：

第一步，将两根绳头互相叉叠在下起，如图 1-1-9（a）所示。A 绳头被压在 B 绳头的下面。

第二步，将 A 绳头在 B 绳头上绕一圈，A 绳头仍在 B 绳头的下面，如图 1-1-9（b）所示。

第三步，将 A、B 绳头互相靠拢并交叉在一起，B 绳头仍压在 A 绳头的上面，如图 1-1-9（c）所示。

第四步，将 B 绳头从 A 绳头的下面穿出，并压在 B 绳的上面，将绳结拉紧，即成为如图 1-1-9（d）所示的单帆索结。

7. 双帆索结

双帆索结用于两根纤维绳绳头的相互连接，绳结牢固，结绳方便，绳结不易松散。其绳结的打法如下所述：

(a) (b)

(c) (d)

图 1-1-9 单帆索结

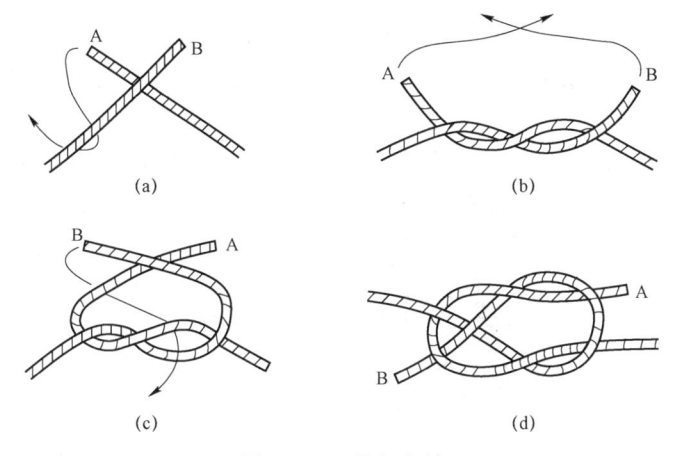

第一、二、三步的结法与图 1-1-9 单帆索结方法相同，如图 1-1-10（a）、（b）、（c）所示。

第四步的结法是将绳头 B 按图 1-1-10（c）中箭头所示方向，在 A 绳上绕两圈并穿压在 A 绳下，即成为图 1-1-10（d）所示的双帆索结。

8. "8" 字结（梯形结、猪蹄扣）

"8" 字结主要用于捆绑物件或绑扎桅杆，其打结方法简单，而且可以在绳的中间打结，绳结脱开时不会打结，其结绳方法有两种。

(a) (b)

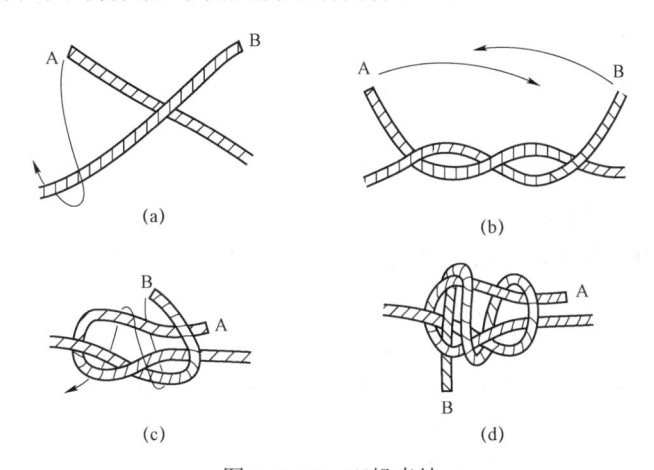

(c) (d)

图 1-1-10 双帆索结

（1）第一种结绳方法。

第一步，将绳绕成一个绳圈，如图 1-1-11（a）所示。

第二步，紧挨第一个绳圈再绕成一个绳圈，如图 1-1-11（b）所示。

第三步，将两个绳圈 C、D 互相靠拢，且 C 圈压在 D 圈的上面，如图 1-1-11（c）所示。

第四步，将两个绳圈 C、D 互相重叠在一起，即成为如图 1-1-11（d）所示的"8"字结。将绳结套在物件上以后须把绳结拉紧，重物才不致从绳结中脱落。

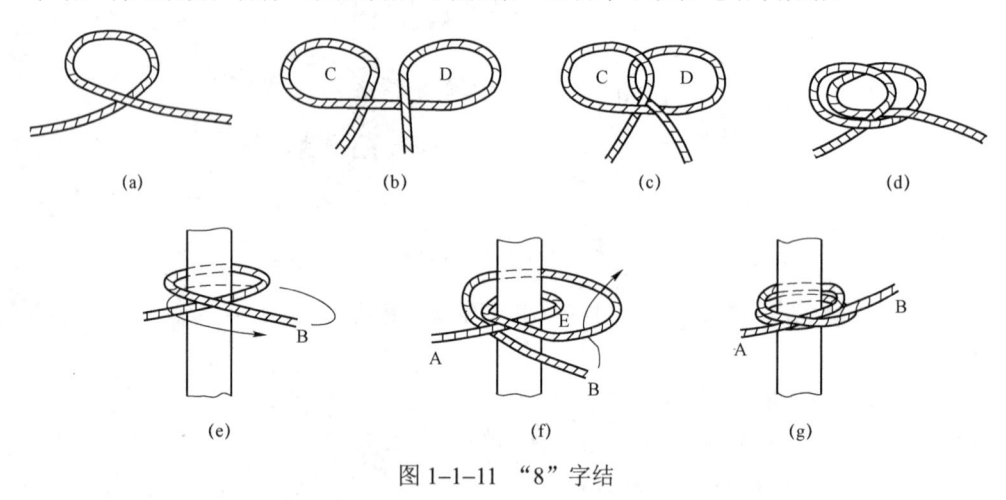

图 1-1-11 "8"字结

（2）第二种结绳方法。

由于第一种结绳法要先结成绳结，然后把物件穿在绳结中，这种方法只能用于较短的杆件；当杆件较长，杆件穿入有困难时，就必须用第二种结绳方法。其步骤如下：

第一步，将绳从杆件的后方绕向前方，绳头 B 压在绳头 A 的上面，如图 1-1-11（e）所示。

第二步，将 B 绳头继续从杆件的后方绕向前方，A 绳头压在 B 绳头的上面，如图 1-1-11（f）所示。

第三步，将 B 绳头从绳圈 E 中穿出，将绳头拉紧，即成为如图 1-1-11（g）所示的"8"字结。

9. 双"8"字结（双梯形结、双猪蹄扣）

双"8"字结的用途与"8"字结基本相同，其绳结比"8"字结更加牢固。其结绳方法如下：

第一步，先打一个"8"字结，紧靠"8"字结再绕一个圈 C，如图 1-1-12（a）所示。

第二步，将绕成的绳圈 C 压在已打成的"8"字结的下面，并重叠在一起。然后将绳结套在杆件上，将绳头拉紧，即成为如图 1-1-12（b）所示的双"8"字结。

结绳的第一步中，在绕圈 C 时应注意，绳头一定要压在绳上，不能放在绳的下面。

如果绳圈绕错时，就不能打成双"8"字结。

如果直接在杆件上打双"8"字结，则打第一个"8"字结的方法与"8"字结的第二种方法相同。在杆件上打好一个"8"字结后，将绳头 B 折向杆件后面，再从杆件后面绕到前面，绳头从本次绕绳的下面穿出，如图 1-1-12（c）所示。

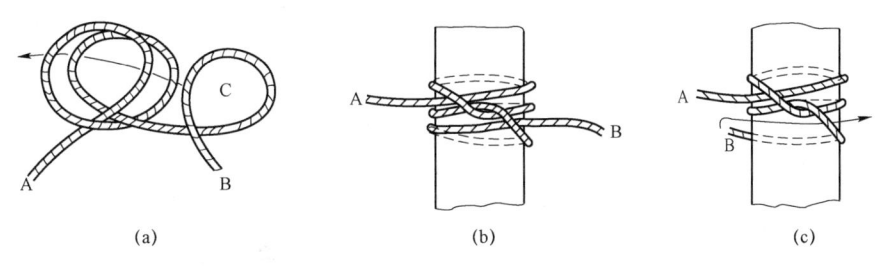

图 1-1-12　双"8"字结

10. 木结（背扣、活套结）

木结用于起吊较重的杆件，如圆木、管子等，其特点是易绑扎，易解开。其结绳方法如下：

第一步，将绳在木杆上绕一圈，如图 1-1-13（a）所示。

第二步，将绳头从绳的后方绕向前方，如图 1-1-13（b）所示。

第三步，将绳头穿入绳圈中，并将绳头留出一段，如图 1-1-13（c）所示。在解开此木结时，只需将绳头一拉即可。

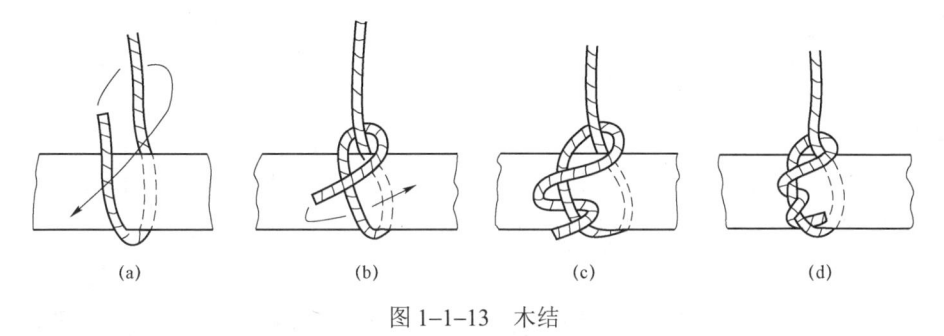

图 1-1-13　木结

如果绳头在绳圈上多绕一圈，则成为如图 1-1-13（d）所示的木结。此绳结由于绳头在绳圈上多绕一圈，故绳结比如图 1-1-13（c）所示木结更牢固，但解结不如图如 1-1-13（c）所示的木结方便。

11. 叠结（倒背扣、垂直运扣）

叠结用于垂直方向捆绑起吊较轻的杆件或管件。其结绳方法如下：

第一步，将绳从杆件的前面绕向后面，再从后面绕向前面，并把绳压在绳头的下面，如图 1-1-14（a）所示。

第二步，在第一个圈的下部，再将绳头从杆件的前面绕到后面，并继续绕到前面，如图 1-1-14（b）所示。

第三步，把绳头按图 1-1-14（b）上箭头所示方向连续绕两圈，把绳头压在绳圈内，即成为如图 1-1-14（c）所示的叠结。在垂直起吊前，应把绳结拉紧，使绳结与杆件间不留空隙，这样起吊时，杆件就不会从绳结中脱落下来。

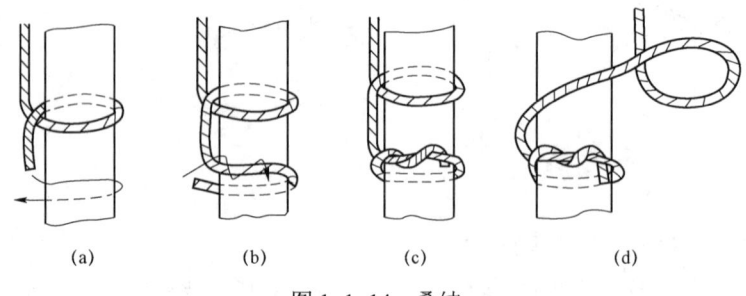

图 1-1-14 叠结

当杆件较短时，也可以先打下面的结，然后在绳上再打一个圈[见图 1-1-14（d）]，将圈从杆件的一端套入，使用时同样应把绳结拉紧，使绳结与杆件间不留间隙。

12. 杠棒结（抬扣）

杠棒结主要用于较轻物件的抬运或吊运。在抬起重物时绳结自然收紧，结绳及解绳迅速。其结绳方法如下：

第一步，将一个绳头结成一个环，如图 1-1-15（a）所示。

第二步，按图 1-1-15（a）中箭头所示的方向，将另一个绳头 B 压在已折成的绳环上，如图 1-1-15（b）所示。

第三步，按图 1-1-15（b）中箭头所示的方向，把绳头 B 在绳环上绕一圈半，绳头 B 压在绳环的下面，如图 1-1-15（c）所示。

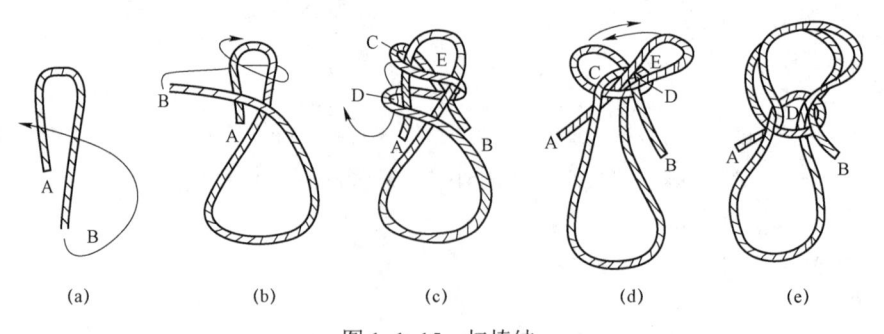

图 1-1-15 杠棒结

第四步，将绳环 C 从绳环 D 中穿出，如图 1-1-15（d）所示。

第五步，将图 1-1-15（d）中所示的两个绳环互相靠近，直至合在一起，便成为如图 1-1-15（e）所示的两个杠棒结。在吊重一物时，绳圈 D 便会自然收紧，将两个绳头 A、B 压紧，绳结便不会松散。

13. 抬缸结

抬缸结用于抬缸、抬桶或吊运圆形物件。其结绳方法如下：

第一步，将绳的中部压在缸的底部，两个绳头分别从缸的两侧向上引出，如图 1-1-16（a）所示。

第二步，把绳头在缸的上部互相交叉绕一下，如图 1-1-16（b）所示。

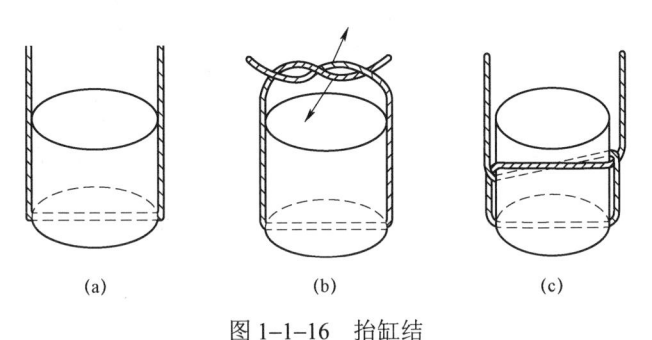

图 1-1-16 抬缸结

第三步，按如图 1-1-16（b）中箭头所示方向，将绳交叉的部分向缸的两侧分开，并套在缸的中上部［见图 1-1-16（c）］，然后将绳头拉紧，即成抬缸结。注意在将交叉部分向两侧分开套在缸上时，一定要套在缸的中上部。这样，由于缸的重心在中部绳套的下面，抬缸时缸就不会倾倒。

14. 蝴蝶结（板凳扣）

蝴蝶结主要用于吊人升空作业，一般只用于紧急情况或在现场没有其他载人升空机械时使用。如在起重桅杆竖立后，需在高处穿挂滑车等。在作业时，操作者必须在腰部系一根绳，以增加升空的稳定性。

蝴蝶结的操作步骤分为五步：

第一步，将绳的中部对折（可在绳的适当部位）形成一个绳环，如图 1-1-17（a）所示。

第二步，用手拿住绳环的顶部，然后按图 1-1-17（a）中箭头所示方向再对折，对折后便形成如图 1-1-17（b）所示的两个绳环。

第三步，按图 1-1-17（b）中箭头所示方向，将两个靠在一起的部分绳环互相重叠在一起，形成如图 1-1-17（c）所示的形状。

第四步，用手捏住两绳环上部的交叉部分，然后向后折，直至与两个绳头相重叠在一起，便形成如图 1-1-17（d）所示的 4 个绳圈。

第五步，将两个大绳圈各从与其相对的小绳圈由下向上穿出，便形成如图 1-1-17（e）所示的蝴蝶结。

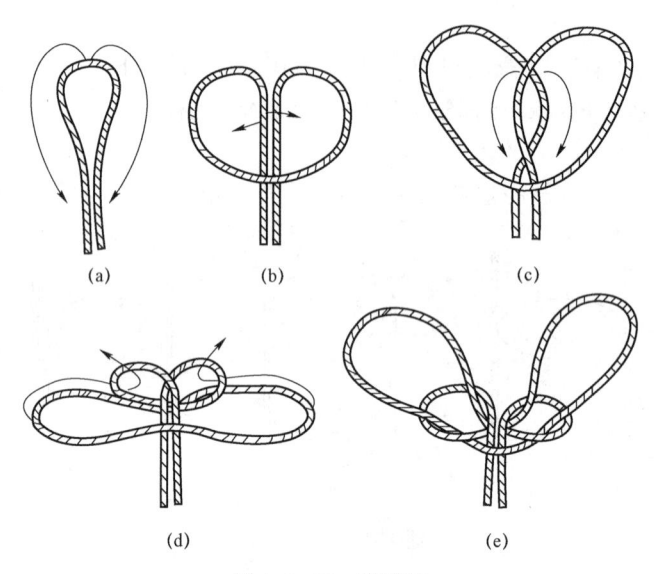

图 1-1-17 蝴蝶结

在使用蝴蝶结时，须将绳结拉紧，使绳与绳之间互相压紧，保证其不移动，然后将腿各伸入两个绳圈中；绳头必须在操作者的胸前，操作者用手抓住绳头，便可进行升空作业。

15. 挂钩结

挂钩结主要用于吊装千斤绳与起重机械吊钩的连接。绳结的结法方便、牢靠，受力时绳套滑落至钩底不会移动。挂钩结的结法只有两步。

第一步，将绳在吊钩的钩背上连续绕两圈，如图 1-1-18（a）所示。

第二步，在最后一圈绳头穿出后，落在吊钩的另一侧面，如图 1-1-18（b）所示。

当绳受力后，便成为如图 1-1-18（c）所示的形状。绳与绳之间互相压紧，受

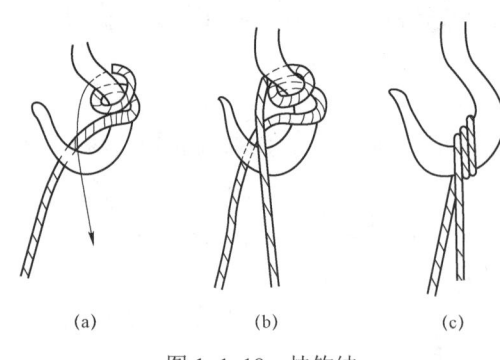

图 1-1-18 挂钩结

力后绳不会移动。

16. 拴柱结

拴柱结主要用于缆风绳的固定或用于溜放绳索时用。用于固定缆风绳时，结绳方便、迅速、易解；当用于溜放绳索时，受力绳索溜放时能缓慢放松，易控制绳索的溜放速度。

用作固定缆风绳时，拴柱结的结法有三步：

第一步，用锤子将直径$\phi 60mm$的木桩打入地下 0.2m，视木桩为锚桩。将缆风绳在锚桩上绕一圈，如图 1-1-19（a）所示。

第二步，将绳头绕到缆风绳的后方，然后再从后绕到前方，如图 1-1-19（b）所示。

第三步，将绕到缆风绳前的绳头从锚桩的前面绕到后面，并将绳头一端与缆风绳并在一起，用纳铁丝或细纤维绳扎紧，如图 1-1-19（c）所示。

当此绳结作溜放绳索时，其绳结的结法是：将绳索的绳头在锚桩上连续绕上两圈，并用手握紧绳头，将绳索的绳头按图 1-1-19（d）中箭头所示方向慢慢溜放。

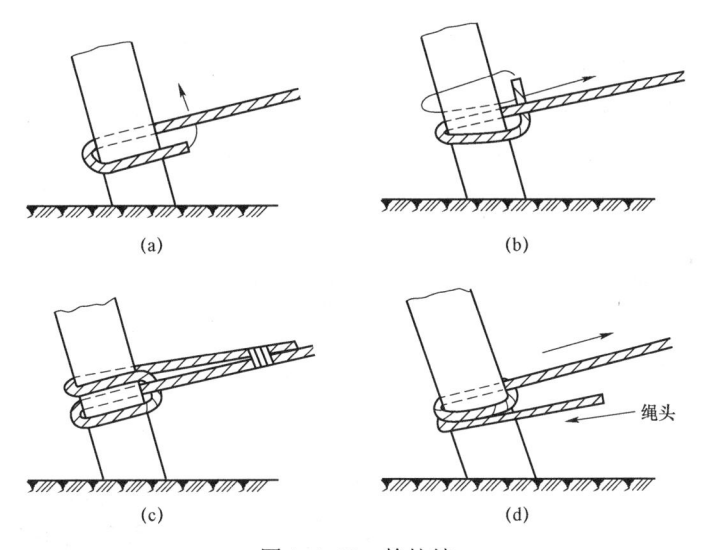

图 1-1-19 拴柱结

【思考与练习】

1. 水手结（滑子扣、单环结）的打结要点及用途是什么？
2. 叠结（倒背扣、垂直运扣）的打结要点及用途是什么？
3. 杠棒结（抬扣）的打结要点及用途是什么？
4. 双环扣（双环套、双绕索结）的打结要点及用途是什么？

第二章

钢丝绳的绳结制作与编结

模块 1 钢丝绳的编结方法（ZY5600602001）

【模块描述】本模块介绍钢丝绳的编结方法。通过知识讲解和实例介绍，能掌握编结钢丝绳两种不同的方法和编结步骤。

【模块内容】

钢丝绳绳结是为了连接绳索或用绳索绑扎、系挂、固定物件所采用的常用方法。钢丝绳的编接通常有小接法和大接法两种。小接法主要用于起重吊索绳套的插接，另外一种小接法是把钢丝绳的两端连接在一起，做成一个绳环。大接法主要用于卷扬机、滑车组、起重机的钢丝绳连接或用来接长钢丝绳。大接法接头的质量高，能保证钢丝绳的接头断面与原来的钢丝绳断面相似，以使钢丝绳在使用中能平稳地通过滑车槽。

一、钢丝绳绳结制作方法

常用钢丝绳绳结有和纤维绳一样的平结、死结、单帆索结、"8"字结等，还有环套结、对结和缆风扣等，如图 1–2–1 所示。

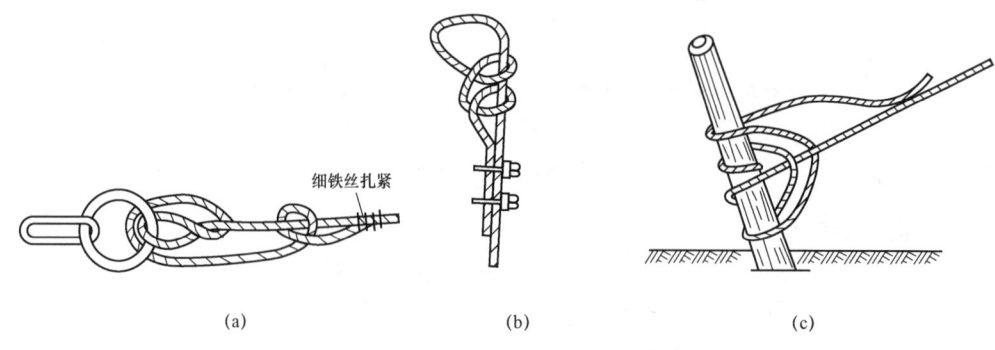

图 1–2–1 几种常用钢丝绳绳结
（a）环套结；(b) 对结；(c) 缆风扣

第二章　钢丝绳的绳结制作与编结　15

钢丝绳平结、单帆索结等在打结时，为减少绳的损伤，一般在绳结中间插一短木棒，如图1-2-2所示。

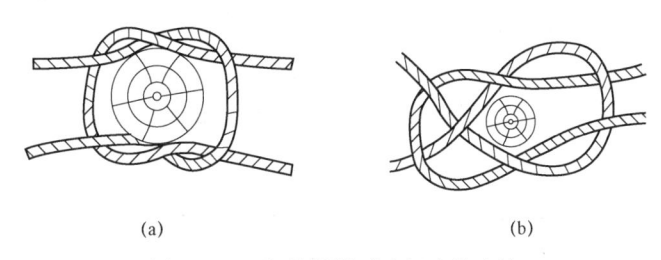

图1-2-2　钢丝绳结减少损失的方法
(a) 平结；(b) 单帆结

二、钢丝绳吊索插接方法

吊索，也称千斤绳、对子绳或吊带等，一般用于将重物连接在吊钩、吊环上或用来固定滑车、卷扬机等。吊索的插接方法有一进一、一进二、一进三、一进四和一进五等5种。最常见的是一进三插接法（即从第一道缝分别插入三股钢丝绳）。本训练以一进三插接法为例，介绍吊索插接的方法和步骤。

（一）操作准备

准备好直径ϕ13mm、长5m的钢丝绳1根，扁头锥子、扁钩锥子、圆锥子、弯锥子、小刀、锤子和錾子等插接工具各一把，如图1-2-3所示，场地10m^2。

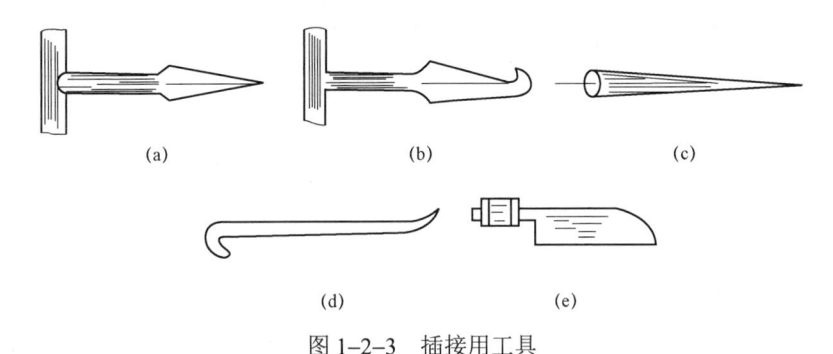

图1-2-3　插接用工具
(a) 扁头锥子；(b) 扁钩锥子；(c) 圆锥子；(d) 弯锥子；(e) 小刀

（二）正确插接吊索的操作步骤

1. 学习扁头锥子的用法

扁头锥子的作用是能比较方便地插入钢丝绳缝内，并能在扭转的过程中将钢丝绳缝撑大，使用钢丝绳的一股绳头能通过。操作时，一手握着扁头锥子手柄（用力的手），另一手扶正钢丝绳将扁头锥子顺缝插入，并注意让开绳芯。然后将扁头锥子转90°，撑开钢丝绳缝道，把一股绳头穿入。在扁头锥子再回转 90°拔出时，同时将穿入的绳股用力拉紧，并用锤子敲打绳股，使插好的绳股顺直、密贴和表面平整。同样的方法进行多次后，即可完成吊索的插接工作。

2. 吊索各部分尺寸的确定

插接吊索绳结时，首先要把长的钢丝绳切割为一定长度的短钢丝绳，如图 1-2-4 所示为吊索各部尺寸关系图。

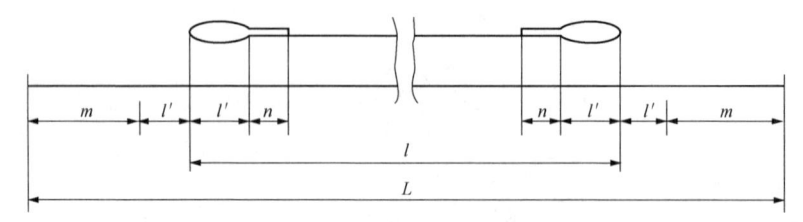

图 1-2-4　吊索各部分尺寸关系图

根据吊装的工作需要确定吊索长度 l，根据钢丝绳直径 d 可在表 1-2-1 中查得破头长度 m 和升扣长度 l'，然后利用式（1-2-1）可求得所要切割的钢丝绳总长度 L1-2。

$$L = l + 2l' + 2m \quad (1\text{-}2\text{-}1)$$

如表 1-2-1 所示为钢丝绳插接吊索各部分尺寸。

表 1-2-1　　　　　钢丝绳插接吊索各部分尺寸　　　　　（单位：mm）

钢丝绳直径 d	破头长度 m	绳结长度 l'	插接长度 n
8.7	400	200	200
11～13	450	250	250
15.5～17.5	600	300	300
19.5	700	350	400
21.5	800	400	450
24～26	900	450	500
28～30	1300	500	750
32.5～39	1500	600	850
52	2100	900	1050

确定插接吊索绳结各部分尺寸除可查表外，也可采用经验尺寸，即插接长度 n 为钢丝绳直径的 20～24 倍，破头长度 m 为钢丝绳直径的 45～48 倍，绳结长度 l' 为钢丝绳直径的 18～24 倍。有时，绳结长度 l' 还需要根据不同的用途决定。

3. 吊索绳结一进三插接方法和步骤

（1）准备工作。

将切断的钢丝绳分别在 m 和 l' 及 l' 和 n 的分界线上用细铁丝扎牢；把 m 长度钢丝绳各股破开，并在其各股顶端用黑胶布包扎好，以防钢丝松散；l' 和 n 分界线即作为插接时的起点（第一锥），如图 1-2-5 所示，将被插钢丝绳缝和破开的各股绳头加以编号。

（2）插接过程。

分为起头插接、中间插接和收尾插接三步。

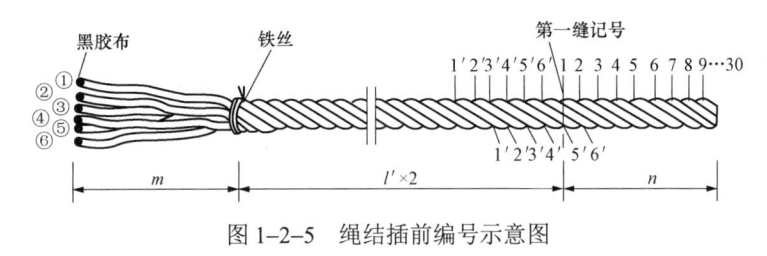

图 1-2-5 绳结插前编号示意图

1）起头插接。

如图 1-2-6 所示，起头插接共需要穿插 6 次：

第一次破头绳①从缝 1 插入，由 4′ 穿出；

第二次破头绳②从缝 1 插入，由 5′ 穿出；

第三次破头绳③从缝 1 插入，由 6′ 穿出；

第四次破头绳④从缝 2 插入，由缝 1 穿出；

第五次⑤从缝 3 插入，由缝 2 穿出；

第六次破头绳⑥从缝 4 插入，由缝 3 穿出。通过 6 次穿插，第一步齐头插接完毕。

2）中间插接。

中间插接共需要穿插 18 次，它有两种穿插方法。

第一种是将穿插的破头绳在相邻的前一缝插入，向后相隔 1/6 的钢丝绳节距在原来的钢丝绳缝中穿出，即每个破头绳绕单股钢丝 3 圈。

第二种为将穿插的破头绳在相邻的前二缝插入，向后相隔 1/3 的钢丝绳节距在原来的钢丝绳缝中穿出，即每个破头绳绕两股钢丝 3 圈。

无论哪种方法，它们的起头插接和收尾插接完全相同。

下面分别介绍两种中间插接的方法。

第一种方法如图 1-2-7（a）所示：

第一次破头绳①从缝 5 插入，由缝 4 穿出；

第二次破头绳②从缝 6 插入，由缝 5 穿出；

第三次破头绳③从缝 1 插入，由缝 6 穿出；
第四次破头绳④从缝 2 插入，由缝 1 穿出；
第五次⑤从缝 3 插入，由缝 2 穿出；
第六次破头绳⑥从缝 4 插入，由缝 3 穿出。
通过 18 次穿插，中间插接完毕。

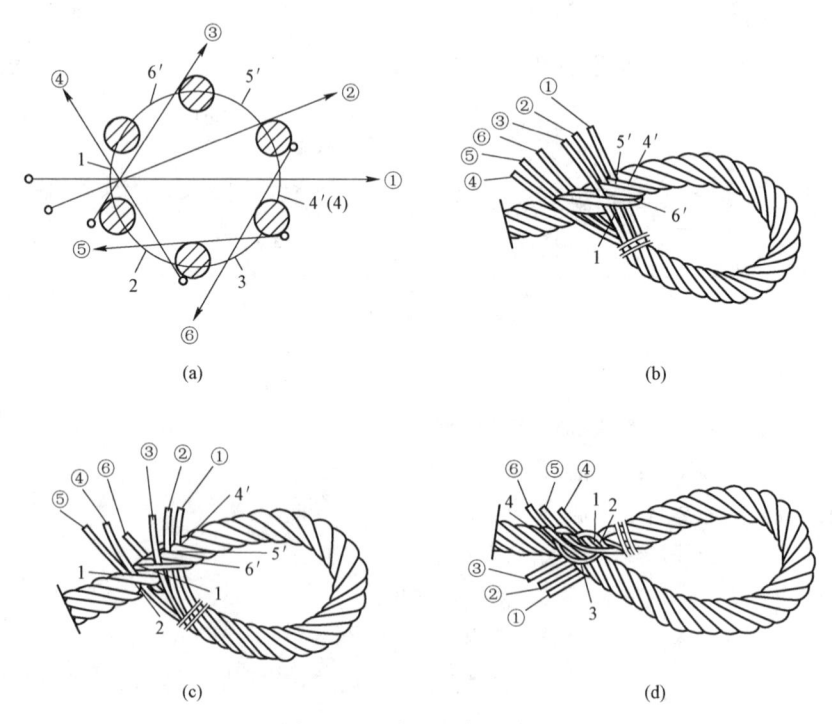

(a)

(b)

(c)

(d)

图 1-2-6 起头插接示意图

第二种方法如图 1-2-7（b）所示：
第一次破头绳①从缝 6 插入，由缝 4 穿出；
第二次破头绳②从缝 1 插入，由缝 5 穿出；
第三次破头绳③从缝 2 插入，由缝 6 穿出；
第四次破头绳④从缝 3 插入，由缝 1 穿出；
第五次⑤从缝 4 插入，由缝 2 穿出；
第六次破头绳⑥从缝 5 插入，由缝 3 穿出。
通过 18 次穿插，中间插接完毕。

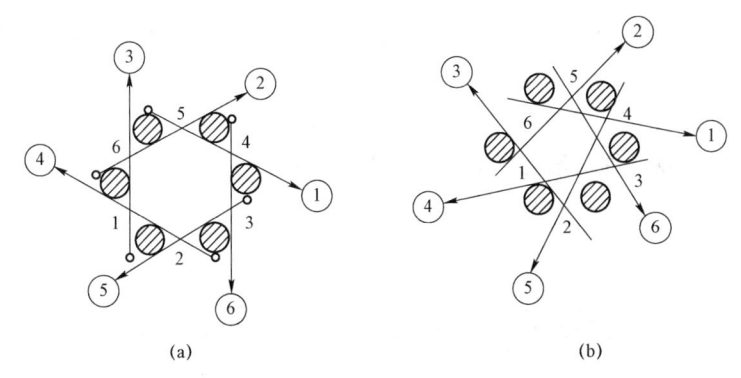

图 1-2-7 中间插接的两种方法示意图
(a) 第一种方法；(b) 第二种方法

3）收尾插接。

收尾插接只需要穿插 3 次，其中破头绳①、③、⑤不穿插，只要穿插②、④、⑥。即：

第一次破头绳②从缝 6 插入，由缝 5 穿出；

第二次破头绳④从缝 2 插入，由缝 1 穿出；

第三次破头绳⑥从缝 4 插入，由缝 3 穿出。

以上通过起头插接、中间插接和收尾插接 3 步一共 27 次穿插后，才算完成吊索绳结的插接。

最后，将每股绳头留 30mm 左右，多余部分割掉，并用锤子轻轻敲打插接部位，使其顺直、平整。

三、钢丝绳的编接方法

钢丝绳的编接通常有小接法和大接法两种。

小接法主要用于起重吊索的绳套插接和钢丝绳与环链的连接，上述吊索绳结的插接就是小接法之一；另外一种小接法是把钢丝绳的两端连接在一起，做成一个绳环。

大接法主要用于卷扬机、滑车组、起重机的钢丝绳连接或用来接长钢丝绳。大接法接头的质量高，能保证钢丝绳的接头断面与原来的钢丝绳断面相似，以使钢丝绳在使用中能平稳地通过滑车槽。

（一）操作准备

准备好直径 ϕ13mm、长 5m 的钢丝绳 2 根，扁头锥子、扁钩锥子、圆锥子、弯锥子、小刀、锤子、錾子和钢丝钳等插接工具各一把，如图 1-2-8 所示，场地 10m^2。扁头锥子用来插入钢丝绳的绳股之间缝隙；扁钩锥子用来勾出绳芯；圆锥子用来插绳结、赶绳结和绑绳结等；弯锥子用来勾出绳芯；小刀用来割断绳芯；钢丝钳用来剪断钢丝。

（二）小接法

小接法编接钢丝绳与吊索绳结插接方法基本相同，插接时一般多采用一进三插法。插接长度约为钢丝绳直径的50倍，具体步骤如图1-2-8所示。

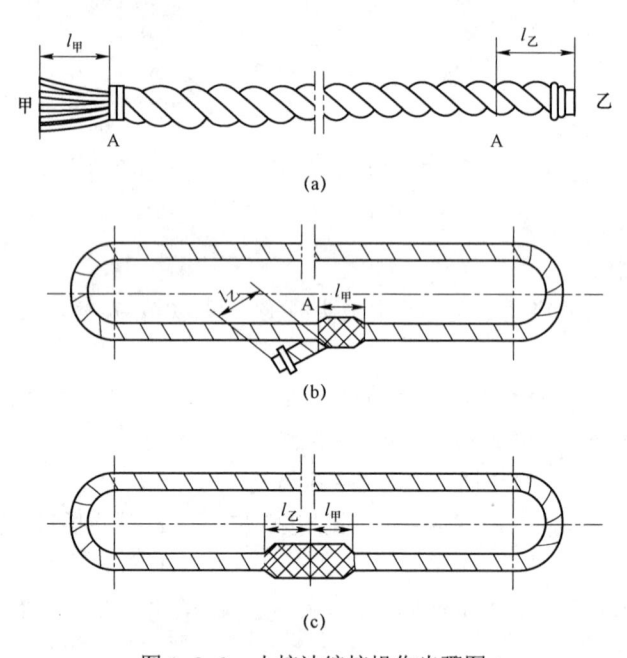

图1-2-8 小接法编接操作步骤图
（a）钢丝绳破头绑扎示意；（b）甲端破头插接示意图；（c）乙端破头插接示意图

（1）在距甲端1处用细铁丝绑扎牢，破开甲端钢丝绳各股并用胶布包扎好。

（2）将甲端破头各股从A点开始往乙端插接，插接完毕后才能把乙端绳头破开。

（3）同样，将乙端破头各股从A点开始往甲端插接，插接完毕后，对两端进行压头、掉头、割去多余部分。

（4）用锤子轻轻敲打插接部位，将其理顺。

（三）大接法

大接法也称长接法，其插接长度一般为钢丝绳直径d的800～1000倍左右。在插接前需要将两端破头分别割掉3股，再将6个绳股的捻向分别缠好，最后进行压头和摔头处理。其具体操作步骤如下：

1. 绳头准备

（1）如图 1-2-9 所示,在距离绳子右端 400d 处用细铁丝绑扎好长约 100mm 的绳头结,在绳头结左边处 10d 处用卡具卡牢;用同样的方法将乙绳也准备好。

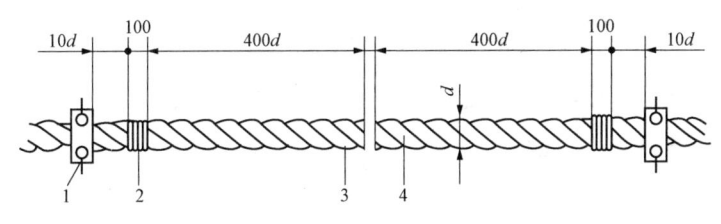

图 1-2-9　大接法绳头绑扎示意图
1—卡具;2—绳头结;3、4—甲、乙绳头

（2）如图 1-2-10 所示,将甲、乙两绳头分别破开,割去绳芯,并把绳头从末端各间隔割去 3 股破头。然后将绳股按顺序编号,设甲绳被割去的绳股编号为 1、3、5,余留的为 2、4、6,乙绳被割去的绳股编号为 2′、4′、6′,余留的为 1′、3′、5′。

（3）编号后,将两绳破头交叉穿插。对齐顶紧。

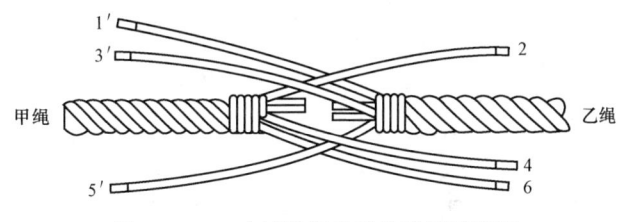

图 1-2-10　大接法绳头破头编号示意图

2. 搭接缠绕

（1）若先在甲绳上缠绕乙绳绳股,可将甲绳的长股用卡子卡在乙绳上使其不松动,然后拆掉甲绳的绳头结,并将卡具移装至接口后面的 400d 处。

（2）将甲绳的短股 1 向后掀起,同时将乙绳的长股 1′压进甲绳短股 1 退出的空槽内,直至离接口月 360d 处。此时乙绳长股 1′剩下的长度为 40d,甲绳短股 1 反而变长,将它保留 40d 长,其余割去。

（3）将留下的 40d 长的两股 1 和 1′整直,并分别自两股端部 100mm 处开始用麻绳缠绕扎紧,使其直径与绳芯直径相同,以便压入绳芯位置,代替绳芯。

（4）用同样的方法,将乙绳长股 3′代替甲绳短股 3,压入至离接口约 240d 处;乙绳长股 5′代替甲绳短股 5,压入至离接口约 120d 处;每股保留的长度约为 40d,并用麻绳缠绕扎紧,压入绳芯位置。上述绳股缠绕压头,如图 1-2-11 所示。乙绳绳股缠绕完毕后,再用同样的方法在乙绳上缠绕甲绳绳股。绳股缠绕后的位置如图 1-2-12 所示。绳股压芯后,绳股与绳芯的分布情况如图 1-2-13 所示。

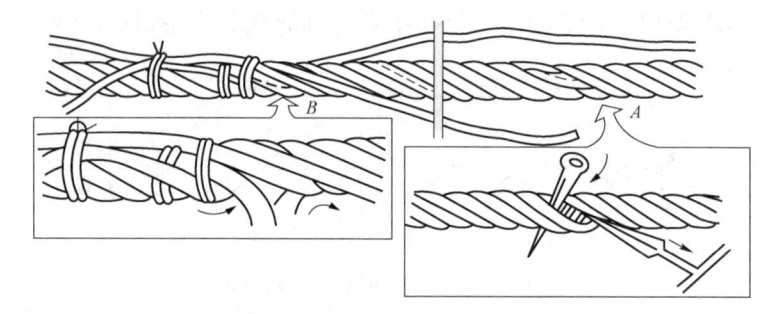

图 1-2-11　绳股缠绕压头示意图

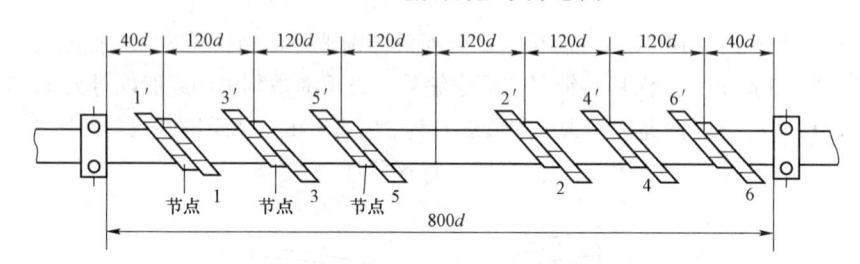

图 1-2-12　绳股缠绕后的位置示意图

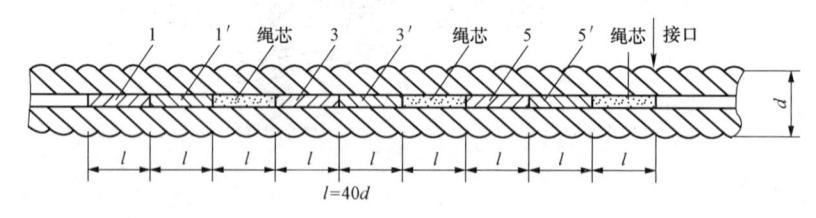

图 1-2-13　绳股压芯后绳股与绳芯分布置示意图

【思考与练习】

1. 用一进三法编制一根直径为 13mm、长为 5m 的千斤绳。
2. 总结钢丝绳绳结的制作要点。
3. 练习制作钢丝绳绳结,包括单帆索结、套环结、对结、缆风结。
4. 练习采用小接法、大接法编结钢丝绳。

国家电网有限公司
技能人员专业培训教材　水电起重工

第三章

钢丝绳穿绕滑轮组

▲ 模块 1　滑车和滑车组（ZY5600603001）

【模块描述】本模块介绍滑车和滑车组有关知识。通过示例讲解介绍，掌握滑车的种类、作用、型号；了解滑车允许荷载的确定办法。掌握滑车组的重要参数、滑车组受力计算以及滑车组的连接方法；掌握滑车的检查方法以及滑车的正确使用注意事项。

【模块内容】

滑车一般由滑轮、滑轮轴、滑轮侧板、吊钩（吊环）和承重销轴组成。滑车和滑车组是起重运输及吊装作业中常用的一种小型起重工具，常用它和卷扬机配合进行吊装、牵引设备或重物。由于滑车的体积小，重量轻，使用方便，并且能够用它来多次变向和吊较大的重量，所以当施工现场狭窄或缺少其他起重机械时，常使用滑车或滑车组配合桅杆进行起重吊装作业。

一、滑车

1. 滑车的分类

（1）按滑车的作用来分，可以分为定滑车、动滑车、导向滑车或平衡滑车。

（2）滑车按固定方式来分，可分为吊钩型滑车和吊环型滑车，如图 1-3-1 所示。

（3）按滑车中滑轮数量的多少来分，可以分为单门滑车、双门滑车、三门滑车……至十二门滑车，如图 1-3-1 所示。

2. 滑车的作用

作为定滑车、导向滑车或平衡滑车使用的滑车，其滑车中的滑轮就是定滑轮。

作为动滑车使用的滑车，其滑车中的滑轮就是动滑轮。

定滑轮只能改变拉力的方向，不能减少拉力；动滑轮能减少拉力，但不能改变拉力的方向。

（1）定滑轮。

安装在固定位置轴上的滑轮叫定滑轮，如图 1-3-2 所示。在起重作业中，定滑轮用来支持绳索（钢丝绳、纤维绳等）运动，改变力的方向，通常作为导向滑轮和平衡

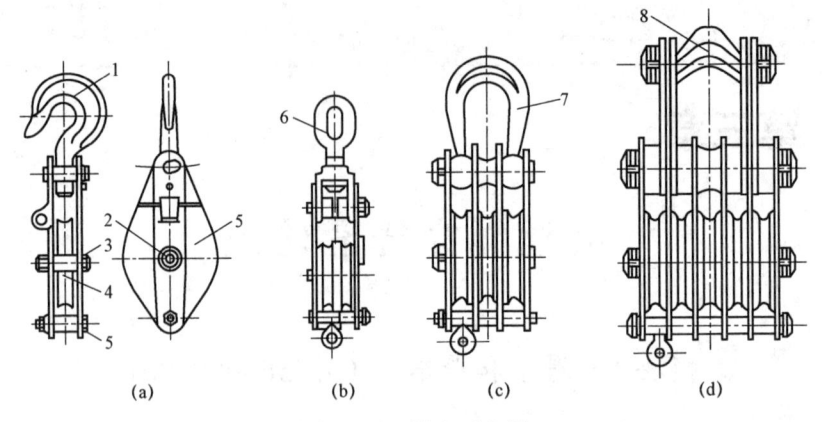

图 1-3-1 滑车示意图
(a) 单门开口吊钩型；(b) 双门闭口链环型；(c) 三门闭口吊环型；(d) 五门吊梁型
1—吊钩；2—轴套；3—轴；4—滑轮；5—夹板；6—全链环；7—吊环；8—吊梁

滑轮使用。当绳索受力移动时，滑轮就随着转动，绳索移动的速度 v_1 和移动的距离 H 分别与重物移动速度 v 和移动的距离 h 相等。在不考虑摩擦力的情况下，绳索一端的拉力 F 在理论上等于被吊重物的重量 Q。

而实际上，滑轮在转动时存在着运动阻力，绳索一端的拉力与被吊重物的重量是不相等的，绳索的拉力 F 总是大于被吊重物的重量 Q，即 $F>Q$，用公式表示为：

$$F=Q/\eta \tag{1-3-1}$$

式中　F——绳索的拉力，N；
　　　Q——重物的重量，N；
　　　η——滑轮的效率，与绕在滑轮上的绳索种类及滑轮结构有关，一般 $\eta=0.8\sim0.99$。

（2）动滑轮。

安装在运动轴上能和被牵引的重物一起升降或移动的滑轮叫动滑轮，如图 1-3-3 所示。

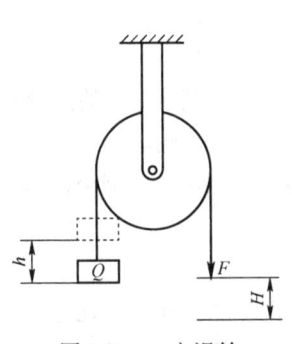

图 1-3-2　定滑轮 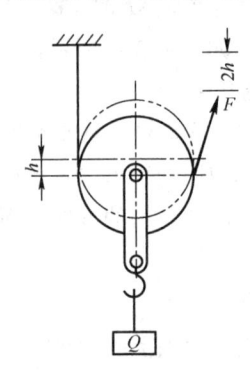　　　　图 1-3-3　动滑轮

动滑轮可以用较小的拉力 F 来吊起较重的设备,所以又叫省力滑轮。其省力的原理是:设备的重量 Q 同时被两根绳索分担着,每根绳索上所分担的力只有设备重量 Q 的一半。由杠杆原理可得公式:

$$F = Q \div 2 \quad (1-3-2)$$

式中　Q——设备的重量,N;
　　　F——拉力,N。

以上计算没有考虑滑轮的摩擦阻力等因素,实际上由于滑轮在运动时有摩擦力存在,因此,所用的拉力总是大于被吊重物重量的 1/2。

(3) 导向滑轮。

导向滑轮的作用类似于定滑轮,既不省力,也不能改变速度。仅用它来改变被牵引设备的运动方向,在安装工地或牵引设备时用得较多,导向滑轮的受力计算如图 1-3-4 所示,其计算公式为:

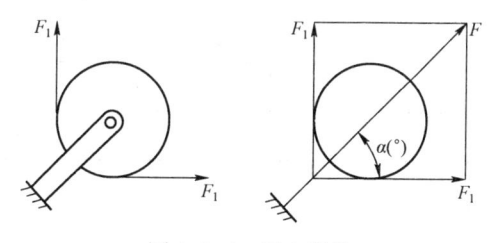

图 1-3-4　导向滑轮

$$F = F_1 \times Z \quad (1-3-3)$$

式中　F——导向滑轮所受的力,N;
　　　F_1——牵引绳的拉力,N;
　　　Z——角度因数,见表 1-3-1。

表 1-3-1　　　　　　　　角　度　因　数

α (°)	0	15	22.5	30	45	60
Z	2	1.94	1.84	1.73	1.41	1

3. 滑车允许荷载的确定

滑车的允许荷载根据滑轮和轴的直径确定,常用滑车的允许荷载见表 1-3-2。

表1-3-2　　　　　　　　　常用滑车的允许荷载

滑轮直径（mm）	允许荷载（kN）								钢丝绳直径（mm）	
	单轮	双轮	三轮	四轮	五轮	六轮	七轮	八轮	适用	最大
70	5	10	—	—	—	—	—	—	5.7	7.7
85	10	20	30	—	—	—	—	—	7.7	11
115	20	30	50	80	—	—	—	—	11	14
135	30	50	80	100	—	—	—	—	12.5	15.5
165	50	80	100	160	200	—	—	—	15.5	18.5
185	—	100	160	200	—	320	—	—	17	20
210	80	—	200	—	320	—	—	—	20	23.5
245	100	160	—	320	—	500	—	—	23.5	25
280	—	200	—	—	500	—	800	—	26.5	28
320	160	—	—	500	—	800	—	1000	30.5	32.5
360	200	—	—	800	1000	—	1400	—	32.5	35

4. 滑车型号的确定

H系列是常用的滑车系列，其型号格式如图1-3-5所示。

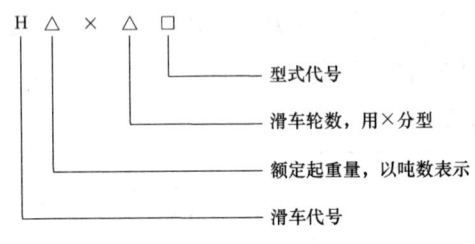

图1-3-5　H系列滑车型号格式

其中，滑车型式代号见表1-3-3。

表1-3-3　　　　　　　　　滑车型式代号

型式	开口	闭口	吊钩	链环	吊环	吊梁	桃式开口
代号	K	不加	G	L	D	W	K_B

例如：H50×4D 表示起重量50t，4轮吊环滑车。

5. 滑车的检查

在进行施工准备工作时，应对滑车进行下列检查：

（1）检查滑车是否符合要求的代号。

（2）检查外观情况，主要包括：滑轮的吊钩是否有变形或裂纹；轴的定位装置是否完善；各部分配合是否良好；螺栓有无松动。

（3）检查蓄油槽内有无足够的机油或润滑脂，并检查各部润滑情况。

（4）检查滑车和所用的钢丝绳是否相匹配。

二、滑车组

在起吊重物时，如果只使用定滑车，只能改变力的方向，不能起到省力的作用；只使用动滑车只能起到省力的作用，但力的方向没有改变。

通常在起吊重物时，不仅要改变力的方向，而且还要省力，仅使用定滑车或动滑车都不能解决问题，最简单的方法是把定滑车和动滑车串连在一起组成滑车组。滑车组具有定滑车和动滑车的所有优点，既能省力，又能改变力的方向。而且由多门滑车组成的滑车组，可以达到用较小的力起吊较重物体的目的。因此，在起重吊装重型或大型设备时，多使用滑车组来实现用较小的拉力起吊较重的设备。

滑车组是由定滑车、动滑车以及穿绕过它们的绳索组成，如图 1-3-6 所示。

滑车组的重要参数是倍率（即速比或工作线数），用它表示滑车组减速（或省力）的程度。

倍率通常以跑绳的速度和重物起升速度的比值来表示，即跑绳所走的距离与重物上升距离之比。如图 1-3-6 所示滑车组跑绳所走的距离是重物上升距离的 4 倍，所以该滑车组的倍率为 4。

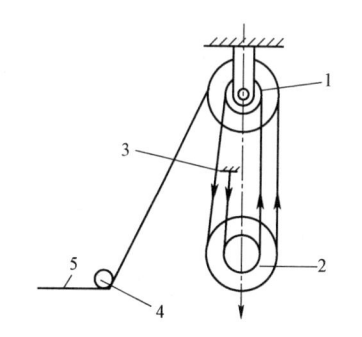

图 1-3-6 滑车组示意图
1—定滑车；2—动滑车；3—绳端固定；
4—导向滑车；5—跑绳

1. 滑车组倍率的计算

滑车组的倍率可以用动滑轮与定滑轮之间绳的分支数（从定滑轮引出的跑绳不计入分支数）除以跑绳的个数进行计算。

在图 1-3-7 中，动滑轮与定滑轮之间钢丝绳的分支数为 6，跑绳数为 1，则该滑车组的倍率 m 为：$m=6/1=6$。

在图 1-3-9 中，不计从定滑轮引出的跑绳，动滑轮与定滑轮之间钢丝绳的分支数为 8，跑绳数为 1，则该滑车组的倍率 m 为：$m=8/1=8$。

在图 1-3-10 中，不计从定滑轮引出的跑绳，动滑轮与定滑轮之间的钢丝绳分支数为 8，跑绳数为 2，则该滑车组的倍率 m 为：$m=8/2=4$。

2. 滑车组受力计算

用滑车组起吊重物，跑绳（引向卷扬机的绳索）所需的拉力 F，可由式 1-3-4 求出：

$$F=Q\alpha \quad (1-3-4)$$

式中　F——跑绳拉力，N；
　　　Q——重物重量，N；
　　　α——综合系数，根据工作绳数和导向滑轮的个数来选择，其数值见表 1-3-4。

表 1-3-4　　　　　　　综合系数 α 的值

工作绳索数	滑轮个数（定、动滑轮和）	导向滑轮数量					
		0	1	2	3	4	5	6
1	0	1	1.04	1.082	1.125	1.17	1.217	1.265
2	1	0.507	0.527	0.549	0.571	0.594	0.617	0.642
3	2	0.346	0.36	0.375	0.39	0.405	0.421	0.438
4	3	0.265	0.27	0.287	0.298	0.31	0.323	0.335
5	4	0.215	0.225	0.234	0.243	0.253	0.263	0.274
6	5	0.187	0.191	0.199	0.207	0.215	0.224	0.23
7	6	0.16	0.165	0.173	0.18	0.187	0.195	0.203
9	8	0.129	0.134	0.14	0.145	0.151	0.159	0.163
10	9	0.119	0.124	0.129	0.134	0.139	0.145	0.151
11	10	0.11	0.114	0.119	0.124	0.129	0.134	0.139
12	11	0.102	0.106	0.111	0.115	0.119	0.124	0.129
13	12	0.096	0.099	0.104	0.108	0.112	0.117	0.121
14	13	0.091	0.094	0.098	0.102	0.106	0.111	0.115
15	14	0.087	0.086	0.09	0.095	0.099	0.102	0.108
16	15	0.084	0.072	0.075	0.08	0.088	0.094	0.104

例：用滑车组起吊一台设备，这台设备的重量为 30kN，滑车组的工作绳数为 6 根，并带有 3 个导向滑车，如图 1-3-7 所示，求跑绳的拉力。

解：由表 1-3-4 中查得，当工作绳数为 6 根，带有 3 个导向滑轮时，综合系数 α 为 0.207，跑绳的拉力为：

$$F=Q\alpha=30kN \times 0.207=6.21（kN）$$

答：跑绳的拉力为 6.21kN。

3. 滑车组的连接方法

滑车组的连接方法如图 1-3-8 所示。常见有单绳、双绳、三绳……至十绳。但在大型设备的吊装中，也经常使用十绳至十六绳。滑车组的效率随着绳数的增多而降低，同样滑车组在提升重物时所需的拉力并不随着绳数的增加而成倍降低。所以，当滑车组的门数增加过多时，对滑车组的工作是不利的，由于阻力的存在，所以靠近跑绳处，受力较大，而靠近死头处，则受力较小，绳索各分支的拉力相差很大，滑车会产生歪扭现象。

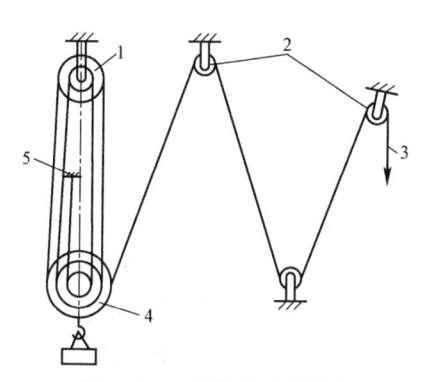

图 1-3-7 跑绳拉力示意图

1—定滑车；2—导向滑车；3—跑绳；4—动滑车；5—死头

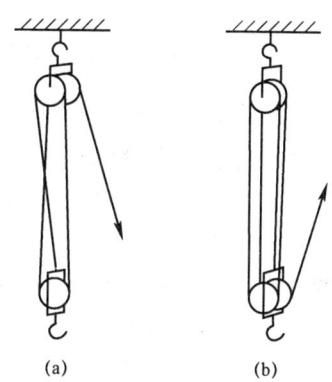

图 1-3-8 滑车组的连接

（a）跑绳由定滑轮引出；（b）跑绳由动滑轮引出

4. 滑车组钢丝绳的穿绕方法

滑车组中钢丝绳的穿绕，是一项非常重要而又复杂的工作。如因穿绕不当，易使钢丝过度弯曲，加速钢丝绳的磨损。特别是当滑车组门数较多时，若穿绕不当，会使上下滑车产生歪扭，甚至使重物下降时产生自锁现象。有时由于钢丝绳传力不畅，使滑车组中的钢丝绳产生局部松弛或起吊钢丝绳断裂而造成事故。起重滑车组钢丝绳的穿绕方法可以分为顺穿法和花穿法两种。

顺穿法是一种比较简单的穿绕方法。根据现场拥有的卷扬机台数，可以采用单跑头顺穿法或双跑头顺穿法。

（1）单跑头顺穿法。其方法是将绳索的一个头从边上第一个滑车开始，按顺序绕过定滑车和动滑车，而将死头固定在末端定滑车的架子上，如图 1-3-9 所示。

这种方法常用在滑车组门数较少的情况下，如五门以下的滑车组。

从钢丝绳的拉力分析可以看出，在起吊重物时，拉力 F 最大，而死端 F_8 最小，每根绳索分支的受力都不相同，即 $F_0 > F_1 > \cdots > F_8$。因此，滑车组常常出现歪斜现象。滑车工作时不平衡，对起吊重物的安全与定位都不利，为避免上面的不利因素，在工作中常采用双跑头顺穿法。

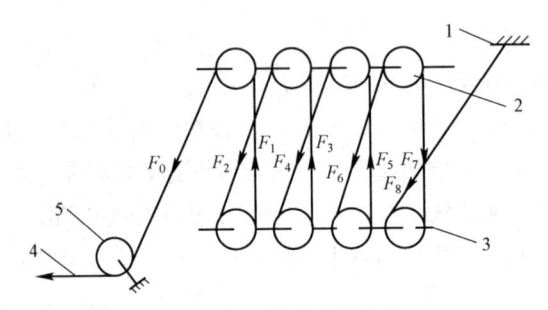

图 1-3-9 单跑头顺穿法
1—死头；2—定滑轮；3—动滑轮；4—跑绳；5—导向滑轮

（2）双跑头顺穿法。其方法是指滑车组同时有两根跑绳，并从定滑车的中间轮开始，同时向两边顺序穿绕的一种方法。

双跑头顺穿法的优点除了可以避免滑车架的歪斜以外，还可以减少滑车的运转阻力，加快起吊速度。如图 1-3-10 是双跑头顺穿法的滑车组，它的定滑车的个数一般采用奇数，比动滑车多一个滑车，并以中间一个滑车作平衡轮。如果两台卷扬机的卷扬线速度相同，则两根跑绳的拉力是平衡的，此时在两台卷扬机的卷扬线速度相同的情况下，对应的钢丝绳分支拉力都相等，即 $F_0=F_0'$，$F_1=F_1'$，$F_2=F_2'$，$F_3=F_3'$，$F_4=F_4'$，所以滑车组不会产生歪扭的现象。这种穿绕法的缺点是要求两台卷扬机的卷扬线速度要相等。

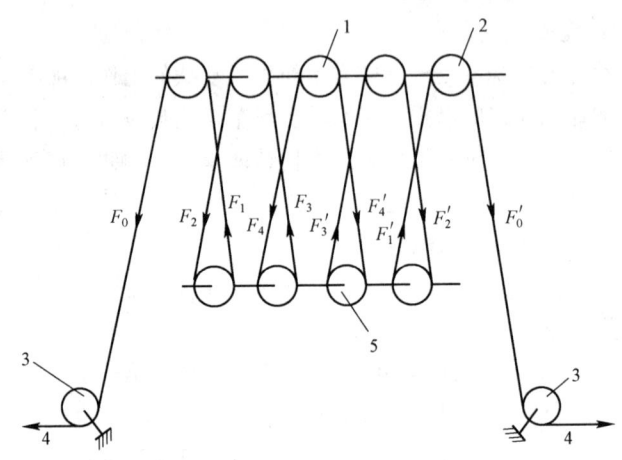

图 1-3-10 双跑头顺穿法
1—平衡轮；2—定滑轮；3—导向滑轮；4—跑绳；5—动滑轮

（3）滑车的正确使用应注意以下几点：

1）穿绕滑车或滑车组的钢丝绳必须符合滑车的要求。当选用钢丝绳直径超过滑车的要求时,会加剧滑车轮的磨损,同时也使钢丝绳的磨损加剧。一定起重量的滑车应配相应粗细的钢丝绳。

2）滑车所受力的方向变化较大或在高处作业时,应采用吊环型滑车,不宜采用吊钩型滑车,以防脱钩。如使用吊钩型滑车应将钩口封住,使吊钩不能脱出,如图1-3-11所示；或采用带有卡索板的吊钩,这种吊钩使用更方便,在挂好吊钩时,卡索板在弹簧的作用下弹开,把吊钩口封住,如图1-3-11（b）所示。

3）在穿绕滑车组时,应注意钢丝绳在滑车槽中的角度。在任何情况下,钢丝绳在滑车槽的偏角不得超过4°,如图1-3-12所示。钢丝绳偏角过大,滑车槽侧面的磨损加剧；另一方面,钢丝绳易滑出绳槽,使起重作业不能正常进行,甚至发生事故。

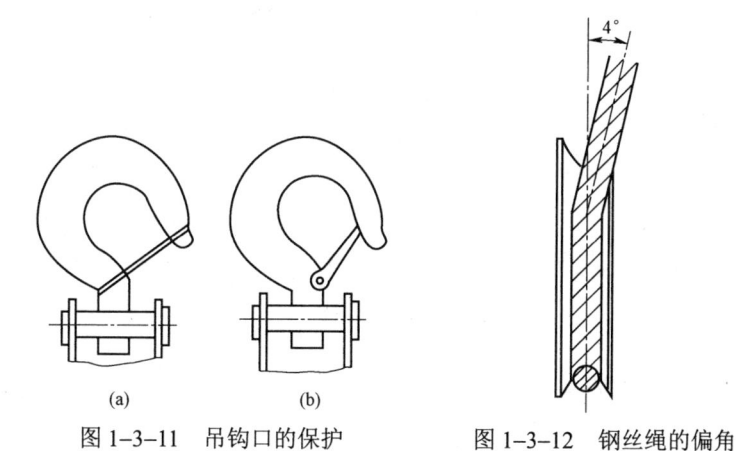

图1-3-11　吊钩口的保护

图1-3-12　钢丝绳的偏角

4）若多门滑车在使用中只用其中几门时,则其起重量应经折算后相应降低,不能仍按原起重量使用。

5）滑车组经穿绕后使用时,应先进行试吊,仔细检查各部分是否良好,有无卡绳、摩擦或钢丝绳间互相摩擦之处,如有异常,应经调整后才能正式起吊。

6）滑车在拉紧后,滑车组定滑车和动滑车轴中心应保持一定的距离,其最小距离应不小于表1-3-5中的规定。

表1-3-5　　滑车组在拉紧状态下定、动滑车轴的极限距离

滑车起重量（t）	滑车轴中心的最小距离（mm）	拉紧状态下的最小距离（mm）
1	700	1400
5	900	1800
10	1000	2000

续表

滑车起重量（t）	滑车轴中心的最小距离（mm）	拉紧状态下的最小距离（mm）
16	1000	2000
20	1000	2100
32	1200	2600
50	1200	2600

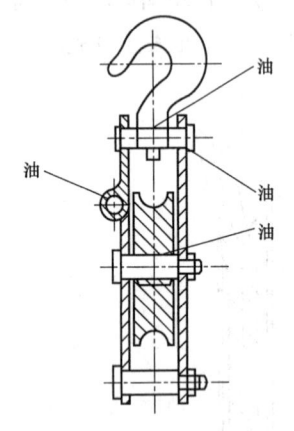

7）当滑车的滑轮有裂纹或缺损时，不得投入使用。当其他部位，如吊钩、轮轴、侧板等存在缺陷，不符合使用要求时，不得使用。

8）滑车不得超载使用。

9）当使用完毕拆下滑车时，不得将滑车从高空摔下，以免损坏滑车。

10）在不使用滑车时，应将滑车上的脏物清洗干净，涂好润滑油，放在干燥的地方，并在其下部垫以木板。滑车加润滑油的部位如图 1-3-13 所示。

图 1-3-13 滑车润滑部位

【思考与练习】

1. 滑车的使用注意事项有哪些？
2. 什么是双跑头顺穿法？
3. 滑车组钢丝绳的穿绕方法有哪几种？
4. 滑车的检查方法有哪些？
5. 滑车组的组成是什么？

模块 2 钢丝绳穿绕滑轮组方法（ZY5600603002）

【模块描述】本模块介绍钢丝绳穿绕滑轮组方法。通过讲解和介绍，掌握单门滑轮的穿绕和滑轮组钢丝绳的穿绕；并能够学会滑轮组质量检验的要点。

【模块内容】

在起重作业现场，经常要进行滑车或滑车组钢丝绳的穿绕。如果穿绕方法不当，一是会降低工作效率，二是会影响钢丝绳寿命，严重的还会引发事故。本模块训练的作业要求是：能正确穿绕滑车组钢丝绳。

一、单门滑车的穿绕

单门滑车一般都做成开口型的，其一面的夹板是活动式，可以翻开。单门开口型滑车的结构如图 1-3-14 所示。

单门开口型滑车的穿绕比较方便简单，钢丝绳的穿绕方法及步骤如下：

（1）把滑车平放在地上，使有活动夹板的一面朝上，如图 1-3-15（a）所示。

（2）把滑车的吊钩向顺时针方向转动 90°，使桃形轴的尖端对准桃形孔口，如图 1-3-15（b）所示。

（3）把活动夹板翻开，如图 1-3-15（c）所示。

（4）把钢丝绳放入滑车槽中，如图 1-3-15（d）所示。

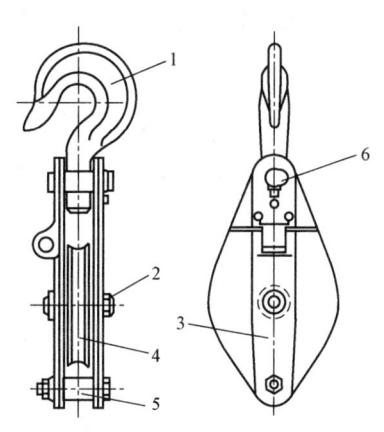

图 1-3-14 单门开口型滑车的结构示意图
1—吊钩（吊环）；2—中央枢轴；3—拉杆；
4—滑轮；5—横杆；6—桃形轴

（5）合上活动夹板，活动夹板上的桃形孔对准桃形轴。

（6）把吊钩逆时针转 90°，恢复至图 1-3-15（a）的位置。

经过以上几个步骤，钢丝绳的穿绕即告完成。把滑车的吊钩挂在已安装好的千斤绳绳环中，如图 1-3-15（e）所示，即可进行起吊作业。

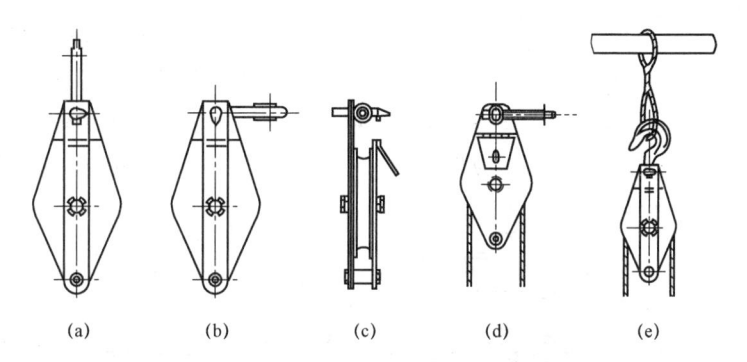

图 1-3-15 单门开口型滑车钢丝绳的穿绕

二、滑车组钢丝绳的穿绕

滑车组钢丝绳基本的穿绕方法有两种：顺穿法和花穿法。顺穿法是一种比较简单的穿绕方法。根据现场拥有的卷扬机台数，可以采用单跑头顺穿法或双跑头顺穿法。

1. 单跑头顺穿法

该穿法是将钢丝绳的一个头从边上第一个定滑车开始[见图1-3-16（a）]，按顺序逐个绕过定滑车和动滑车，绕完后的绳头固定在末端滑车的架子上[见图1-3-16(b)]。

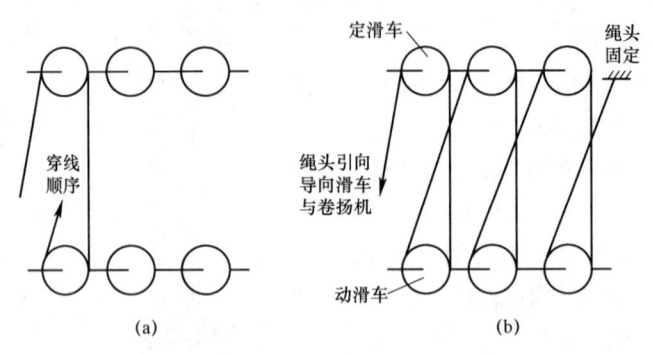

图1-3-16 单跑头顺穿法示意图

有时根据起吊作业的实际需要，钢丝绳的绳头也可以从动滑车开始穿绕，最后将绳头固定在动滑车的架子上，穿绕后的情况如图1-3-17所示。

单跑头顺穿法的步骤如下：

（1）将两只多门滑车平放在地上，两只滑车间的距离根据滑车组的起重量而定。起重量小，穿绕滑车的钢丝绳也较细，穿绕时两只滑车间的距离也可短一些；起重量较大时，钢丝绳相应粗一些，穿绕滑车组时，两只滑车之间的距离也应大些。因为钢丝绳越粗，其刚性越大，因此两只滑车间的距离

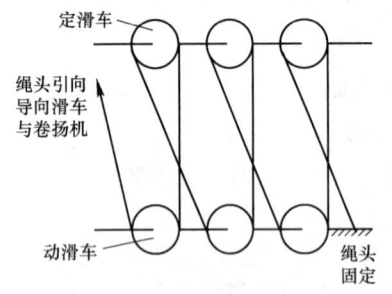

图1-3-17 从动滑车开始的单跑头顺穿法示意图

增大后便于穿绕。滑车平放时，应使滑车的平面与地面平行，如图1-3-18所示。

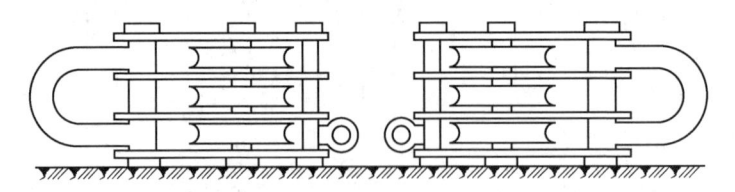

图1-3-18 穿绕前的滑车放置

（2）钢丝绳的绳头从定滑车的第一个滑车槽中穿过，然后再穿入动滑车的第一个滑车槽中，如图1-3-19（a）所示。

（3）将从动滑车穿绕出来的钢丝绳头再从定滑车的第 2 只滑车槽中穿入，再把绳头从动滑车的第 2 只滑车槽中穿入，这样依次从定滑车穿至动滑车，直至穿到最后一只滑车（动滑车或定滑车），如图 1-3-19（b）所示。

（4）将绳头固定在定滑车的架子上，如图 1-3-20 所示。绳头一般都采用钢丝绳卡来固定。

单跑头顺穿法常用于滑车组门数较少的情况下，如五门以下的滑车组。

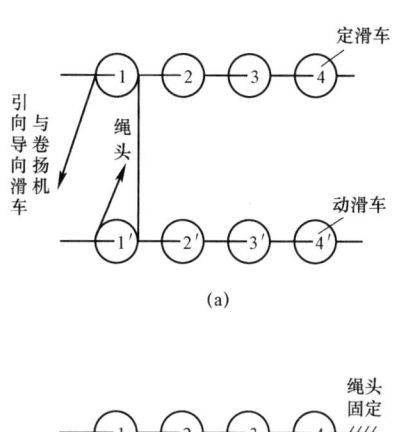

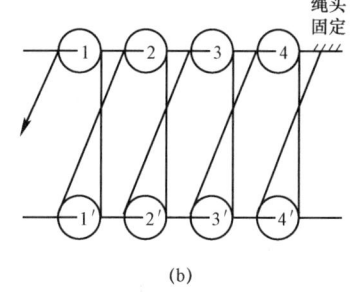

图 1-3-19　滑车组的穿绕

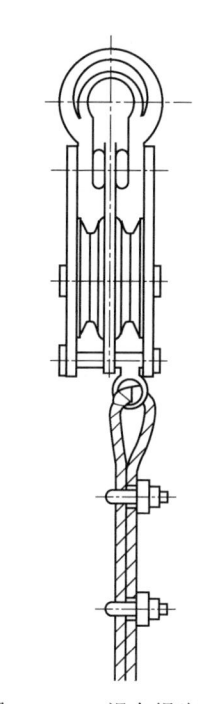

图 1-3-20　滑车绳头固定

2. 双跑头顺穿法

双跑头顺穿法是指滑车组同时有两根跑绳，同时使用两台卷扬机进行工作。由于定滑车比动滑车多一门，在进行穿绕时是从定滑车中间的一个滑车开始，两个绳头同时由中间向两边按顺序穿绕。双跑头顺穿法的优点除了可以避免滑车架的歪斜外，还可以减少滑车的阻力，加快起吊速度；缺点是要求所采用的两台卷扬机的卷扬线速度要一致，这样才能使定滑车中间的一只滑车不转动，滑车的两边受力相等。

双跑头顺穿法的步骤如下：

（1）将两只滑车平放在地上，要求与单跑头顺穿法相同，如图 1-3-18 所示。

（2）把钢丝绳的一个绳头 a 从定滑车中间的一个滑车 3 的槽中穿入，如图 1-3-21（a）

（3）将从定滑车3槽穿出的绳头a穿绕在动滑车2′槽中然后依次绕过定滑车2，动滑车1′及定滑车1，从定滑车1槽中穿出后，绕过导向滑车，即可引向卷扬机，如图1-3-21（b）所示。

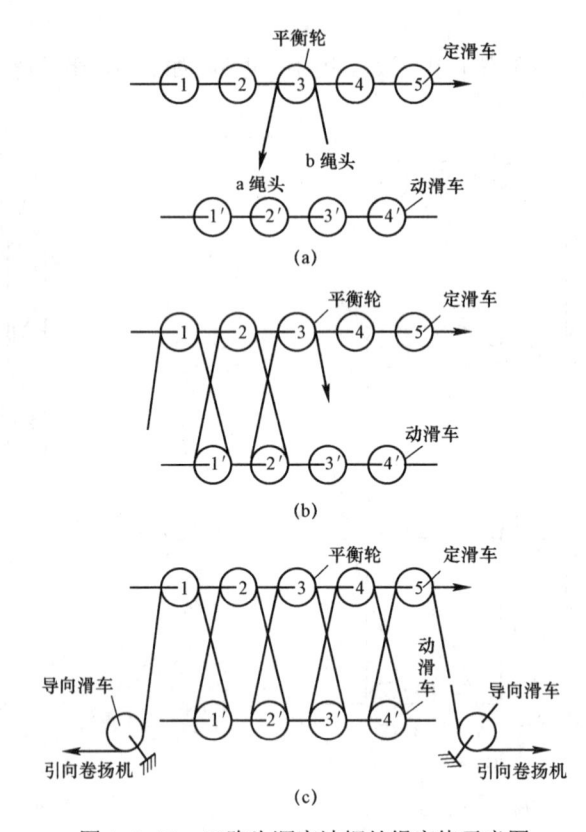

图1-3-21　双跑头顺穿法钢丝绳穿绕示意图

（4）将从定滑车3槽中穿出的绳头b穿绕在动滑车3′槽中，然后依次绕过定滑车4、动滑车4及定滑车5，绳头从定滑车5槽中穿出后，绕过导向滑车，即可引向卷扬机，如图1-3-21（c）所示。

除用以上的双跑穿绕法以外，还可以像单跑顺穿法一样，将其中一个绳头从定滑车边上的一只滑车1开始穿绕，依次穿绕动滑车，其顺序为：1→1′→2→2′→3→3′→4→4′→5，如图1-3-21（c）所示。然后把绳头绕过导向滑车后固定在卷扬机的卷筒上。用这种方法穿绕比双向穿绕方便。总之，采用哪一种穿绕方法，应根据作业现场的具体情况而定。

3. 质量检验要点

（1）钢丝绳在单门滑车上的穿绕方法和步骤是否正确。

（2）用单跑头顺穿法和双跑头顺穿法进行钢丝绳穿绕滑车组的方法和步骤是否正确。

（3）钢丝绳穿绕滑车组后动滑车与定滑车轴心距离是否一致，钢丝绳张紧度是否一致。

（4）绳端固定是否规范。

【思考与练习】

1. 说出滑车 H50×4D 的含义是什么？

2. 使用滑车应注意什么？

3. 什么是滑车的倍率？

4. 滑车的作用是什么？

5. 滑车组质量检验要点是什么？

第四章

起重指挥信号

▲ 模块 1 手势信号（ZY5600604001）

【模块描述】本模块介绍手势信号。通过示例讲解，熟悉并能正确掌握手势信号的应用。

【模块内容】

起重手势指挥信号。

一、通用手势信号

1. "预备"（注意）

手臂伸直，置于头上方，五指自然伸开，手心朝前保持不动，如图 1-4-1 所示。

2. "要主钩"

单手自然握拳，置于头上，轻触头顶，如图 1-4-2 所示。

图 1-4-1 "预备"（注意） 　　　图 1-4-2 "要主钩"

3. "要副钩"

一只手握拳，小臂向上不动，另一只手伸出，手心轻触前只手的肘关节，如图 1-4-3 所示。

4."吊钩上升"

小臂向侧上方伸直,五指自然伸开,高于肩部,以腕部为轴转动,如图 1-4-4 所示。

图 1-4-3 "要副钩"　　　图 1-4-4 "吊钩上升"

5."吊钩下降"

手臂伸向侧前下方,与身体夹角约为 30°,五指自然伸开,以腕部为轴转动,如图 1-4-5 所示。

6."吊钩水平移动"

小臂向侧上方伸直,五指并拢手心朝外,朝负载应运行的方向,向下挥动到与肩相平的位置,如图 1-4-6 所示。

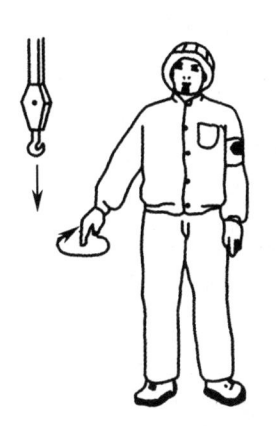

图 1-4-5 "吊钩下降"　　　图 1-4-6 "吊钩水平移动"

7."吊钩微微上升"

小臂伸向侧前上方,手心朝上高于肩部,以腕部为轴,重复向上摆动手掌,如图1-4-7所示。

8."吊钩微微下落"

手臂伸向侧前下方,与身体夹角约为30°,手心朝下,以腕部为轴,重复向下摆动手掌,如图1-4-8所示。

图1-4-7 "吊钩微微上升"   图1-4-8 "吊钩微微下落"

9."吊钩水平微微移动"

小臂向侧上方自然伸出,五指并拢手心朝外,朝负载应运行的方向,重复做缓慢的水平运动,如图1-4-9所示。

10."微动范围"

双小臂曲起,伸向一侧,五指伸直,手心相对,其间距与负载所要移动的距离接近,如图1-4-10所示。

图1-4-9 "吊钩水平微微移动"

11."指示降落方位"

五指伸直,指出负载应降落的位置,如图 1-4-11 所示。

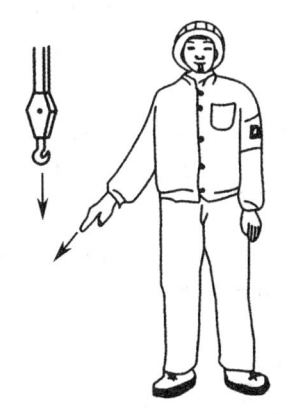

图 1-4-10 "微动范围"　　　　图 1-4-11 "指示降落方位"

12."停止"

小臂水平置于胸前,五指伸开,手心朝下,水平挥向一侧,如图 1-4-12 所示。

13."紧急停止"

两小臂水平置于胸前,五指伸开,手心朝下,同时水平挥向两侧,如图 1-4-13 所示。

图 1-4-12 "停止"　　　　图 1-4-13 "紧急停止"

14."工作结束"

双手五指伸开,在额前交叉,如图 1-4-14 所示。

二、专用手势信号

1. "升臂"

手臂向一侧水平伸直，拇指朝上，余指握拢，小臂向上摆动，如图 1-4-15 所示。

2. "降臂"

手臂向一侧水平伸直，拇指朝下，余指握拢，小臂向下摆动，如图 1-4-16 所示。

3. "转臂"

手臂水平伸直，指向应转臂的方向，拇指伸出，余指握拢，以腕部为轴转动，如图 1-4-17 所示。

图 1-4-14 "工作结束"

图 1-4-15 "升臂"

图 1-4-16 "降臂"

4. "微微伸臂"

一只小臂置于胸前一侧，五指伸直，手心朝下，保寺不动。另一手的拇指对着前手手心，余指握拢，做上下移动，如图 1-4-18 所示。

5. "微微降臂"

一只小臂置于胸前的一侧，五指伸直，手心朝上，保持不动，另一只手的拇指对着前手心，余指握拢，做上下移动，如图 1-4-19 所示。

图 1-4-17 "转臂"

图 1-4-18 "微微伸臂" 　　　图 1-4-19 "微微降臂"

6. "微微转臂"

一只小臂向前平伸，手心自然朝向内侧。另一只手的拇指指向前只手的手心，余指握拢做转动，如图 1-4-20 所示。

7. "伸臂"

两手分别握拳，拳心朝上，拇指分别指向两则，做相斥运动，如图 1-4-21 所示。

8. "缩臂"

两手分别握拳，拳心朝下，拇指对指，做相向运动，如图 1-4-22 所示。

图 1-4-20 "微微转臂"

9. "履带起重机回转"

一只小臂水平前伸，五指自然伸出不动。另一只小臂在胸前作水平重复摆动，如图 1-4-23 所示。

图 1-4-21 "伸臂" 　　　图 1-4-22 "缩臂" 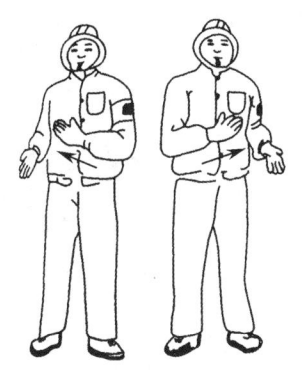　　　图 1-4-23 "履带起重机回转"

10. "起重机前进"

双手臂先后前平伸,然后小臂曲起,五指并拢,手心对着自己,做前后运动,如图 1-4-24 所示。

11. "起重机后退"

双小臂向上曲起,五指并拢,手心朝向起重机,做前后运动,如图 1-4-25 所示。

12. "抓取"（吸取）

两小臂分别置于侧前方,手心相对,由两侧向中间摆动,如图 1-4-26 所示。

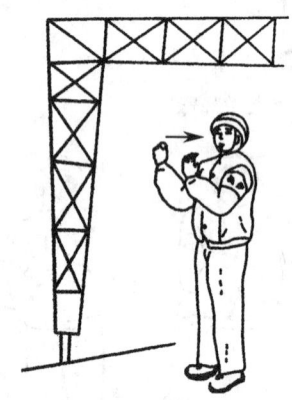

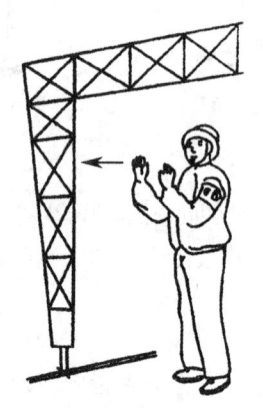

图 1-4-24 "起重机前进"　　图 1-4-25 "起重机后退"　　图 1-4-26 "抓取"（吸取）

13. "释放"

两小臂分别置于侧前方,手心朝外,两臂分别向两侧摆动,如图 1-4-27 所示。

14. "翻转"

一小臂向前曲起,手心朝上,另一小臂向前伸出,手心朝下,双手同时进行翻转,如图 1-4-28 所示。

图 1-4-27 "释放"　　图 1-4-28 "翻转"

三、双机吊运专用的手势信号

1. "微速起钩"

两小臂水平伸出侧前方,五指伸开,手心朝上,以腕部为轴,向上摆动。当要求双机以不同的速度起升时,指挥起升速度快的一方,手要高于另一只手,如图 1-4-29 所示。

2. "慢速起钩"

两小臂水平伸向前侧方,五指伸开,手心朝上,小臂以肘部为轴向上摆动。当要求双机以不同的速度起升时,指挥起升速度快的一方,手要高于另一只手,如图 1-4-30 所示。

图 1-4-29 "微速起钩"　　　　　图 1-4-30 "慢速起钩"

3. "全速起钩"

两臂下垂,五指伸开,手心朝上,全臂向上挥动,如图 1-4-31 所示。

4. "微速落钩"

两小臂水平伸向侧前方,五指伸开,手心朝下,手以腕部为轴向下摆动。当要求双机以不同的速度降落时,指挥降落速度快的一方,手要低于另一只,如图 1-4-32 所示。

图 1-4-31 "全速起钩"　　　　　图 1-4-32 "微速落钩"

5."慢速落钩"

两小臂水平伸向前侧方，五指伸开，手心朝下，小臂以肘部为轴向下摆动。当要求双机以不同的速度降落时，指挥降落速度快的一方，手要低于另一只手，如图1-4-33所示。

6."全速落钩"

两臂伸向侧上方，五指伸出，手心朝下，全臂向下挥动，如图1-4-34所示。

图1-4-33 "慢速落钩"

图1-4-34 "全速落钩"

7."一方停止，一方起钩"

指挥停止的手臂作"停止"手势；指挥起钩的手臂侧作相应速度的起钩手势，如图1-4-35所示。

8."一方停止，一方落钩"

指挥停止的手臂作"停止"手势，指挥落钩的手臂则作相应速度的落钩手势，如图1-4-36所示。

图1-4-35 "一方停止，一方起钩"

图1-4-36 "一方停止，一方落钩"

【思考与练习】

1. 两臂下垂，五指伸开，手心朝上，全臂向上挥动的指挥信号代表什么？
2. 双手五指伸开，在额前交叉的指挥信号代表什么？
3. 吊钩微微下落的手势指挥信号应该如何表示？
4. "预备"手势信号如何描述？
5. 通用手势信号有哪几种？

▲ 模块 2　旗语信号（ZY5600604002）

【模块描述】本模块介绍旗语信号。通过示例讲解，熟悉并能正确掌握旗语信号的应用。

【模块内容】

起重旗语指挥信号。

1. "预备"

单手持红绿旗上举，如图 1-4-37 所示。

2. "要主钩"

单手持红绿旗，旗头轻触头顶，如图 1-4-38 所示。

3. "要副钩"

一只手握拳，小臂向上不动，另一只手拢红绿旗，旗头轻触前只手的肘关节，如图 1-4-39 所示。

图 1-4-37　"预备"　　　　图 1-4-38　"要主钩"　　　　图 1-4-39　"要副钩"

4. "吊钩上升"

绿旗上举，红旗自然放下，如图 1-4-40 所示。

5. "吊钩下降"

绿旗拢起下指，红旗自然放下，如图 1-4-41 所示。

6. "吊钩微微上升"

绿旗上举，红旗拢起横在绿旗上，互相垂直，图 1-4-42 所示。

7. "吊钩微微下降"

绿旗拢起下指，红旗横在绿旗下，互相垂直，如图 1-4-43 所示。

图 1-4-40 "吊钩上升"　　图 1-4-41 "吊钩下降"

图 1-4-42 "吊钩微微上升"　　图 1-4-43 "吊钩微微下降"

8. "升臂"

红旗上举，绿旗自然放下，如图 1-4-44 所示。

9. "降臂"

红旗拢起下指，绿旗自然放下，如图 1-4-45 所示。

图 1-4-44 "升臂"   图 1-4-45 "降臂"

10. "转臂"

红旗拢起，水平指向应转臂的方向，如图 1-4-46 所示。

11. "微微升臂"

红旗上举，绿旗拢起横在红旗上，互相垂直，如图 1-4-47 所示。

12. "微微降臂"

红旗拢起下指，绿旗横在红旗下，互相垂直，如图 1-4-48 所示。

图 1-4-46 "转臂"

图 1-4-47 "微微升臂"   图 1-4-48 "微微降臂"

13. "微微转臂"

红旗拢起,横在腹前,指向应转臂的方向;绿旗拢起,竖在红旗前,互相垂直,如图1-4-49所示。

14. "伸臂"

两旗分别拢起,横在两侧,旗头外指,如图1-4-50所示。

15. "缩臂"

两旗分别拢起,横在胸前,旗头对指,如图1-4-51所示。

图1-4-49 "微微转臂"

图1-4-50 "伸臂"

图1-4-51 "缩臂"

16. "微动范围"

两手分别拢旗,伸向一侧,其间距与负载所要移动的距离接近,如图1-4-52所示。

17. "指示降落方位"

单手拢绿旗,指向负载应降落的位置,旗头进行转动,如图1-4-53所示。

图1-4-52 "微动范围"

图1-4-53 "指示降落方位"

18."履带起重机回转"

一只手拢旗,水平指向侧前方,另只手持旗,水平重复挥动,如图 1-4-54 所示。

图 1-4-54 "履带起重机回转"

19."起重机前进"

两旗分别拢起,向前上方伸出,旗头由前上方向后摆动,如图 1-4-55 所示。

20."起重机后退"

两旗分别拢起,向前伸出,旗头由前方向下摆动,如图 1-4-56 所示。

图 1-4-55 "起重机前进"　　　图 1-4-56 "起重机后退"

21."停止"

单旗左右摆动,另一面旗自然放下,如图 1-4-57 所示。

22."紧急停止"

双手分别持旗,同时左右摆动,如图 1-4-58 所示。

23."工作结束"

两旗拢起,在额前交叉,如图 1-4-59 所示。

图 1-4-57 "停止"　　　　图 1-4-58 "紧急停止"　　　　图 1-4-59 "工作结束"

【思考与练习】
1. 简述旗语指挥信号中紧急停止的动作要领。
2. 简述旗语指挥信号中上升的动作要领。
3. 旗语信号中一只手拢旗，水平指向侧前方，另只手持旗，水平重复挥动表示什么？
4. 描述"起重机前进"旗语。
5. 描述"工作结束"旗语。

模块3　音响信号（ZY5600604003）

【模块描述】本模块介绍音响信号。通过示例讲解，熟悉并能正确掌握音响信号的应用。

【模块内容】
起重指挥音响信号标准及要求。

一、音响信号

1. "预备" "停止"
一长声——

2. "上升"
二短声●●

3. "下降"
三短声●●●

4. "微动"
断续短声●○●○●○

5. "紧急停止"

急促的长声—— —— ——

音响符号：

"——"表示大于1s的长声符号。

"●"表示小于1s的短声符号。

"○"表示停顿的符号。

二、对指挥人员和司机使用指挥信号时的基本要求

（一）对使用信号的基本规定

（1）指挥人员使用手势信号均以本人的手心、手指或手臂表示吊钩、臂杆和机械位移的运动方向。

（2）指挥人员使用旗语信号均以指挥旗的旗头表示吊钩、臂杆和机械位移的运动方向。

（3）在同时指挥臂杆和吊钩时，指挥人员必须分别用左手指挥臂杆，右手指挥吊钩。当持旗指挥时，一般左手持红旗指挥臂杆，右手持绿旗指挥吊钩。

（4）当两台或两台以上起重机同时在距离较近的工作区域内工作时，指挥人员使用音响信号的音调应有明显区别，并要配合手势或旗语指挥，严禁单独使用相同音调的音响指挥。

（5）当两台或两台以上起重机同时在距离较近工作区域内工作时，司机发出的音响应有明显区别。

（二）指挥人员的职责及其要求

（1）指挥人员应根据本标准的信号要求与起重机司机进行联系。

（2）指挥人员发出的指挥信号必须清晰、准确。

（3）指挥人员应站在使司机看清指挥信号的安全位置上。当跟随负载运行指挥时，应随时指挥负载避开人员和障碍物。

（4）指挥人员不能同时看清司机和负载时，必须增设中间指挥人员以便逐级传递信号，当发现错传信号时，应立即发出停止信号。

（5）负载降落前，指挥人员必须确认降落区域安全时，方可发出降落信号。

（6）当多人绑挂同一负载时，起吊前应先做好呼唤应答，确认绑挂无误后，方可由一人负责指挥。

（7）同时用两台起重机吊运同一负载时，指挥人员应双手分别指挥各台起重机，以确保同步吊运。

（8）在开始起吊负载时，应先用"微动"信号指挥。待负载离开地面100～200mm稳妥后，再用正常速度指挥。必要时，在负载降落前，也应使用"微动"信号指挥。

(9) 指挥人员应佩戴鲜明的标志，如标有"指挥"字样的臂章、特殊颜色的安全帽、工作服等。

(10) 指挥人员所戴手套的手心和手背要易于辨别。

（三）起重机司机的职责及其要求

(1) 司机必须听从指挥人员的指挥，当指挥信号不明时，司机应发出"重复"信号询问，明确指挥意图后，方可开车。

(2) 司机必须熟练掌握标准规定的通用手势信号和有关的各种指挥信号，并与指挥人员密切配合。

(3) 当指挥人员所发信号违反规定时，司机有权拒绝执行。

(4) 司机在开车前必须鸣铃示警，必要时，在吊运中也要鸣铃，通知受负载威胁的地面人员撤离。

(5) 在吊运过程中，司机对任何人发出的"紧急停止"信号都应服从。

【思考与练习】

1. 试述指挥人员使用的"紧急停止"通用手势信号。
2. 指挥人员使用的音响信号共有几种，都是什么信号？
3. 使用船用起重机（或双机吊运）专用手势信号怎样指挥"微速起钩"？
4. 国家标准对旗语指挥信号所使用的指挥旗提出了哪些要求？
5. 起重机司机的职责及其要求是什么？

国家电网有限公司
技能人员专业培训教材　水电起重工

第五章

汽车起重机作业

▲ 模块1　流动式汽车起重机使用（ZY5600605001）

【模块描述】本模块介绍汽车吊载荷使用。通过图例介绍，能了解流动式起重机的分类、组成、汽车起重机的主要参数；掌握正确选择流动式起重机的方法；掌握汽车起重机的安全操作方法及作业注意事项。

【模块内容】

流动式汽车起重机使用。

一、流动式起重机的分类

流动式起重机可按底盘、结构形式、臂架形式与用途进行分类。

1. 按底盘分类

流动式起重机按底盘不同，可分为汽车起重机、轮胎起重机、履带起重机三类。汽车起重机和轮胎起重机又统称为轮胎式（简称轮式）起重机。汽车起重机所使用底盘是通用汽车底盘或加强了的专用汽车底盘。轮胎式起重机使用范围广、机动性好、转移方便、作业适应性较强，属于通用型起重机。另外，汽车起重机具有行驶速度高、转移灵活等优点；轮胎起重机具有可吊重行驶的优点。

轮式起重机若按起重量 Q 划分，有小型（$Q \leqslant 12t$）、中型（$Q = 16 \sim 40t$）、大型（$Q > 40t$）和特大型（$Q > 100t$）4 种；若按起重吊臂的形式划分，有桁架臂式和箱型臂式两种；若按传动装置划分，有机械传动式、电力—机械传动式和液压—机械传动（简称液压传动）式 3 种。目前生产的轮式起重机吊臂采用箱形臂式，传动装置多采用液压传动方式。

2. 按结构形式分类

按用途不同，流动式起重机可分为回转流动式起重机和不回转流动式起重机两种。

3. 按用途分类

按用途不同，流动式起重机可分为通用流动式起重机、越野流动式起重机和专用（或特殊用途）流动式起重机。

通用流动式起重机就是用于港口、货场、车站、工厂、建筑工地、进行货物装卸和建筑安装的流动式起重机。

越野流动式起重机是具有越野性能，可在泥泞或崎岖不平的场地进行作业的流动式起重机。

特殊用途流动式起重机是从事某种专门作业或备有其他设施进行特殊作业的流动式起重机。如专门用于大型设备及构件安装的重型及超重型桁架臂汽车起重机，集装箱轮胎起重机及抢险救援起重机。

二、汽车起重机的组成

汽车起重机主要由下列几个部分组成。

1. 取物装置

取物装置一般为吊钩，仅在抓泥土、黄砂或石料时才使用抓斗。

2. 吊臂

吊臂安装在起重机上部回转平台上，通过伸缩、俯仰等动作来改变工作半径（幅度），并用来支撑起升钢丝绳和滑轮组，通过取物装置吊运重物。在主吊臂的顶端，还可以装设副吊臂，扩大作业范围。

3. 上车回转部分

上车回转部分包括装在回转平台上的全部机构及装置，但不包括吊臂、配重、吊钩等。

4. 下车行走部分

下车行走部分是上车回转部分的基础，包括底盘及行走机构，但不包括装在车架上的支腿。

5. 回转支撑部分

回转支撑部分安装在底盘上，用来支撑上车回转部分。

6. 支腿

汽车式起重机为了提高起重能力，在车架上装有支腿，工作时，支腿外伸撑地，能将整个起重机撑离地面。

7. 底盘

汽车起重机底盘的类型，按总的性能分有通用汽车底盘和专用汽车底盘。通用汽车底盘，是指除车架外，其余的部分采用原汽车底盘。专用汽车底盘是按起重机的要求设计的，轴距较长、车架刚性好。汽车底盘的驾驶室和吊臂布置有正置平头式、侧置偏头式和前悬下沉等3种方式。

8. 配重

配重是在起重机平台尾部挂有的适当重量的铁块，以保证起重机工作稳定。大型起重机行驶时，可卸下配重，另车装运。中、小型起重机的配重包括在上车回转部分内，不另外称呼。

习惯上，把取物装置、吊臂、配重和上车回转部分统称为上车，其余部分统称为下车，如图 1-5-1 所示，为汽车起重机的主要组成部分及位置。

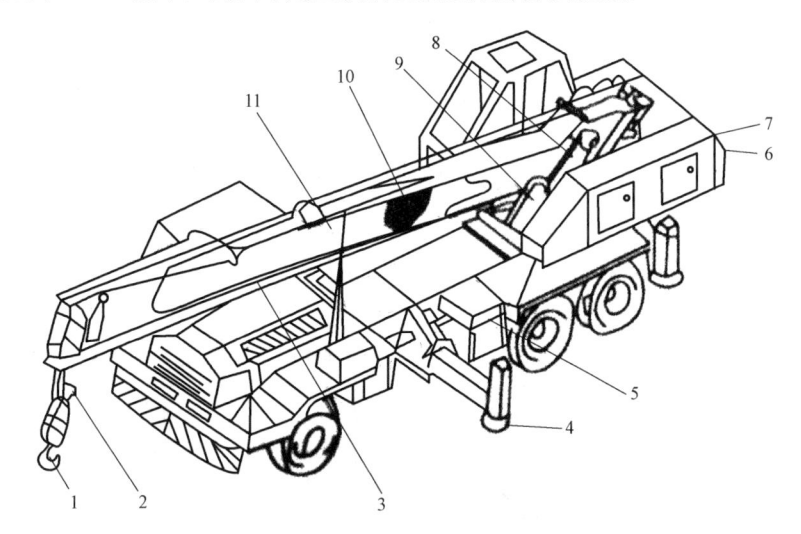

图 1-5-1　汽车起重机外形
1—吊钩；2—起重高度限制器；3—副臂；4—支腿；5—油箱；6—回转平台；
7—机舱；8—变幅油箱；9—油管；10—伸缩油缸；11—吊臂

三、汽车起重机的主要参数

1. 起重量 Q

起重量是起重机在各种工况下安全作业所允许起吊重物的最大重量。最大额定总起重量是指起重机在基本臂工况下，最小幅度时所起吊重物的最大重量，是汽车起重机的铭牌标定值，包括吊具本身重量。决定起重机起重量的因素有两个，一是起重机的机构与结构强度，二是起重机的整机稳定性。具体讲就是起重机的臂长和幅度。所以，在起重机在进行起重作业时，必须按照起重机的起重量—幅度曲线所标出的起重量进行工作，以确保安全。

2. 工作幅度 R

工作幅度是指起重机支撑回转中心至吊钩垂线的水平距离，它表示起重机的作业范围，也是起重机起重能力的又一衡量标志。工作幅度一般用 R 表示，单位是 m。从图 1-5-2 可知，幅度与吊臂长度 L 和仰角 θ 的关系为：

$$R = L \times \cos\theta - e \tag{1-5-1}$$

式中 e ——臂杆下部轴承至整机回转中心的距离。

吊臂仰角为 0°～80°，但工作角度一般为 30°～75°之间。当幅度 R 变小时，起重量增大，但幅度小于支腿跨距一半（a）时，将无法进行吊重作业。因而，大型构件的吊装作业中，又要受有效幅度 A 的限制。有效幅度，是指起重机吊臂侧置工况下，起吊额定起重量时，幅度外离支腿的最小距离。

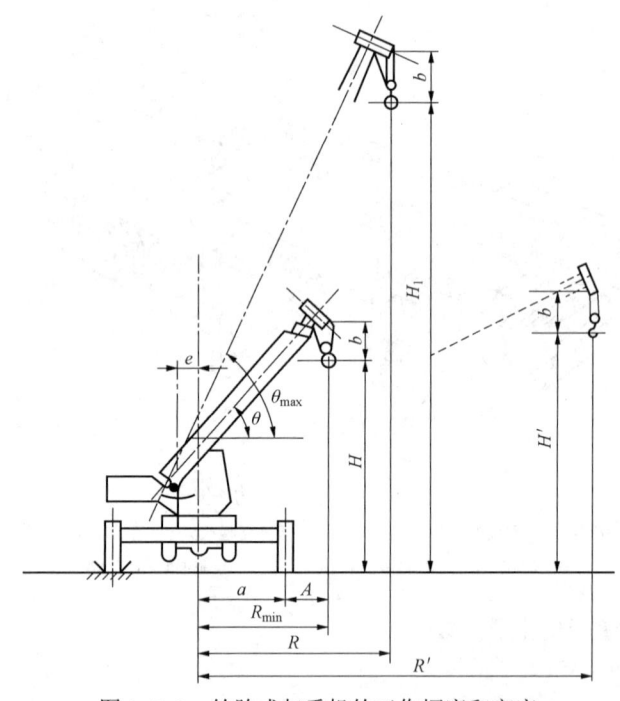

图 1-5-2 轮胎式起重机的工作幅度和高度

有效幅度 A 应满足下列公式：

$$A = R_{min} - a \geqslant [A] \qquad (1-5-2)$$

式中 A ——有效幅度，m；
R_{min} ——最小工作幅度，m；
a ——起重机支腿跨距的一半，m；
$[A]$ ——有效幅度 A 的极限值。

3. 起重力矩 M

汽车起重机的起重力矩是最大额定载荷和相应工作幅度的乘积，即：

$$M = QR \qquad (1-5-3)$$

式中　M——起重力矩，N·m；
　　　Q——最大额定载荷，N；
　　　R——工作幅度，m。

起重机进行作业时，不但要求起重量大，而且要求有一定的工作幅度。因此，不能单纯就某一种参数去比较两台起重机的工作能力。只有起重力矩才能确切地评定起重机的工作能力。

4. 仰角 θ

仰角指起重臂中心线与水平线间的夹角。汽车起重机仰角用 θ 表示，通常在 30°～80°之间变化。

5. 起升高度 H

汽车起重机的起升高度 H 在建筑安装工程中是一个重要参数，它与吊臂长度和仰角有关，汽车起重机在使用中，不但要满足起重量的要求，还必须满足工作幅度和起升高度的要求，在吊臂长度一定的情况下，起升高度与起重量成正比，与工作幅度成反比。

6. 自重 G

自重即起重机本身实际重量，它是衡量起重机经济性能的一个综合性指标。能否通过某一场地或桥梁、涵洞等，均根据自身重量与地面接触面积来决定。

7. 工作速度 v

汽车起重机的工作速度主要包括起升、变幅、回转、吊臂伸缩机构的速度以及行驶速度。

（1）起升速度：是指单位时间内吊钩的垂直移动距离，单位为 m/min。

（2）变幅速度：是指在稳定状态下，额定载荷在变幅平面内水平位移的平均速度，单位为 m/min。

（3）回转速度：是指在旋转机构电动机为额定转速时，起重机转动部分的回转角速度，单位为 r/min。

8. 通过性参数

通过性参数是指汽车起重机通过各种道路的能力。通常所说的通过性参数主要是爬坡能力和转弯半径。

9. 几何尺寸参数

汽车起重机的外形尺寸包括起重机的最大长度、宽度和高度，它在一定程度上反映了起重机的经济性能。我国规定汽车起重机在公路上运行时，总长不超过 12m，总宽不超过 2.6m，总高不超过 4m。

10. 起重机特性曲线

起重机特性曲线包括起重量（Q）—幅度（R）变化曲线、幅度—起升高度变化曲线等。如图 1-5-3 为 Q2-8 型汽车起重机特性曲线图。

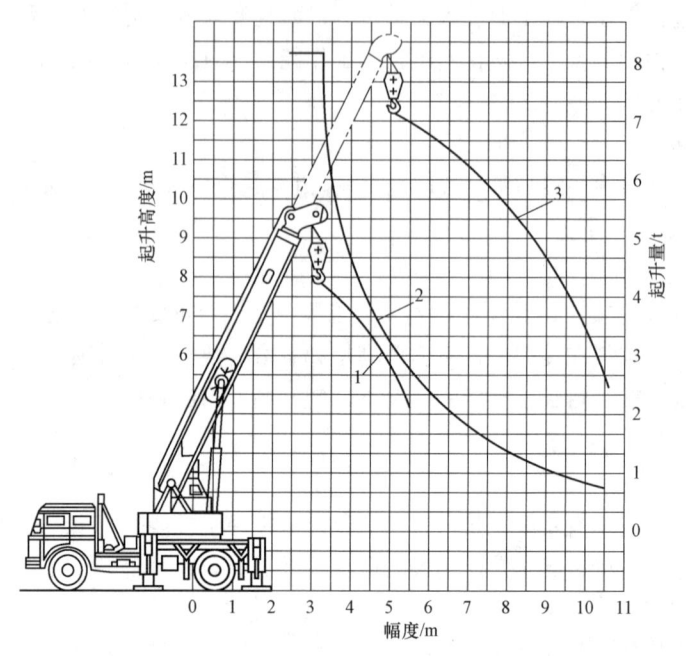

图 1-5-3 起重机特性曲线图
1—臂长 6.95m 起升高度曲线；2—起重量特性曲线；3—臂长 11.7m

起重特性曲线是 $Q—R$ 变化关系曲线。从曲线变化规律可知，幅度变大，其中能力变小，幅度变小，起重能力变大，起重量和幅度成反比变化。起重特性曲线是由许多与幅度相对应的额定起重量描绘出来。

起重特性曲线上部分是由起重臂的强度决定的，下部分是由稳定性决定的。

QY-5 型液压汽车起重机的主要参数如表 1-5-1 所示。

表 1-5-1　　　　QY-5 型液压汽车起重机的主要参数表

最大允许车速	40km/h		
行驶状态外形尺寸		起重机总重	8035kg
长	8310mm	前桥负荷	1999kg
宽	2350mm	后桥负荷	6036kg
高	2860mm	工作状态支腿距离	

续表

行驶状态最低点离地距离	265mm	纵向	3234mm
最小转弯半径	9200mm	横向	3500mm
接近角	40°	工作状态支腿最大压力	7116.4kg
离去角	13°30′		

四、正确选择流动式起重机

利用流动式起重机吊运物件时,能否正确地选择流动式起重机种类和型号,是保证起重作业安全的基础。本训练的要求是:以冷水机组吊装为例,学习正确选择流动式起重机的步骤和方法。

1. 某一冷水机组吊装工程的已知条件

(1) 吊装设备。

本次吊装的设备为风冷螺杆式冷水机组,其设备型号为YCAS0685EB50,设备数量2台,设备安装于附楼顶层,附楼顶层标高18m。设备外形尺寸7474mm×2235mm×2438mm,最大重量72kN。

(2) 施工场地。

现场施工场地较为开阔,附楼东侧、北侧为已经压实的路面,其中北侧靠厂房边有几根桩。设计单位提供的本吊装工程的现场平面布置图如图1-5-4所示。

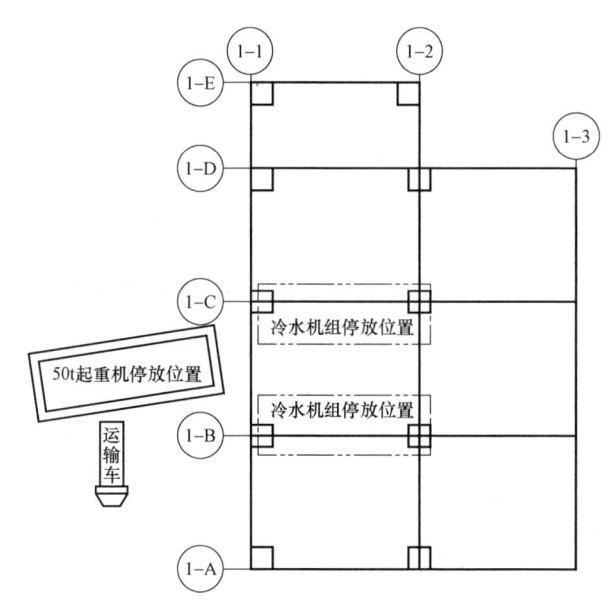

图1-5-4 冷水机组吊装平面布置图

2. 正确选择流动式起重机的步骤

（1）起重机类型的选择。

由于本工程施工场地条件较好，起重作业可集中在较短时间内完成，根据起重机选择原则，优先选择汽车起重机。汽车起重机不破坏厂区内道路，组装时间最短，节约费用。

（2）规划进出场线路。

根据现场实际情况，事先确定汽车起重机行走路线，必要时对部分路面预先夯实，达到汽车起重机行走要求。由于起重机自身重量大，接地比压较大，对地面要求较高，应注意避免在雨天作业。

（3）勘察施工现场。

综合考虑起重机支腿外形尺寸、支腿的接地比压、行驶通道、起重机回转范围内的障碍物等因素，初步确定汽车起重机回转中心位置。

（4）绘制吊装示意图。

结合本吊装工程的现场平面布置图（见图 1-5-4）和吊装设备的吊装参数，绘制汽车起重机吊装示意图，如图 1-5-5 所示。

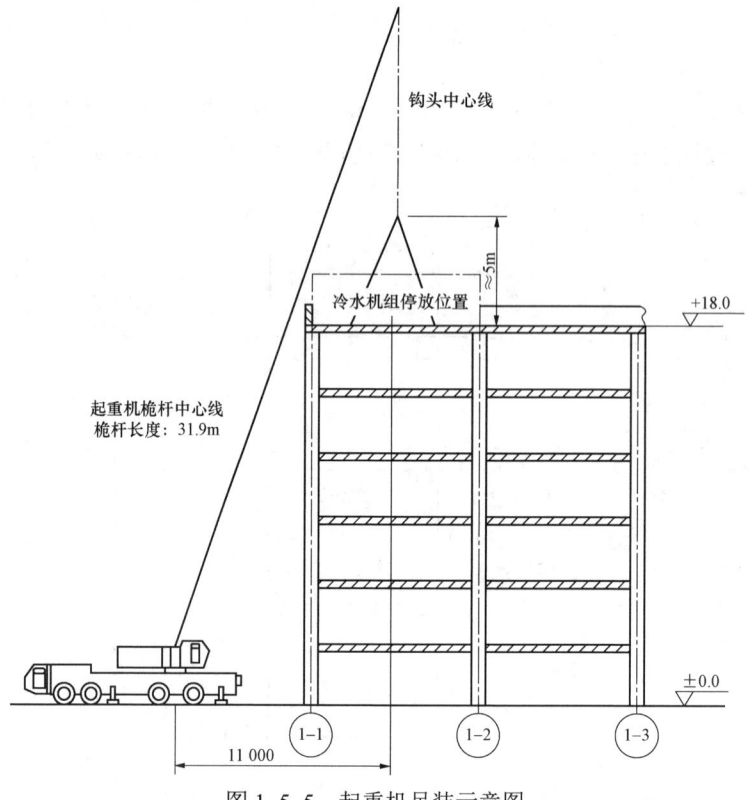

图 1-5-5 起重机吊装示意图

(5) 初步选择汽车式起重机。

根据需用的起重机臂长29m、固转半径11m、起升高度26m以及吊装设备的总重量80.3kN等参数,根据表1-5-6,TG-500E型50t汽车起重机在吊臂长31.9m、吊臂仰角70°时,回转半径为11m,额定起重量8.9t,可基本满足要求。所以,初选汽车式起重机型号为:TG-500E型50t汽车起重机。

(6) 起升总载荷 Q 的计算。

包含吊具在内的起升总载荷 Q 为:

$$Q = G + q = 80.\text{kN} + 4\text{kN} = 84.3（\text{kN}）$$

式中　　G——吊装设备的总重量,kN,Q=80.kN;

Q——TG-500E型汽车式起重机吊具（包含吊钩滑轮组和起升钢丝绳）重量,kN,$Q = 4\text{kN}$。

(7) 验算所选汽车起重机的起重性能参数。

根据表1-5-6,TG500E型汽车起重机在主臂长度31.9m,作业半径11m（吊臂仰角70°）时,最大额定总起重量为8.9t,最大提升高度为30m,能满足本吊装工程的起重要求。

表1-5-2~表1-5-7为几种典型汽车起重机性能表,图1-5-6~图1-5-8为几种典型汽车起重机工作特性曲线。

表1-5-2　　　　QY-8汽车起重机额定起重量能力表　　　　（单位:t）

工作半径（m）	臂杆长度（m）			工作半径（m）	臂杆长度（m）		
	7.7	10.5	13.45		7.7	10.5	13.45
3.0	8.0	5.7	3.3	7.0		2.1	2.1
3.5	6.8	5.7	3.3	7.5		1.9	1.9
4.0	5.7	5.7	3.3	8.0		1.7	1.7
4.5	4.7	4.7	3.3	8.5		1.5	1.5
5.0	3.9	3.9	3.3	9.0		1.3	1.3
5.5	3.3	3.3	3.0	9.5			1.2
6.0	2.8	2.8	2.7	10			1.1
6.5	2.4	2.4	2.4	11			0.9

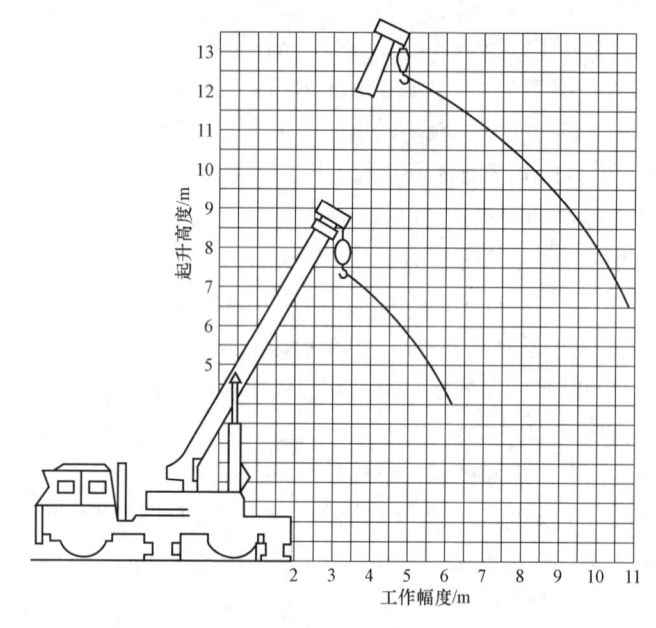

图 1-5-6　QY-8 汽车起重机工作特性曲线

表 1-5-3　　　　　QY-16 汽车起重机额定起重量能力表　　　　（单位：t）

工作半径（m）	臂杆长度（m）					
	9.07	12.48	15.87	19.3	22.71	22.71+7
3	16.00	10.00	9.59			
4	14.24	10.00	8.16	6.44		
5	11.43	9.99	7.09	5.57	4.70	
6	7.77	8.07	6.25	4.89	4.12	
7	5.73	6.01	5.57	4.34	3.65	2.00
8	4.42	4.70	4.84	3.88	3.25	1.93
9		3.79	3.93	3.50	2.92	1.85
10		3.12	3.25	3.18	2.64	1.77
11		2.60	2.74	2.82	2.40	1.70
12			2.33	2.41	2.19	1.64
13			2.00	2.08	2.00	1.58

续表

工作半径（m）	臂杆长度（m）					
	9.07	12.48	15.87	19.3	22.71	22.71+7
14			1.72	1.81	1.94	1.52
15				1.58	1.83	1.47
16				1.38	1.43	1.42
18					1.12	1.34
20					0.87	1.16
22						0.96
24						0.80
26						0.65
28						0.53

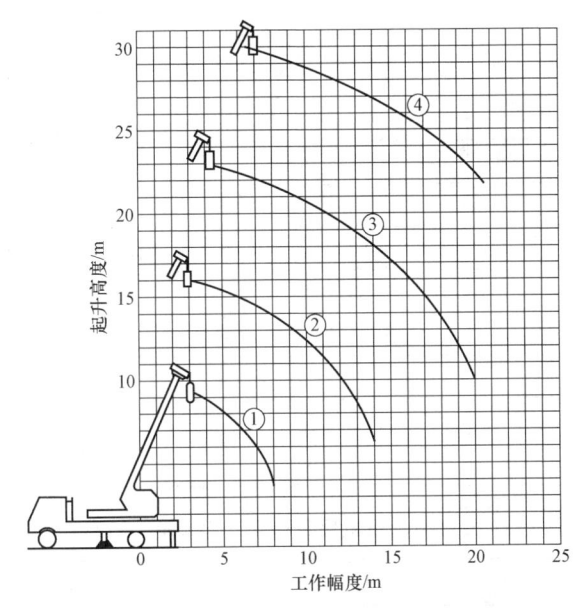

图 1-5-7　QY-16 汽车起重机工作特性曲线

①—主臂 9.07m；②—主臂 15.87m；③—主臂 22.71m；④—主臂 22.71 + 副臂 7m

表1-5-4　　　　　QY-20汽车起重机额定起重量能力表　　　　　（单位：t）

工作半径（m）	臂杆长度（m）									
	两侧及后方					前方				
	9.8	13.45	17.1	20.75	24.4	9.8	13.45	17.1	20.75	24.4
3.0	20.0	14.0	12.0			20.0	14.0	12.0		
3.2	20.0	14.0	12.0			20.0	14.0	12.0		
3.5	19.5	13.8	11.2	9.45		19.5	13.8	11.2	9.45	
4.0	18.3	12.8	10.5	8.9	7.0	18.3	12.8	10.5	8.9	7.0
4.5	17.2	12.0	9.85	8.45	7.0	14.9	12.0	9.85	8.45	7.0
5.0	16.2	11.3	9.3	8.0	6.9	11.8	11.1	9.3	8.0	6.9
5.5	15.3	10.6	8.8	7.55	6.6	9.6	9.15	8.8	7.55	6.6
6.0	13.8	10.0	8.3	7.2	6.3	8.05	7.7	7.5	7.2	6.3
6.5	11.9	9.5	7.85	6.85	6.0	6.9	6.6	6.5	6.85	6.0
7.0	10.5	8.95	7.5	6.5	5.7	5.9	5.8	5.7	5.45	5.0
8.0	8.25	8.1	6.75	5.9	5.2	4.4	4.4	4.5	4.35	4.1
9.0		6.55	6.1	5.35	4.8		3.55	3.6	3.55	3.4
10		6.5	5.55	4.9	4.4		2.9	2.6	2.95	2.85
11		4.65	4.75	4.5	4.05		2.35	2.45	2.45	2.4
12		4.0	4.1	4.15	3.7		1.9	2.05	2.1	2.05
13			3.6	3.65	3.4			1.7	1.75	1.75
14			3.15	3.2	3.15			1.4	1.5	1.5
15			2.75	2.85	2.9			1.15	1.25	1.25
17				2.25	2.3				0.85	0.9
19				1.65	1.85				0.55	0.6
21					1.45					0.39
23					1.15					

表1-5-5　　　QY-20汽车起重机额定起重量能力表（副臂）　　　（单位：t）

主臂仰角（°）	偏角5°		偏角17.5°		偏角30°	
	后侧方	前方	后侧方	前方	后侧方	前方
80	3.0	3.0	2.4	2.4	1.5	1.5
78	3.0	3.0	2.3	2.3	1.5	1.5

续表

主臂仰角（°）	偏角 5° 后侧方	偏角 5° 前方	偏角 17.5° 后侧方	偏角 17.5° 前方	偏角 30° 后侧方	偏角 30° 前方
76	2.95	2.95	2.2	2.2	1.45	1.45
74	2.8	2.8	2.1	2.1	1.4	1.4
72	2.7	2.7	2.05	2.1	1.35	1.35
70	2.55	2.55	2.0	2.0	1.3	1.3
68	2.45	2.45	1.9	1.9	1.25	1.25
66	2.35	2.2	1.8	1.8	1.25	1.25
64	2.2	1.85	1.75	1.65	1.2	1.2
62	2.1	1.6	1.65	1.45	1.18	1.18
60	2.0	1.4	1.6	1.3	1.15	1.15
58	1.9	1.2	1.55	1.1	1.13	1.05
56	1.8	1.05	1.45	1.0	1.1	0.9
54	1.7	0.95	1.4	0.85	1.05	0.8
52	1.6	0.8	1.35	0.75	1.05	0.7

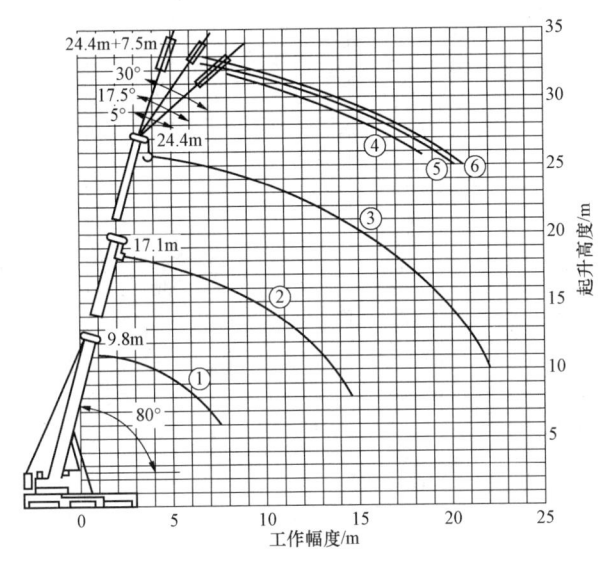

图 1-5-8 QY-20 汽车起重机工作特性曲线

①—主臂 9.8m；②—主臂 17.1m；③—主臂 24.4m；④—主臂 24.4m+副臂 7.5m 仰角 30°；
⑤—主臂 24.4m+副臂 7.5m 仰角 17.5°；⑥—主臂 24.4m+副臂 7.5m 仰角 5°

表 1-5-6　　　　　TG-500E 型汽车起重机额定总载荷　　　　　（单位：t）

工作幅度 R (m)	起重臂在起重机两侧及后方（支腿完全伸出）										仰角 ∠(°)	吊臂 (m)			
	起重臂 (m)											9m 副臂		14.5m 副臂	
	10.4		17.6		24.7		31.9		39			R	[Q]	R	[Q]
	∠(°)	[Q]	∠(°)	[Q]	∠(°)	[Q]	∠(°)	[Q]	∠(°)	[Q]					
3.00	70	50.0	79	27.0							80	3.50	2.00	2.5	1
4.00	64	38.0	76	27.0							79	3.50	2.00	2.5	1
5.00	57	30.0	72	27.0	78	18.00					78	3.50	1.96	2.5	1
6.00	50	25.0	69	22.9	76	18.00	80	12.0			77	3.31	1.91	2.33	1
7.00	42	20.0	65	19.5	73	16.70	78	12.0			75	2.97	1.82	2.06	0.96
8.00	33	16.0	61	15.6	71	14.70	76	12.0	79	6.5	72	2.56	1.68	1.78	0.90
9.00	18	12.8	57	12.8	68	12.80	74	10.0	78	6.5	70	2.33	1.58	1.62	0.87
10.00			53	10.5	66	10.40	72	9.75	77	6.5	68	2.14	1.49	1.48	0.84
11.00			49	8.6	64	8.55	70	8.90	75	6.5	65	1.9	1.37	1.32	0.8
12.00			44	7.1	61	7.11	68	8.00	73	6.0	62	1.64	1.25	1.18	0.76
14.00			34	5.0	55	5.00	64	5.80	70	5.15	60	1.30	1.11	1.00	0.74
16.00			17	3.5	49	3.50	60	4.35	67	4.45	58	1.01	0.87	0.77	0.59
18.00					42	2.40	56	3.25	63	3.70	55	0.64	0.54	0.5	0.43
20.00					34	1.50	51	2.45	60	2.90					
22.00					24	0.75	46	1.70	57	2.20					
24.00							41	1.11	53	1.70					
26.00							35	0.60	49	1.20					

表 1-5-7　　　　　在前方区域及 360°旋转（支腿完全伸出）　　　　　（单位：t）

工作幅度 R(m)	起重臂 (m)									
	10.4		17.6		24.7		31.9		39	
	∠(°)	[Q]	∠(°)	[Q]	∠(°)	[Q]	∠(°)	[Q]	∠(°)	[Q]
3	70	28	79	17.5						
3.5	67	28	77	17.5						
4	64	28	75	17.5						
4.5	61	22	74	17.5	79	12				
5	57	17.5	72	17.5	78	12				
5.5	54	14.3	70	14.3	77	12				
6	50	12	68	12	75	12	79	7		
6.5	46	10.1	67	10.1	74	10.1	78	7		
7	42	8.5	65	8.5	73	8.5	77	7		
7.5	38	7.2	63	7.2	72	7.2	77	7	80	
8	33	6.1	61	6.1	71	6.1	76	7	79	4.5
9	18	4.5	57	4.5	68	4.5	74	5.4	77	4.5
10			53	3.3	65	3.3	72	4.2	76	4.5
11			49	2.4	63	2.4	70	3.3	74	4.5
12			44	1.7	60	1.7	68	2.5	73	3.6
14							64	1.5	69	3
16									66	1.9
										1.2

注　1. ∠为起重臂与地面水平夹角。

　　2. [Q] 为相应工况下的额定起重量，单位 t。

五、汽车起重机的安全操作方法及作业注意事项

随着汽车起重机在我国生产活动中使用频率明显增加，各类事故呈上升趋势。汽车起重机最常见的事故是翻车和折臂事故。翻车事故的主要起因是起重机丧失稳定性，丧失稳定性的原因有吊重超载、支撑不平、惯性力、离心力、风力等。折臂事故多是由于起重臂仰角过大，再加上惯性力的作用起重臂下坠所致。要减少类似事故重复发生，必须规范汽车起重机操作行为，确保安全无误。

汽车起重机使用之前，要检查安全装置，主要的安全装置有幅度指示器、起升高度限位器、压力表等。幅度指示器指针能反映出各种工况下吊臂的仰角值根据幅度参照"起重性能表"和"起重特性曲线"来决定允许的起重量，以免过载。起升高度限位器用于防止吊钩过卷，当吊钩过卷时起钩动作自动停止。各液压系统油路的工作压力通过压力表显示在安全装置齐备的情况下，空转各系统运转正常，方能实施操作。

汽车起重机的性能在实际生产作业中能否充分发挥，取决于实际使用的正确性。要求指挥人员和操作人员全面了解整机构造原理、技术参数、某些特定要求，正常的使用条件以及起重机的维护、保养、修理等知识。其安全作业注意事项如下：

1. 操作人员

汽车起重机的操作人员必须经过严格的技术培训，通过考核合格者，方可上机操作。操作人员应该熟练地掌握车辆的驾驶和起重机操作两种技能（定机定人），牢记作业时的各种规定信号及操作要领。

2. 作业条件

汽车起重机一般是在露天作业的，它对作业条件有一定的要求，在天气恶劣的情况下（大风、雷雨、大雾等），应停止作业。严禁在有塌方危险的场地工作，一般不得在高压输电线附近工作，如必须在高压输电线附近作业，则一定要有足够的安全作业距离及专业人员监护。在夜间作业，要有可靠的安全措施及照明，以及指挥人员的紧密配合，作业现场一定要有安全标志，设专人警戒，严禁无关人员进入作业区。

3. 起重特性

汽车起重机起重特性一般有两种表示形式：一是起重量、起重高度特性曲线；二是起重特性表。

起重机起重特性曲线一般是根据整机稳定、结构强度、机构强度3个条件综合绘制的。实际作业时起重臂长度经常变化，每变化一次就有一条特定的曲线，而通常给出的是主要几条标准臂长的曲线，所以操作人员应尽量使用标准臂长进行作业。

为方便使用，可将起重特性曲线以表格形式给出，标为起重性能表，表中用黑折线作为强度值和稳定值的分界线。实际使用幅度处于表中所给定的数值之间时，应按最接近的较大幅度值所对应的起重量作业。

通常提供的曲线和表格是指用支腿作业（全伸出时）、车身倾斜度不大于 1°、风压值不大于 150N/m² （5 级）时的工作状态。

4. 支腿操作

放支腿前应了解地面的承压能力，合理选择垫板材料、厚度和接地面积，以防作业时支腿沉陷，造成失稳倾翻。在放垂直支腿时，轮胎应彻底脱离地面，车身保持水平状态。

5. 起重臂伸缩操作

操作人员在外伸吊臂时，必须注意吊臂仰角的安全位置，为了便于观察吊臂的伸出长度，吊臂的伸出段两侧板上每隔一段距离，应有明显的行程标记。吊臂在伸臂时应同时操作吊钩的降和升，防止过卷现象发生，吊臂严禁带载伸缩，以防滑块磨损缩短使用寿命，如遇特殊需要，必须按带载伸缩的特殊规定进行。

6. 变幅操作

通常向上变幅，使吊臂仰角增大（吊臂与水平线的夹角增大）总是安全的，而带载向下变幅则容易引起超载或倾翻事故，应注意变幅仰角的安全区。操作过程动作必须平稳，切忌冲击过大。使用长吊臂起吊重物时，要复核作业时的工作半径，防止重物超重折臂或机身倾翻。

7. 回转操作

回转作业前，应注意车架上或转台尾部及回转半径内是否有人与障碍物，吊臂运动空间内是否有障碍物，回转动作应平稳缓慢。在回转作业前应鸣铃提醒作业人员。吊物未离地前不得回转，回转动作一般应在伸臂和向下变幅动作之前进行，而缩臂和向上变幅动作应在回转作业之前进行。

8. 起升操作

操作人员对以下情况应拒绝起吊：

（1） 重物与其他物件（地面）相连。

（2） 重物超重。

（3） 几种不同属性的物品混杂在一起，没有专用的吊具。

（4） 载荷上有人，起重臂下有人。

（5） 吊钩与重物不在垂直线上（斜拉）。

进行起升操作时，要使吊钩与重物保证垂直，重物起升和制动操作要平稳。重物未离地之前，要注意吊臂的挠度变化和整机稳定。重物离地 10cm 左右，应停止起升，检查制动性能及了解支腿支撑地面的坚固性，确认没有问题后，才能继续起吊以确保整机的稳定性。

在空钩情况下，可根据吊钩落下环境采用重力下降，带载时严禁重力下降。

重物安放点低于地面时，应注意起升卷筒上钢丝绳的安全圈数。严禁将重物长时间悬留在空中。

9. 转移与行驶

汽车起重机有相当长时间处于行驶状态。行驶必须严格遵守汽车驾驶的要求，此外还应做到：

（1）行驶前将吊臂各节全部缩回至基本臂内（桁架式吊臂应将中间插入节拆下），折叠好副臂（凡伸缩副臂应缩回到最短副臂），将吊钩和吊臂置于固定位置，将回转机构锁住，收回支腿，脱开液压油泵的离合器。

（2）大型或特大型起重机必须事先确定行驶路线及方案，注意吊臂头部的转向半径、桥梁、涵洞的高度限制。通过狭窄道路和桥梁时，应有专人指挥。

（3）汽车起重机在越野行驶前，应实地勘察，注意起重机的接近角、离去角、最小离地间隙、最大爬坡度等。还需减少轮胎气压，以减小整机颠簸。

汽车起重机作业实例

一、作业概况

某电厂主厂房内 250t 桥式起重机更换工程中，需要更换桥机轨道梁，旧轨道梁已拆下，新轨道梁单节外廓尺寸为 9500mm×1500mm×500mm，重量为 9.5t，欲从主厂房地面吊运至距地面 15m 高的轨道梁安装位置就位。

二、吊装机械及工具准备

35t 汽车吊一台，ϕ22mm、长 7m 吊索两根，5t 卸扣 4 个，ϕ15mm、长 25m 棕绳两根。

三、吊装作业

35t 汽车吊（见图 1-5-9）支稳在零号检修间隔，地面高程高于轨道梁放置位置 5.5m，汽车吊支腿设在楼板下方有支撑梁的位置，汽车吊设置好后调整吊车幅度，转动臂杆，吊钩下落至轨道梁重心上方，两根吊索的 4 个索套用卸扣与梁中间位置的吊点相连，每根绳索的两个索套与梁宽方向的两个吊点相连。两根棕绳拴在梁两端，以便在起吊过程中随时调整，避免梁发生转动。徐徐起吊，安装就位，待梁固定牢固后方可落钩，解开吊索。

四、吊装注意事项

（1）因主厂房的顶棚限制了作业空间，吊装前计算好臂杆上仰极限位置时的起升高度，吊索不宜过长，以确保吊装就位。

（2）汽车吊支腿设置在楼板下方有支撑梁的位置，不要设在悬空楼板处，避免作业时发生支腿下陷造成事故。

图 1-5-9　35t 汽车吊

（3）吊装过程中，顶棚处设专人监护，避免仰臂杆时撞击顶棚。

（4）防止梁转动的两根绳索要随时调整，避免梁起升过程中发生转动刮碰墙壁或其他设施。

（5）轨道梁安装的上方作业人员要系好安全带，避免高空坠落。

（6）吊装过程要由专人统一指挥，起重臂下与梁安装就位点下方严禁站人。

汽车起重机典型事故案例分析

一、起重机严重超负荷作业致使翻车造成人员死亡事故

某年 11 月 25 日，河北省泊头市某化肥厂在用汽车吊装新气柜煤气管道时，由于起重机严重超负荷作业，导致翻车，造成 2 人死亡。

1. 事故经过

11 月，河北省泊头市某化肥厂停车检修，检修后需要安装新气柜出口管道。管道规格为 ϕ820mm×8mm，长 21m，重 3.37t。制件车间承担安装焊接任务。11 月 24 日，生产副厂长组织起重机操作人员勘察现场，研究吊装方案，结果认为现场具备吊装条件。

11 月 25 日 14 时，该厂自备起重机卡玛斯，设计起吊能力 16t，自重 21.3t。起重机到达现场后，开始配合制件车间安装焊接新气柜出口管道。当吊起重物西移至管架上方时，因差 2m 管子接不上口。起重机出杆、转杆。此时，起重机指挥发现起重机北面支腿离地，当即指挥命令停转、起杆，但指挥不灵。起重机慢慢翻起至一定位置，突然翻倒。在一旁作业的工人被砸下的管子击中，司机也被挤在起重机操作室内。事故发生后，厂领导及时赶到事故现场组织抢救。被管子击中的工人被及时送到医院，

但抢救无效死亡。司机被困在操作室内无法救出。为此，立即调集了在现场施工的某化建公司起重机1台、千斤顶3个、气割具1套，经过1h的努力，到15时30分才救出司机，并立即送往医院，但经抢救无效死亡。

事故发生后，经现场勘查，起重机吊装管道时，杆长21m，幅度13.14m，在此杆长和幅度下，该吊车额定起重量为2.5t。而吊装的管道重3.37t，加上吊车主钩和副钩的重量0.29t，起重量共计3.66t，超出额定起重量1.16t。起重机严重超负荷作业，造成翻车事故。

2. 事故原因分析

（1）焊接新气柜出口管道组织工作不细，没有测量尺寸，没有准备好组合件。

（2）副厂长和起重指挥只到现场看，未请技术人员核算被吊物重量和尺寸，起重作业安全注意事项不完善。

（3）起重机司机虽经岗前培训，但仍经验不足。加之当天起重机司机酒后作业，影响操作。起重机超负荷作业，司机发现事故苗头未采取有效措施补救。

（4）起重机指挥对起重机司机酒后上岗没有向领导汇报和制止，对起重方案研究不透彻。

（5）该厂安全教育抓得不够，安全管理制度执行不严。

3. 事故教训和防范措施

（1）今后任何技改和检修项目，都必须有方案和任务书。在方案或任务书中，都要提出明确的安全措施，并检查落实，由布置任务者批准，才能施工。

（2）开工前做好技术、物质准备。

（3）起重作业要根据方案核算，在不超负荷的情况下才能吊装，对作业方式和环境也要根据现场实际情况制定要求。

二、起重机在高压线附近作业造成人员触电伤亡事故

某年9月26日，铁道部某工程局第三工程处汽车队的黄河牌汽车起重机，在进行吊装作业时，上方有10kV的高压输电线，距离轨道平面的距离为8.86m。作业中，一名作业人员被电击伤，经抢救无效死亡。

1. 事故经过

9月26日，铁道部某工程局第三工程处往候月线搬迁的车皮停放在山西省高平县煤炭运销专用线上，而车皮上方恰巧有10kV的高压输电线，距离轨道平面的距离为8.86m，其卸货任务由第三工程处汽车队的黄河牌汽车起重机承担，摘挂钩工作由三处三段机械队负责。当机械队队长姚某带领汽车起重机主司机李某查看车皮内物件时，李某向姚某提出车皮上方有高压线一事。后来，经姚李二人商定，决定先试吊一次。于是二人同时站在车皮帮的顶部，观察起重臂顶端距高压线的距离。经过试吊后，没

有发生事故，接着又吊装了一次便装满了一辆汽车。

11时50分左右，工人张某站在车皮内的车床上进行挂钩准备吊摇臂转床，当钢丝绳吊索套入钻床的吊环上，左手拉钢丝绳，右手指挥起重机向钻床靠近时，张某的右手刚一触到吊钩，立即从原位向前倒下，同时起重臂顶端与高压线之间发出"叭叭"的响声，并伴有弧光。由于起重臂顶端与高压线之间约有30cm左右的距离，张某倒下时，头碰到车厢底部的钢板上，只说了一句"有电"，便昏迷过去。现场人员急忙对张某进行急救，并及时送往医院，但经抢救无效死亡。

2. 事故原因分析

造成这起事故的主要原因是违章指挥、违章操作，使起重臂顶端靠近高压线，其距离小于安全标准的规定，致使其间的空气电离产生弧光而变成导体，造成汽车起重机金属结构及吊钩上的钢丝绳吊索带电，人触摸钢丝绳时通过车厢与大地构成回路，造成触电死亡事故。

3. 事故教训与防范措施

这起事故在发生之前，已经预见到有可能发生人员触电事故，但是心存侥幸，而没有采取相应的安全措施，从而导致人员触电事故发生。

这起事故中，没有采取恰当的防范措施的主要原因：一方面心存侥幸，麻痹大意，二是采取安全防范措施比较麻烦，如果让10kV的高压输电线停电，在停电的状态下进行吊装作业最为安全，但是这种可能性较小。但是可以设置专人监测。这种专人监测的方式肯定不是最安全的方式，但是比无人监测还是要安全、可靠一些。与此同时，要求作业人员加强自身保护，如穿绝缘鞋、戴绝缘手套等，也可以防范触电事故的发生。如果采取恰当的防范措施，人员触电事故就有可能避免。

三、汽车起重机停放位置不当及超负荷起吊造成起重机侧翻伤人事故

某年8月20日，河北省某矿备件库4名装卸工在用5t的汽车起重机吊运备件时，因起重机停放位置不当和超负荷起吊，导致起重机侧翻，备件急速下落，造成一名装卸工上半身被压住，当场死亡。

1. 事故经过

8月20日8时20分，河北省某矿备件库4名装卸工用5t的汽车起重机吊运备件。当时，备件库的保管员张某建议，这些备件总质量有5t，最好分两次吊运。但是4名装卸工为图省事，经商量后决定，用钢丝绳捆好，一次性吊运到汽车上。为此，他们还询问起重机司机一次能否调上去，起重机司机王某回答"是"，以前也调运过这么重的货物，没有问题。于是，装卸班长李某站在汽车上指挥起吊。当备件吊起后，臂杆转到180°时，吊车前脚突然下陷，臂杆前倾，吊车侧翻，备件急速下落，将李某从汽车上打下来，随后将其上半身压住，致使其当场死亡。

2. 事故原因分析

（1）起重机前脚停在潮湿的地面上，当起重机吊起重物旋转180°时，左前脚将垫木压断，下沉了30cm，致使起重机失去平衡而侧翻。起重机停放位置不当，是导致该起事故的重要原因之一。

（2）在吊运前，备件库保管员虽已明确告诉装卸工，这些备件重5t，最好分两次吊运，但装卸工为图省事，却把5t的货物一次性吊运起来。图省事、心存侥幸、麻痹大意是导致此次事故的又一重要原因。

3. 事故教训与防范措施

在这起事故中，4名装卸工为了图快、图省事，将总质量为5t的备件一次性吊运到汽车上，结果引发事故。如果起重机司机王某安全意识性强一点，稳妥一点，坚持分两次吊运，事故也就不会发生。所以，这起事故的发生，另一个潜在的原因，是起重机司机王某的心存侥幸、麻痹大意。

在各种人员伤亡事故中，大部分人员伤亡事故都是在现场作业过程中发生的。现场作业是人、物、环境的直接交叉点，在这3个因素中，如果有某一个因素处于不安全状态，就有可能引发事故。3个因素中人的因素最为主要，在作业过程中人起着主导的作用，要减少现场作业中的伤亡事故，就必须加强人员作业的安全管理。在对人员的安全管理中，一个重要的内容就是进行安全教育，增强作业人员的安全意识和遵章守纪意识。因此，应高度重视员工的安全教育，强化员工的安全意识，提高员工的安全素质和自我保护能力。在起重作业中，要求作业人员严格按操作规程办事，杜绝违章行为和冒险蛮干行为。

四、汽车起重机伸臂过长致使钢丝绳崩断造成人员伤亡事故

某年9月7日，在上海某安装有限公司分包的厂房工地上，一台外借的QY-25A型汽车起重机在进行厂房钢柱吊装作业时，因汽车起重机伸臂过长导致钢丝绳保险崩断，副吊钩连同钢丝绳一起坠落，造成一名吊装辅助工死亡。

1. 事故经过

9月7日，在上海某建筑公司总包、某安装有限公司分包的厂房工地上，根据项目部施工安排，外借了一台QY-25A型汽车起重机以及司机陆某，进行厂房钢柱吊装作业。上午7时左右，汽车起重机司机陆某，吊装完第一根钢柱后，准备再起吊第二根钢柱时，因吊点远离吊钩，所以将汽车起重机起重臂伸长，当起重臂伸长到10多米并继续伸长时，由于副吊钩钢丝绳安全长度已达到极限，副吊钩将起重臂上钢丝绳保险崩断后，连同钢丝绳一起坠落至汽车起重机的右侧。由于钢丝绳的弹性作用，致使副吊钩向右坠下，直接砸在了离汽车吊右侧1m多的总包单位吊装辅助工范某头顶的安全帽上，安全帽被砸坏，伤及头部、右腿。事故发生后，工地人员立即将范某送往医院，经抢救无效死亡。

2. 事故原因分析

（1）造成这起事故的直接原因：汽车起重机司机陆某严重违反 JCJ33—2001《建筑机械使用安全技术规程》第 4.3.7 条"起重臂伸缩时，应按规定程序进行，在伸臂的同时应相应下降吊钩，当限制器发出警报时，应立即停止伸臂"的操作要求，伸臂过长又未降吊钩，导致副吊钩将起重臂顶上钢丝绳保险崩断后，砸在范某头上，造成人员伤亡事故。

（2）造成事故的间接原因：一是分包单位通过个人向其他公司租赁起重机械，设备管理混乱。二是分包单位对汽车起重机必需的安全装置未做具体要求。在汽车起重机进场后，分包单位未按规定进行检查验收工作。三是总包单位对分包单位向外租赁起重机械，未进行监督管理。

3. 防范措施

（1）总包单位应加强对整个施工现场的监控和管理，包括加强对租赁的机械设备的检查、监督、使用管理，确保安全施工。

（2）分包单位加强对机械设备租赁管理，履行合同签订手续。加强机械设备的进场检查、验收工作以及使用管理工作，保持机械设备的完好和安全保护装置齐全、灵敏、可靠，确保安全运行。做到安全性能不符合规定的机械设备不进入施工现场。加强对机械操作人员的安全教育，遵章守纪，严格执行操作规程。

（3）总包单位加强对施工现场操作人员的安全教育，增强职工安全防范意识和自我保护意识，做到"三不伤害"。

（4）总包和分包单位都应加强施工现场的安全监督和安全检查，落实整改措施，确保施工现场的安全生产。

五、人员未离开危险区域时违章操作造成人员伤亡事故

某年 8 月 19 日 18 时 30 分，廊坊市某单位装卸二队汽车起重机司机在吊卸楼板作业中，在人员未离开起重作业危险区域时便违章操作，由于起重臂突然下滑，将一人头部砸伤，经抢救无效死亡。

1. 事故经过

8 月 19 日 18 时 30 分，廊坊市某单位装卸二队副队长陈某，安排起重机司机宋某驾驶钢丝绳变幅 5 吨的东风牌汽车起重机去廊坊市钢厂建筑工地吊卸楼板。在吊卸完两车楼板后，准备吊卸第三车楼板时，天下起大雨，停止作业。雨停后，开始准备卸车，由司索工挂好 3 块楼板，总质量 750kg。此时，运输楼板的货车司机高某正与收料员在存放楼板的场地说话，于是起重机司机宋某及司索工姜某喊他们赶快走开，不要站在起重臂下，但他们两人走出不远又说起话来，仍然处于起重危险区域。当起重机吊起3块楼板,起重臂旋转时,却突然下滑,将高某头部砸伤,同时吊钩砸在高某的右腿上。现场人员急忙将高某送往医院,确诊为颅骨粉碎性骨折,经抢救无效死亡。

2. 事故原因分析

(1)造成事故的直接原因是违章作业。汽车起重机司机宋某及司索工姜某,虽然在起吊前劝阻非作业人员离开现场,但在人员未离开起重作业危险区域时,起重机司机便违章操作进行起重作业。

(2)造成事故的另一个重要原因是变幅制动器失灵。起重机钢丝绳变幅卷扬制动器被雨淋后,因雨水侵入,制动轮与制动块摩擦衬垫之间的摩擦力变小,导致制动力矩减小、起重臂下滑。

3. 事故教训与防范措施

在这个事故原因中,一个是人的因素,一个是物的因素,二者相比较,更应该强调人的因素。在起重机司机严格执行的"十不吊"原则中,就有"吊物下方有人不吊、吊物上站人不吊"的规定。因为吊物在起吊过程中,有可能发生因起重机械故障、钢丝绳断裂、吊物坠落等情况,将对吊物下方的人员和吊物上站立的人员构成危险。因此,导致这起事故发生的重要原因是汽车起重机司机宋某的安全意识差。

【思考与练习】

1. 何谓汽车起重机的起重量、幅度、起重力矩?
2. 对汽车起重机的操作人员有哪些要求?
3. 汽车起重机的作业条件有哪些规定?
4. 汽车起重机的支腿操作有哪些注意事项?
5. 汽车起重机起重臂伸缩操作有哪些注意事项?
6. 汽车起重机变幅操作有哪些注意事项?
7. 操作人员在哪些情况下应拒绝起吊?
8. 汽车起重机的转移与行驶应做到哪些要求?
9. 汽车起重机主要由哪几部分组成?

第六章

尾水平台搭设

▲ 模块1 尾水平台搭设方法及步骤（ZY5600606001）

【模块描述】本模块介绍尾水平台搭设安装方法。通本模块介绍过讲解和介绍，了解搭设尾水平台注意事项，掌握搭设材料的选用知识。

【模块内容】

在立式水轮机检修作业中，为了机组的分解及小修时检查转轮和尾水里衬的磨损情况，在机组转轮下方的尾水管内须搭设的检修平台以便于作业。尾水平台根据机组转轮直径及结构的不同，其种类很多，但是架设的方法大同小异。本模块以没有预留安装部件的常规水电厂为例，介绍尾水平台的架设方法及注意事项。

一、安装方法

（1）将辅助用的铁梯子以及尾水平台的所有部件运送到尾水管入孔处。

（2）工作人员在有安全保护装置下将辅助用的铁梯子安装到尾水管内，并安装中心吊点，相对入孔的一端站有工作人员。

（3）主梁1、2、3、4都是分两段的，将主梁1的一端运送一部分带尾水管内适当位置，然后将另一段主梁用4个M16白钢螺栓与其相连接并锁紧螺帽，每个螺栓配有两个白钢螺帽和两个白钢垫片。

（4）将连接好的主梁运送到尾水管内，相对入孔的一端先与尾水管壁的挂钩挂接，然后工作人员在靠近入孔处对主梁的伸缩节进行适当的调整，使其与尾水管壁的挂钩挂接。

（5）安装主梁2，主梁2的安装方法同上。

（6）主梁1、2安装好后安装主梁边缘平台1，必须将钩手（带自锁功能）和主梁完全吻合，防止工作人员踏翻平台。

（7）安装好主梁边缘平台1后，在平台一侧安装一根1.2m定位横杆。

（8）安装主梁1、2之间1.2m×0.53m平台5块（1～5），每块平台之间的间隙不要大于 10mm。

（9）在主梁中间分段处安装 2 根 1.2m 横杆。再依次安装 1.2m×0.53m 平台 5 块（6~10）。

（10）安装主梁边缘平台 2，必须和主梁吻合锁紧。

（11）安装主梁 3，主梁 3 的安装方法同上。

（12）将主梁 2 和主梁 3 之间安装 1 根定位横杆，铺设主梁边缘平台 3，主梁边缘平台 3、4、5、6 都是由 3 个钩手组成的，安装时 3 个钩手必须与主梁 2、3 牢固结合，防止踏翻平台。

（13）安装 1.2m×0.53m 平台 5 块。

（14）安装 1.2m×0.53m 平台 4 块。

（15）铺设主梁边缘平台 4，安装时 3 个钩手必须与主梁 2、3 牢固结合，防止踏翻平台。

（16）安装次梁 1，次梁 1 的结构为一端是伸缩结构，另一端是插板结构，安装时将有伸缩梁的一端挂在尾水管壁的钩子上，有插板的一端与主梁 3 上的插槽插接。

（17）安装次梁 2，安装次梁 2 的安装方法与次梁 1 相同。

（18）在次梁 1、2 之间安装方管定位杆（方管上面含有铝板的杆）。

（19）安装两块 2.0m×0.36m 次梁平台，即次梁平台 1、次梁平台 2。

（20）安装次梁边缘平台 1，将角平台托管两端的定位销轴安装在次梁 3 和次梁 1 端部的三通孔内。

（21）安装角平台 1，角平台 1 是由两钩手组成的，将两钩手与次梁 1 挂接必须吻合锁紧防止踏翻平台。

（22）安装角平台 2，安装方法同上。

（23）其他的梁和平台安装方法同上。

（24）最后建议安装中间吊点用的铁梁（用槽钢做的）。

二、注意事项

（1）安装铝合金尾水管检修平台前要在尾水管壁焊制钢钩，为了减小焊制钢钩位置尺寸误差，最好先将平台在原有的木制平台上组装好，然后用组装好的平台进行定位来焊接钢钩，如图 1-6-1 所示。

（2）组成检修平台的角平台是用钩手各种梁连接的，为防止搭建人员没有把钩手与梁更好地吻合（连接不牢固会导致检修人员踏翻平台掉落尾水管底部），强烈建议整个平台搭建好之后将有钩手平台的钩手处用绑线（8 号铁丝）捆绑一下。

（3）尾水管检修平台的各个部件装卸、搬运时要轻拿轻放，防止磕碰变形，特别是平台的钩手如果变形过大会影响下次的正常安装和使用。

（4）主梁之间是用 M16 白钢螺栓连接，拆卸后将螺栓和垫片连接在一段主梁的铝板上，便于保管，防止螺栓丢失，螺栓有 4 个备件要妥善保管。

（5）定位和加强用的"横杆"和"斜杆"上面有彩色标签，"红白"表示"斜杆"，"红黑"表示"横杆"。

（6）斜杆有两根备件，横杆有两根备件，安装时可以不将备件安装。

（7）各种梁之间有标签，安装时按照标签对两段梁进行连接。

（8）辅助用的铁梯子按要求设计在两根主梁之间的，辅助用的铁梯子可以不拿出来，等到检修结束时和铝合金检修平台一起拆卸。

（9）此检修平台设计均匀载荷为 3000kg，检修时工作人员、零部件、检修工具等不得超过 3000kg。

（10）各种拉杆分布图如图 1-6-2 所示。

三、尾水管检修平台材料配置表

尾水管检修平台材料配置如表 1-6-1 所示。

表 1-6-1　　　　　　尾水管检修平台配置表

序号	名　称	数量	单位
1	6.47m 主梁	2	根
2	5.35m 主梁	2	根
3	1.2m×0.53m 平台	28	块
4	1.2m 横杆	20	根
5	1.2m 斜杆	10	根
6	主梁边缘平台 1	2	块
7	次梁边缘平台 1	2	块
8	主梁边缘平台 3	4	块
9	次梁平台	4	块
10	角平台 1	4	块
11	角平台 2	4	块
12	方管定位拉杆	2	根
13	M16 白钢螺栓	20	套
14	中间吊点铁梁	1	根

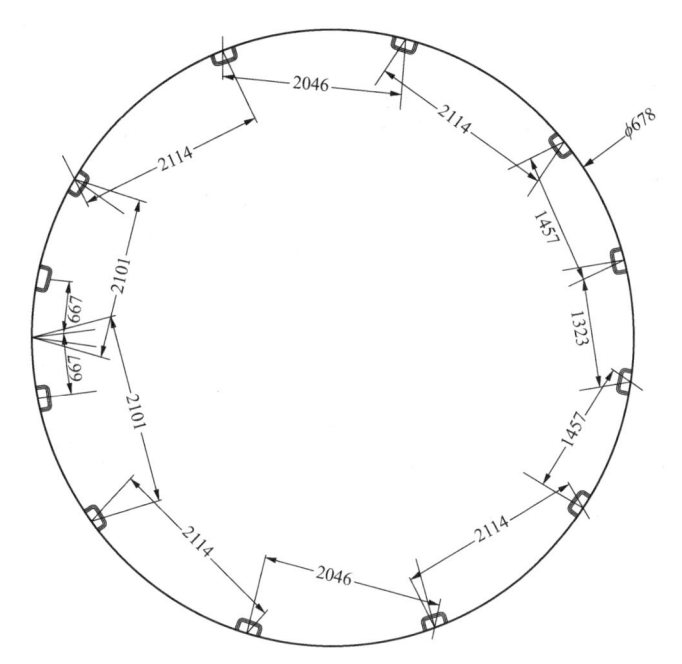

图 1-6-1 尾水钢管内挂点的分布图（单位：mm）

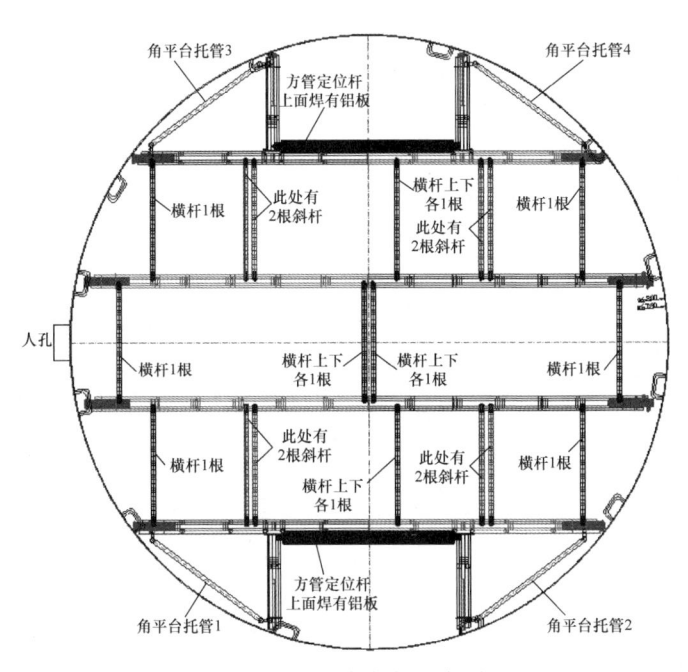

图 1-6-2 梁的拉杆分布图

【思考与练习】

1. 安装尾水平台时应注意哪些问题？
2. 尾水平台搭设搭设的目的是什么？
3. 尾水平台的应用场合有哪些？
4. 简述尾水平台搭设方法。
5. 简述尾水平台搭设注意事项。

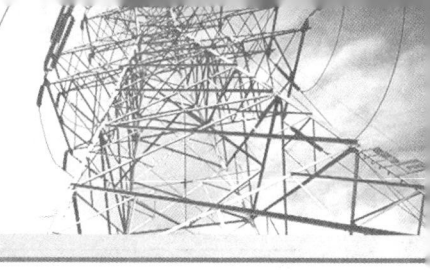

第七章

吊带使用与维护

▲ 模块 1 吊带的功能及使用维护方法（ZY5600607001）

【模块描述】本模块介绍吊带的使用与维护。通过图示和示例讲解介绍，了解吊带常见结构形式以及合成纤维吊带的选用。掌握吊带的使用安全要求和报废的标准。

【模块内容】

由聚酰胺、聚酯和聚丙烯合成纤维材料制成的吊带（最大极限工作载荷可达 100t 以上）广泛应用于机械加工、港口装卸造船、电力安装、交通运输等领域，具有吊装轻便、安全系数高、寿命长的优点。

一、吊带的规格、型式

吊带的规格、型式如表 1–7–1 所示。

表 1–7–1 极限工作载荷和颜色代码

吊带垂直提升时的极限工作载荷（t）	吊带部件颜色	垂直提升	扼圈式提升	吊篮式提升 平行	吊篮式提升 $\beta=0°\sim45°$	吊篮式提升 $\beta=45°\sim60°$	两肢吊索 $\beta=0°\sim45°$	两肢吊索 $\beta=45°\sim60°$	三肢和四肢吊索 $\beta=0°\sim45°$	三肢和四肢吊索 $\beta=45°\sim60°$
		M=1	M=0.8	M=2	M=1.4	M=1	M=1.4	M=1	M=2.1	M=1.5
1.0	紫色	1.0	0.8	2.0	1.4	1.0	1.4	1.0	2.1	1.5
2.0	绿色	2.0	1.6	4.0	2.8	2.0	2.8	2.0	4.2	3.0
3.0	黄色	3.0	2.4	6.0	4.2	3.0	4.2	3.0	6.3	4.5
4.0	灰色	4.0	3.2	8.0	5.6	4.0	5.6	4.0	8.4	6.0

续表

吊带垂直提升时的极限工作载荷(t)	吊带部件颜色	极限工作载荷(t)									
		垂直提升	扼圈式提升	吊篮式提升			两肢吊索			三肢和四肢吊索	
					平行	$\beta=0°\sim45°$	$\beta=45°\sim60°$	$\beta=0°\sim45°$	$\beta=45°\sim60°$	$\beta=0°\sim45°$	$\beta=45°\sim60°$
			M=1	M=0.8	M=2	M=1.4	M=1	M=1.4	M=1	M=2.1	M=1.5
5.0	红色	5.0	4.0	10.0	7.0	5.0	7.0	5.0	10.5	7.5
6.0	棕色	6.0	4.8	12.0	8.4	6.0	8.4	6.0	12.6	9.0
8.0	蓝色	8.0	6.4	16.0	11.2	8.0	11.2	8.0	16.8	12.0
10.0	橙色	10.0	8.0	20.0	14.0	10.0	14.0	10.0	21.0	15.0
12.0	橙色	12.0	9.6	24.0	16.8	12.0	16.8	12.0	25.2	18.0
15.0	橙色	15.0	12.0	30.0	21.0	15.0	21.0	15.0	31.5	22.5
20.0	橙色	20.0	16.0	40.0	28.0	20.0	28.0	20.0	30.0	30.0
25.0	橙色	25.0	20.0	50.0	35.0	25.0	35.0	25.0	52.5	37.5
30.0	橙色	30.0	24.0	60.0	42.0	30.0	42.0	30.0	63.0	45.0
40.0	橙色	40.0	32.0	80.0	56.0	40.0	56.0	40.0	84.0	60.0
50.0	橙色	50.0	40.0	100.0	70.0	50.0	70.0	50.1	105.0	75.0
60.0	橙色	60.0	48.0	120.0	84.0	60.0	84.0	60.0	126.0	90.0
80.0	橙色	80.0	64.0	160.0	112.0	80.0	112.0	80.0	168.0	120.0
100.0	橙色	100.0	80.0	200.0	140.0	100.0	140.0	100.0	210.0	150.0

注 M=对称承载的方式系数,吊带或吊带零件的安装公差:垂直方向为6°。

二、吊带的选择和使用

(1)确定物品的质量、重心、吊点及连接方式。

(2)查看标识的极限工作载荷和方式系数(见图1-7-1)。对多肢吊带,还包括对索肢的角度限制。

(3)确定吊带与起重机吊钩的连接方式。

(4)明确吊带与物品的连接方式:垂直提升连接、扼圈式连接、吊篮式连接、特殊端配件连接及其他。

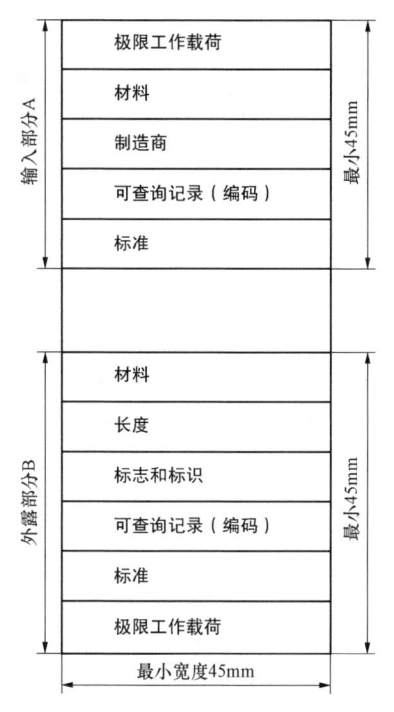

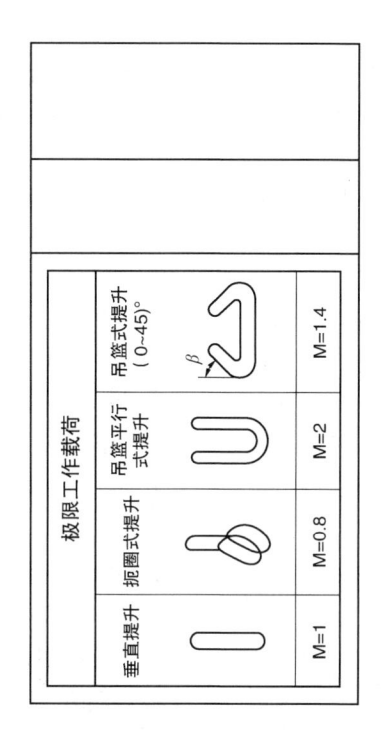

图 1-7-1 典型的标签样式图

(5) 吊带使用的材料对部分化学物品有抗蚀性，合成纤维的抗化学性能概述如下：

1) 聚酯（PES）能抵抗大多数无机酸，但不耐碱。
2) 聚酰胺（PA）耐碱，但易受无机酸的侵蚀。
3) 聚丙烯（PP）几乎不受酸碱侵蚀，除需使用化学溶剂的情况外，聚丙烯适合在强化学腐蚀的环境下使用。

三、吊带使用注意事项

(1) 吊装负载时，首先选择好所能承受负载的吊带。
(2) 不准超载使用合成纤维吊带。
(3) 不使用用肉眼看出已经损伤的吊带。
(4) 吊带及吊带两端环套及金属配件必须有足够的半径。
(5) 不允许交叉或扭转使用吊带。
(6) 不准在粗糙表面上使用吊带。
(7) 在移动吊带和货物时，不要拖曳。
(8) 使用过程中，不允许打结、打拧。

（9）不要使用护套严重破损的吊带。

（10）当遇到负载有尖角、棱边的货物，必须有保护措施，用护套和护角来保护吊带。

（11）当负载吊装时，不允许吊带悬挂货物时间过长。

（12）防止负载过程中冲击载荷。

（13）避免软环张开角度超过20°。

（14）吊带成套索具，当几条吊带同时负载时，严禁单根吊带受力，尽可能使负载均匀分布在每条吊带上。

（15）禁止在高温的环境中使用。聚酯及聚酰胺吊装带的适用环境温度-40～100℃；聚丙烯的适用环境温度为-40～80℃。在低温、潮湿的情况下，吊带上会结冰，从而对吊带形成割口及磨损，因而损坏吊装带的内部。

四、吊带的安全检查

（1）织带极限工作载荷（见图1-7-1）。

（2）吊带的弹性伸长率在工作载荷下小于3%，在破断载荷下小于10%。

（3）使用圆形吊带是地，芯部之间配合松紧适度，内芯内部不能有异物，芯部纤维丝不得有断裂，各股粗细均匀一致，连接采用无极环绕、平行排列，吊带外表采用外套管来保护吊装。

（4）使用吊带前首先检查吊带有没有合格证、标签、安全工作载荷等。

（5）吊带的外观检查：

1）表面有没有破裂。

2）边缘是否割断。

3）缝合处有无变质。

4）带子有没有老化。

5）金属端配件锈蚀影响使用的程度。

（6）吊带环套的检查：

1）吊带环套是直接接触物件的受力部分，环套有没有磨损及其他损伤。

2）环套有没有异常变形，缝合部位有无开线，厚度是否明显减小等。

（7）使用圆形吊带进行圆周检查，检查环周表面的异常损伤，如刀割、变质、老化、标签完整性。

（8）使用圆形吊带时，注意标签的受力位置，标签部位不允许直接接触负载部位。

（9）使用扁平带，在用前检查吊带的整体有没有异常、局部缝制部位有没有开线或切口，如有发现应停用。

五、吊带的维护保养

（1）吊带使用要避开热源（火源和电气焊）使用和贮存，使用和贮存温度应控制在：聚酯及聚酰胺，-40~100℃内；聚丙烯，-40~80℃内。

（2）吊带避开长期日光和紫外线，避开辐射的条件下使用。

（3）吊带使用 3~6 个月要进行自然清洗一次，对于酸碱使用场合，用后立即用凉水、清洗剂、中和剂冲洗干净，晾干存放。

（4）吊带用后防止发霉、鼠咬，经鼠咬的吊带给予报废处理。

六、吊带的报废标准

吊装带出现下列情况之一时应报废：

（1）本体被切割、严重擦伤、绳股松散、局部破裂。

（2）绳表面严重磨损，吊带异常变形，任一绳股磨损达到原绳股的 1/3。

（3）纤维出现软化或老化，表面粗糙、纤维极易剥落、弹性变小、强度减弱。

（4）严重扭曲、变形、起毛。

（5）吊带发霉变质、酸碱烧伤、热熔化或烧焦。

（6）吊带表面过多点状疏松、腐蚀。

（7）吊带有局部擦伤，被尖锐的物体划伤，有明显的局部损伤。

（8）有横向边缘切断立即报废。

（9）已报废的吊带不得修补重新使用。

【思考与练习】

1. 吊带的选择和使用要求是什么？
2. 吊带使用注意事项是什么？
3. 如何维护保养吊装带？

模块 2 化学纤维绳维护（ZY5600607002）

【模块描述】本模块介绍化学纤维绳养护知识，通过对其结构性能的讲解和介绍，掌握化学纤维绳养维护保养知识。

【模块内容】

化纤绳，是一种石化产品，通常用机器将蛛丝状、棉丝状、片状等化学合成纤维搓制成绳。

一、化纤绳的分类及主要特点

化纤绳分类方法有两种，一是按搓制方法分为拧绞绳、编织绳、编绞绳 3 种；二是按化学成分分为尼龙绳、维尼纶绳、涤纶绳、乙纶绳、丙纶绳、氯纶绳等。

1. 尼龙绳

尼龙绳（见图 1-7-2）是用聚酰胺纤维制成的。其纤维种类和绳的品种很多，用得也很广。其特点是：

（1）强度大、质轻、柔软，有较大的弹性，长期使用不容易疲劳。

（2）有较强的耐化学药品性，遇油不发生化学反应。

（3）尼龙绳表面受摩擦后会逐渐起毛，但对其强度影响不大，起毛的粗糙层对其内部能起保护作用，延长缆绳的使用时间。

（4）尼龙绳的吸湿性大，入水后重量会增加。

（5）尼龙绳摩擦后会产生静电，易吸附尘埃。

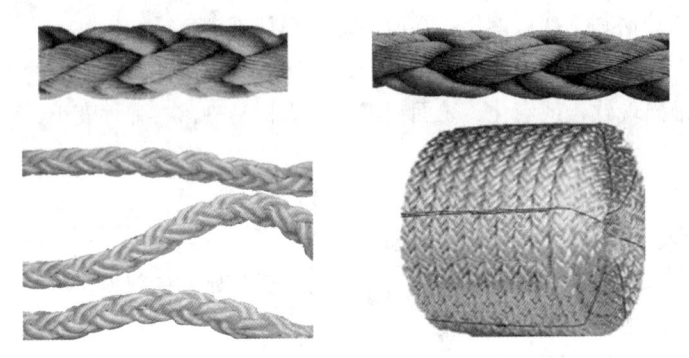

图 1-7-2　尼龙绳

2. 维尼纶绳

维尼纶绳（见图 1-7-3）是用聚乙烯醇缩甲醛纤维制成的。其特点是：

图 1-7-3　维尼纶绳

（1）耐磨、耐低温、耐盐类溶液及油类。

（2）对紫外线的抵抗能力是化纤绳中最强的，即使长期日晒也不老化，强度不会下降。

（3）但当温度高达 230℃时，熔化与燃烧将同时发生。例如绞缆时，长时间强烈摩擦就会出现焦黑现象。

（4）其回弹性较差，遇高温或拉长后会产生缩短或伸长变形。吸湿性是聚烯纤维中最高的，也是化纤绳中较高的，缆绳一旦入水则重量就显著增加。

3. 涤纶绳

涤纶绳（见图 1-7-4）是由聚对苯二甲酸乙酯纤维制成的。其特点是：软化点为 230~240℃，熔点为 259~263℃，是化纤绳中比较耐高温的品种；且耐酸碱、耐腐蚀、耐气候性较好；适于高负荷的连续摩擦，故用作拖缆较为合适。

图 1-7-4　涤纶绳

4. 乙纶绳

乙纶绳（见图 1-7-5）是由聚乙烯纤维制成的。其特点是：

（1）耐低温、耐化学药品。

（2）吸水差，能浮于水面，在水中仍能保持各种性能，适于水上应用。

（3）缺点是不耐高温。

（4）接触乙纶绳时，触感和纤维绳相似。

5. 丙纶绳

丙纶绳（见图 1-7-6）是由聚丙烯纤维制成的。其特点是：

（1）最轻的缆绳，柔软、吸水性小。

（2）不怕油类及化学药品的腐蚀。

（3）不易吸灰尘，是化纤绳是最耐脏的品种。

（4）耐摩擦，在滚筒和缆桩上不易滑动，在反复卷曲的情况下，对其强度影响不大。

（5）操作轻便，但伸长率不大，回弹性较小（只

图 1-7-5　乙纶绳

有尼龙绳的一半）。

（6）耐热性差，使用温度为–30～+140℃。

图 1-7-6　丙纶绳

6. 氯纶绳

氯纶绳〔PVC（polyvinylchloride）rope〕是由聚氯乙烯纤维制成的。其特点是：

（1）其强度、密度和纤维绳相同。

（2）其绝缘性高，导热性低，耐磨性好，有较强的抵抗化学药品腐蚀的能力。

（3）不燃烧，但耐热性差。

（4）由于其纤维容易带静电，纤维组织相互排斥，使绳子呈蓬松状态。

（5）多用于渔业生产上，电力生产应用较少。

7. 合成纤维绳的应用代码

按用途分类：

AL 系列起动绳　　BL 系列编织绳　　CL 系列船用绳　　DL 系列牵引绳
EL 系列吊装绳　　FL 系列强力绳　　GL 系列登山绳　　HL 系列安全绳
IL 系列引纸绳　　JL 系列三股绳　　KL 系列特种绳

二、合成化纤绳的需用拉力

在电力生产中，化纤绳破断力的估算公式为：

$$T = 98kD^2 \text{（N）} \tag{1-7-1}$$

式中　D——直径，mm；

　　　k——系数，丙纶绳 0.74～0.85，尼龙绳 1.19～1.33，改良丙纶绳 1.10～1.21，复合缆 2.0。

按以上公式，把破断力改为公斤力，得到表 1-7-2。

表 1-7-2　　　　　　　　　　破　断　力

直径（mm）	破断力（kgf）	破断力（kgf）
	丙纶	尼龙
6	266	428
8	474	762

续表

直径（mm）	破断力（kgf） 丙纶	破断力（kgf） 尼龙
10	740	1190
12	1066	1714
14	1450	2332
16	1894	3046
18	2398	3856
20	2960	4760
22	3582	5760
24	4262	6854

三、合成纤维绳的使用注意事项

（1）绳索使用后，先将纤维绳解开，并捋顺绳子，晾干后擦拭干净，用不易产生扭结的方式捆绑后（见图1-7-7）存放。

图1-7-7 绳索的捆绑方法

（2）当绳子接触锐利物品又承受较重负担时，就增大了绳索断裂的可能性。

（3）避免让绳子直接与锐利物品接触，若无可避免，需用在锐利物品上加以保护。

（4）绳索会因被挤压及踩踏而产生伤痕或劣化，若有沙砾等进入绳子内部，在负重时会有断裂的可能。

（5）脏污是导致绳索损毁的主要原因之一，会使其强度变差。在户外，不要将绳子直接置于地面，注意不要让油污等附着在绳子上。

（6）绳索要尽量避免弄湿，因为有些吸水后的绳子极重，且滑，难以使用。

（7）有伤痕或者是发生纽结情形的绳子，都可能会在使用时断裂，所以使用前必须仔细检查。

（8）若有伤痕，则弃用。若有纽结情形则须将之复原。

（9）将绳子剪成适当长度时，若不做处理，绳子会从切口处散开，必须做相应处理。用火焰稍烤切口部分使之溶化，再捏紧即可。如在距绳端1cm处再涂上环氧树脂接着剂固定，将会更安全。

四、合成纤维绳的维护保养

绳子应定期清洗，合成纤维绳不能暴晒（怕热），不耐酸性腐蚀（碱），把绳子放在浴缸中，用冷水和中性清洁剂稍微浸泡一下，之后不断地搅拌，让绳子各处都能洗到。多换几次水冲洗，确定所有清洁剂都冲干净了，再将绳散开，置于阴凉通风处干燥，切不能暴晒或使用烘干机、吹风机。

【思考与练习】

1. 简述尼龙绳的分类与特点。
2. 合成纤维绳的使用注意事项有哪些？
3. 合成化纤绳的许用拉力是多少？

▲ 模块3 合成纤维吊带维护（ZY5600607003）

【模块描述】本模块介绍合成纤维吊带维护知识。通过结构和条文归纳，掌握合成纤维吊带使用及维护保养知识。

【模块内容】

合成纤维吊带是以聚酰胺、聚酯、聚丙烯长丝为原料制成的绳带，作为挠性件配以端部件构成的一种吊索。它比同类金属绳、链制成的吊索更轻便、更柔软，并减少了吊索对人身的反向碰撞伤害。同时，在使用过程中有减震、不导电、对吊装件表面无磨损、在易燃易爆环境中无火花等特点，是近年来使用越来越多的产品。

1. 吊带常见结构形式

合成纤维吊带按结构形式可分为单吊带、复式吊带和多层吊带。单、复式吊带是指并列吊带的数量，两条以上称为复式吊带。多层吊带是以两层以上相同带子叠缝制制成一体的吊带。吊带端部回叠缝制环（相当于钢丝绳索扣），称作软环，宽度小一些的吊带软环，可直接与吊钩等取物装置吊挂使用，或同其他吊索一样配有末端件使用。

吊带结构是由无极环绕平行排列的丝束组成承载环套（承载芯），配以特制的耐磨套管。外套管不承重，只对平绕丝束起保护作用，使吊带具有更长的使用寿命，如图 1-7-8 所示。吊带上标签颜色代表吊带使用的材料，绿色为聚酰胺，蓝色为聚酯，棕色为聚丙烯。制作吊带的安全系数通常不小于 6。

图 1-7-8 合成纤维吊带

2. 合成纤维吊带的选用

合成纤维吊带应由专业厂生产制造。产品技术参数表中均给出了吊带的极限工作荷载和规定角度内允许的最大安全工作荷载，可直接选取某一型号吊带，如表 1-7-3～表 1-7-5 所示。

表 1-7-3　　　　　　　　　　FA 型吊带技术参数

实际承载能力：方式系数 P×额定载荷						
产品编号	破断载荷	额定载荷 WLL（kg）	拴结吊升 P=0.8kg	45°角吊升 P=1.8kg	90°角吊升 P=1.4kg	近似直径（mm）
FA 01	6000	1000	800	1800	1400	18
FA 02	12 000	2000	1600	3600	2800	20
FA 03	18 000	3000	2400	5400	4200	33
FA 05	30 000	5000	4000	9000	7000	27
FA 08	48 000	8000	6400	14 400	11 200	38
FA 10	60 000	10 000	8000	18 000	14 000	45

为防止吊带极限工作荷载标记磨损不清发生错用，吊带本身以颜色区分。紫色为 1000kg，绿色为 2000kg，黄色为 3000kg，银灰色为 4000kg，红色为 5000kg，蓝色为 8000kg，10 000kg 以上为橘黄色。

表 1-7-4　　　　　　　　　　FD 型管道吊装专用带技术参数

实际承载能力:方式系数 P×额定载荷						
产品编号	破断载荷	额定载荷 WLL（kg）	45°角吊升 P=1.8kg	90°角吊升 P=1.4kg	宽度（mm）	每米质量（kg/m）
FD 01	6000	1000	1800	1400	70	0.55
FD 02	12 000	2000	3600	2800	90	0.85
FD 03	18 000	3000	5400	4200	110	1.2
FD 05	30 000	5000	9000	7000	130	1.6
FD 08	48 000	8000	14 400	11 200	160	2.9
FD 10	60 000	10 000	18 000	14 000	180	3.2

表 1-7-5　　　　　　　　　　BC 型扁平吊带技术参数

实际承载能力:方式系数 P×额定载荷						
产品编号	破断载荷	额定载荷 WLL（kg）	45°角吊升 P=1.8kg	90°角吊升 P=1.4kg	宽度×厚度（mm）	每米质量（kg/m）
BC 01	6000	1000	1800	1400	25×6	0.16
BC 02	12 000	2000	3600	2800	50×6	0.33
BC 03	18 000	3000	5400	4200	75×6	0.51
BC 04	24 000	4000	7200	5600	100×6	0.66
BC 05	30 000	5000	9000	7000	125×6	0.82
BC 06	36 000	6000	10 800	8400	150×6	0.99
BC 08	48 000	8000	14 400	11 200	200×6	1.32

3. 吊带的使用安全要求

（1）末端件应遵守相应的使用要求。

（2）应符合吊装方式系数的要求。

（3）不允许集中使用不带保护的拴结吊升方式。

（4）不允许将软环连接的吊升装置应是平滑的、无任何尖锐的边缘，其尺寸和形状不应撕开缝合处。

（5）在移动吊带和货物时，不要拖拽。
（6）不要使吊带打结。
（7）在承载时，不允许使之打拧。
（8）不允许使用没有护套的吊带承载有尖角、棱边的货物，特别是当带子有部分擦伤或磨损时。
（9）不允许吊带悬挂货物时间过长。
（10）当货物停留在吊带上时，不得将吊带从承载状态下抽出来。
（11）避免软环开角度超过20°。
（12）吊运过程中应保证载荷不变，如需几支吊带同时使用时，尽可能使荷载均匀分布在每支吊带上。
（13）如果在高温场合等非正常环境下使用吊带或吊运化学物质时，应按照制造商的指导、建议进行使用。吊带弄脏或在有酸、碱倾向环境中使用后，应立即用凉水冲洗干净。
（14）吊带应在避光和无紫外线辐射的条件下存放，不应把吊带存放在明火旁或其他热源附近。

4. 吊带的报废标准

当吊带出现下列情况之一时，应报废：
（1）织带（含保护套）严重磨损、穿孔、切口、撕断。
（2）承载接缝绽开、缝线磨断。
（3）吊带纤维软化、老化、弹性变小、强度减弱。
（4）纤维表面粗糙易于剥落。
（5）吊带出现死结。
（6）吊带表面有过多的点状疏松、腐蚀、酸碱烧损以及热熔化或烧焦。
（7）带有红色警戒线吊带的警戒线裸露。

【思考与练习】

1. 吊带安全使用要求有哪些？
2. 吊带的报废标准是什么？
3. 吊带常见结构形式有哪些？
4. 吊带颜色为红色，其极限载荷为多少？
5. 吊带颜色为黄色，其极限载荷为多少？

第八章

小型电气设备吊运

模块1 小型电气设备吊运方法（ZY5600608001）

【模块描述】本模块介绍小型电气设备吊运方法。通过图示和示例讲解，掌握"十字"起重操作法和一般机械设备重心计算与估测方法。掌握小型设备吊装方法。以下内容侧重介绍起重吊运的操作方法，通过以机械设备吊运为例，从而掌握小型电气设备吊运的吊运方法及注意事项。

【模块内容】

小型电气设备在吊运过程时，应根据电气设备的尺寸及外形选择安全适宜的绑扎吊运方法。

一、"十字"起重操作法

起重作业基本上有 10 种操作法：抬、撬、捆、挂、顶、吊、滑、转、卷、滚，统称为"十字"操作法，灵活掌握这 10 种方法，将会获得事半功倍的效果。

1. 抬

在搬运小件机具、材料时，由于搬运距离较短或不便使用机械运输，可以采用抬的办法，由两人或多人共同进行。操作时，所用的杠棒和绳索必须结实适用，操作人员要求步调一致，听从统一指挥，负荷分配合理。

（1）两人抬。

当重物质量较轻，体积较小，且搬运线路又较短时，可采用两人抬运。抬运时，要选择好重物的重心，保持重物的稳定。

（2）四人抬。

当重物质量和体积较大，两人无法抬动，则可采用四人抬。操作时，用一根比较结实的长木棍，穿入重物的捆绑绳内，再在长木棍的两端用绳索系上两根短木棍，然后四人抬起短木棍搬运重物。

（3）六人抬。

它与四人抬方法相似，先将结实的长木棍穿入重物的捆绑绳内，并使长木棍的 1/3

段处与重物重心位置重合,然后在长木棍的两头各系上一根短木棍,再在距重物重心近的一头短木棍上系上两根短木棍,一切准备完毕,由六人抬起短木棍搬运重物,如图 1-8-1 所示。

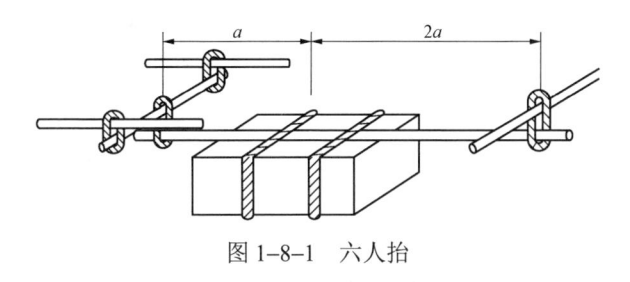

图 1-8-1 六人抬

2. 撬

(1) 撬就是用撬杠撬起和移动重物,使其达到所需的位置。这种方法一般适用于重物质量较轻、移动距离较短、起升高度较低的作业。作业时,可以用单根撬杠作业,也可以用几根同时作业,可以加大撬动的力量。

(2) 撬的操作是杠杆原理的具体运用。当支点、力点和重力点的相对位置不同时,产生的效果也就不同。

当对撬杠尾部向下用力时,就能使重物升高,支点越靠近重物,也就是力臂越长,就越省力。

当将撬杠斜插在重物底下,用力抬起撬杠尾端时,重物将升高或向前移动。很明显,如果要抬起重物时,撬杠与地面的夹角应取最小值;如果要向前移动重物时,夹角取最大值。此时,若在重物下垫以滚杠,那就更省力了。

(3) 用撬杠作业时,在外力和重力的作用下,撬杠会产生弯曲和变形。因此,撬杠应有较好的刚度和强度,它通常采用工具钢制作。但在施工条件不具备时,也可用钢管和圆木代替。

(4) 撬动作业时应注意下列事项:

1) 撬动重物时,应尽量在尾部施力,这样力臂长,可以省力。

2) 撬杠头部插入重物底下不宜过短,以防损坏重物边缘和撬杠滑出反弹伤人;对机械设备的精加工面,不能用撬杠直接接触。

3) 用撬杠抬高重物时,一次抬高的距离不宜过大,应该分多次操作完成。在重物底下垫物时,不准将手伸入,应借助其他工具进行操作。

4) 在向带有坡度的地面撬动重物时,要有防止下滑的措施,以免意外伤人和损坏设备。

5) 用圆木代替撬杠时,要仔细检查其质量,防止操作过程中突然断裂,造成事故。

6) 用几根撬杠同时进行操作时,要有一人统一指挥,动作协调一致。

3. 捆

捆是指用绳索、链条捆绑需要吊装、搬移或固定物件的操作。根据起重量、物件的几何形状、重心位置、物件是否易变形以及吊装的工艺要求等因素,全面考虑捆绑方式和吊点。在捆绑时要合理地选择绑扎点,即要考虑设备或重物的重心位置。竖直起吊长大构件,应在物件重心上部捆绑;物件需水平位置吊装时,则应在重心两边对称捆绑。捆绑应结实牢固,各股绳应受力均匀。捆绑有棱角的物件时,应在棱角处用软物垫好。

4. 挂

挂是指物件捆绑好后进行挂钩的操作。一般挂钩方式有单绳结挂钩、对绳中间挂钩、背扣挂钩、压绳挂钩、单绳多点起吊往复挂钩等。挂钩时,要注意吊件的中心位置和各股绑绳是否受力均匀。吊件在惯性力和其他外力作用下,绳索不应发生位移和相互挤压等现象。

5. 顶

(1) 顶就是通过千斤顶顶杆行程的改变,使重物升起、下落或水平移动。这种方法操作比较简单,且起重能力强、操作安全,因此在起重作业中常被用于重物装卸和设备安装就位找正等作业。

(2) 千斤顶作业时可一台单独使用,也可以多台同时进行操作,具体操作方法视重物的质量和外形尺寸而定。

(3) 在顶升操作中,当重物需要的顶升距离超过千斤顶的行程限度时,可采用多次连续顶升操作的方法。即当千斤顶升至满程时,将重物搁于枕木垛上,落下千斤顶顶杆,再将千斤顶垫高,继续进行第二次顶升。依此方法,直至重物被顶升到所需要的位置。另外,也可使用多台千斤顶进行交换顶升,直至重物到达预期的位置。

(4) 进行顶升操作时一般注意下列事项:

1) 千斤顶不得超载操作,单台顶升时,其承载能力必须大于重物的全部质量,以免发生危险。

2) 液压千斤顶不宜在高温和低温的环境中进行作业,以免液压油受温度影响而导致千斤顶不能正常工作。

3) 用千斤顶进行作业时,其摆放位置要选择正确,重物的顶升部位要有足够的强度和刚度。同时,在千斤顶头部与重物接触部位之间要垫以木板,防止操作时滑动。放置千斤顶的地面应该坚实和平整,防止操作过程中出现倾斜、失稳等情况。

4) 多台千斤顶同时作业,要有专人统一指挥,顶升速度要一致,操作要同步。

5) 顶升过程中,不得将手、脚放在重物下面,以免发生人身伤害事故。

6. 吊

（1）吊也就是提，是具体起重作业中最普遍、最常用的一种操作方法，它是利用起重机械（如起重机、桅杆、葫芦等），将重物吊运至所需要的位置。在设备或构件安装中，通常分整体吊装、分体吊装和综合吊装。

（2）吊的操作方法，常用的有直接吊装法和滑移吊装法两种：

1）直接吊装法主要是用吊装机械起吊和搬运重物。这种方法操作简单方便，时间短，一般不需要附加设备，可直接将设备和构件吊装在指定的位置上。

2）滑移吊装法主要用在设备、构件外形尺寸大、质量大的吊装作业中。特别是一些细高的圆形容器和构件的安装就位，常采用滑移吊装法。在吊装过程中，使用滑车组提升设备，并用其他辅助设备进行牵引和溜放。同时，在被吊设备的尾部设置拖排和控制绳，使设备（或构件）顺利滑移到安装所需的位置。

3）提升作业应该尽量采用机械化施工，以提高工作效率。在不具备机械化作业条件的情况下，也可以采用半机械化和手工操作相结合的方法进行吊装。

7. 滑

（1）滑就是在人力、卷扬机或其他外力的作用下，使重物沿着牵引方向移动到需要的位置。这种方法常用于现场设备的搬运，由于滑运时重物离不开支撑面，所以操作比较安全。

（2）作业中，对体积不大、质量较轻、不怕磨损且运距较近的设备，可以直接在地面上进行滑运。

（3）比较笨重的设备，可将其放在特制的拖排上进行滑运，也可在枕木、钢轨铺成的滑道上滑运。

（4）当直接在地面上滑移设备时，应先将地面打扫干净；当采用滑道滑移时，可先在滑道上涂一些润滑脂，以减小摩擦力。

8. 转

（1）转就是借助外力，使重物沿一轴心就地转动一个角度达到所需的方位。转主要适用于一些容器设备的整体安装。在工程中，有时由于设备在搬运时放置的方位与安装要求的方位不一致，这时就需要通过转动，使其满足安装要求。

（2）当设备进场后，放置方位与安装方位相差不大时，则可在设备上捆绑吊索，使起重滑车组上的吊点偏移一定的角度，然后吊起设备，即可使其转到所需的位置。

（3）当设备方位与安装要求方位相差较小，而进行精确调整找正时，可使用千斤顶转动设备进行找正。

（4）当设备方位与安装要求方位相差很大，安装时可采用特制转排转动找正。即将设备放在转排上，并绕好钢丝绳，然后用卷扬机或手拉葫芦在转排切向牵引钢丝绳，使其慢慢转动到所需的位置。

（5）安装中，当设备需要调头做水平方向转动时，一般可在设备两头用钢丝绳牵引，使其转动到所需的位置。当需要调头的设备大而重时，可使用钢转盘来调头。钢转盘通常由上、下两个钢盘及转轴或滑道组成。操作时，设备在转盘上必须放置稳定，然后慢慢转动转盘。当旋转刚性较差的设备时，必须在转盘上放置较大的底座或对设备进行加固，以防转动中设备发生变形和损坏。

（6）当有大型起重机械配合安装时，可用起重机械直接吊起设备，悬空将设备旋转到安装所需的位置，然后就位找正。

9. 滚

滚就是将重物放在做好的木排上，下面铺设滚杠进行移动的一种搬运方法。由于这种方法是重物随着滚杠的滚动而向前移动，能减少牵引力，在工程上搬运一些重而大的设备或构件时多采用此法。

滚动时，可采用人力或机械牵引。对于质量较轻、运距近的设备，可采用人力滚动进行搬运；对于大而重、运距长、途中又有坡度的设备，可用卷扬机等机械进行牵引滚动搬运。

当使用两台卷扬机牵引滚动搬运设备时，卷扬机的速度应基本相同，并由专人统一指挥；当道路凹凸不平时，应用枕木或型钢铺设滑道，以保证设备滚动平稳、安全。

10. 卷

对于圆形容器、管道等，在不影响其直径和外形尺寸变化的情况之下，可用自身滚动的方法来改变其位置。将一根长管放到陡坡上，操作时，先将绳索的一端固定在锚点上，然后用绳索兜住长管，或在长管上缠绕一两道，当慢慢放松绳索的另一端时，即可将长管平稳地卷至坡下。为了便于长管卷动和减少摩擦，还可以在其下面用圆木、枕木、钢轨等铺设滑道。

二、一般电气设备和物件重心的计算与估测方法

在起重吊装作业中，要考虑到物体的重心，比如设备的起吊、翻转、吊点位置和吊装索具的受力分配，都要根据物体的重心来布置。如果没有考虑物体的重心位置，在起吊过程中容易发生物体倾斜、吊索滑脱、钢丝绳断裂或重物坠落的危险。形状规则的重物，通常重心位置就是形心位置，通过计算的方法得到。而对于非常不规则形状的重物，则采用估测、估算和称重的方法处理。常见的机械设备须按其特点进行重心估测。

1. 形状比较规则物件重心的计算

对于形状比较规则物件重心的计算，常采用将组合物件的各部分重心找出，利用力矩平衡的原理，计算出整个物件的重心位置。

例：如图1-8-2所示一根变径长轴，试计算出整个变径长轴的重心位置。图中

G_1 = 5000N，G_2=15 000N，G_3=3000N，G_4=4000N，G 为总重心距 A 点的距离。

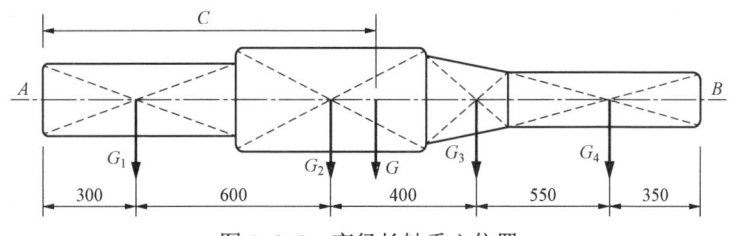

图 1-8-2　变径长轴重心位置

解：

总重量：$G=G_1+G_2+G_3+G_4$=500+1500+300+400=27 000（N）

对 A 点取矩，根据力矩平衡原理得：

$300G_1+(300+600)G_2+(300+600+400)G_3+(300+600+400+550)G_4-GC=0$

简化得：

$C=(300G_1+900G_2+1300G_3+1850G_4)/G$

$=(1\ 500\ 000+13\ 500\ 000+3\ 900\ 000+7\ 400\ 000)/27\ 000$

$=26\ 300\ 000/27\ 000$

$=974$（mm）

所以，总重心 G 距 A 点距离 C=974mm。

2. 不规则形状物体重心的悬挂法

形状复杂的薄板重心，首先将薄板悬挂在某一点 A，如图 1-8-3（a）所示，根据二力平衡条件，在板上画出铅垂线；再将此板悬挂另一点 B，如图 1-8-3（b）所示，画出通过 B 点重心的另一根铅垂线；两线相交点 C 就是所求重心位置。

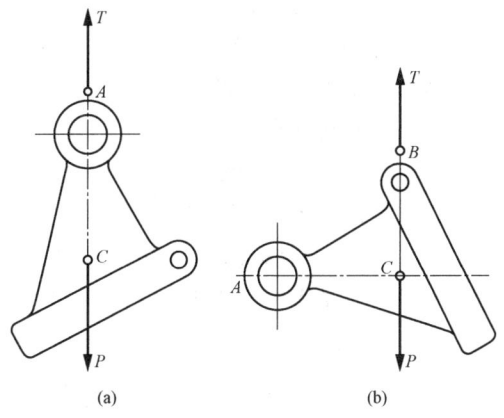

图 1-8-3　悬挂法确定物体重心
（a）第一步；(b) 第二步

3. 不规则形状物体重心的称重法

如图1-8-4所示,首先用磅秤称出吊件的总重量 Q;然后将吊件的一端支于支点 A,另一端放于磅秤上,磅秤上便有读数 P,测量出 AB 间的水平距离 l,物件处于平衡状态。

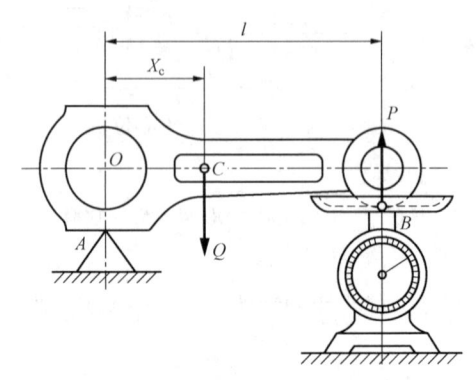

图 1-8-4 称重法确定物体重心

因为:
$$\sum M_A = 0$$
$$-X_c Q + lq = 0$$

所以:
$$X_c = Q + lq$$

再通过 A 点作吊件水平轴线的垂线,并和水平轴线相交于 O 点,使 $OC=X_c$,则可找出重心 C 点位置。

4. 简单吊件重心确定方法的应用

吊件的重心可以用数学方法求得。规则形状吊件的重心位置较易确定,如正方形或长方形吊件,其重心位置在对角线的交点上;圆棒的重心在其中间截面的圆心上;三棱体的重心在其中间截面三角形的三条中线的交点上。但对于由几个规则形状组成的吊件或不规则形状的吊件来说,其重心位置需经过数学计算才能确定。

起重作业的对象大都是由几个规则形状的几何体组成的一个吊件,但在起重作业中,完全通过计算确定吊件的重心是不现实的。一般可先求出各规则形状吊件部分的重心,然后根据估计出的吊件重心分布区,并在试吊时调整吊索各分支的长度来确定重心,使吊钩的垂线通过被吊吊件的重心。例如,有一吊件其形状尺寸如图1-8-5所示,材料为45钢。

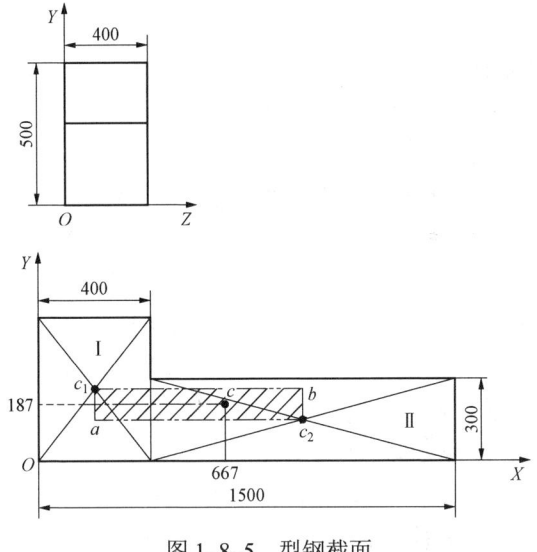

图 1-8-5 型钢截面

从图形看，此吊件由两个规则的几何件组成。图形 I 的重心在对角线的交点 C_1 上，图形 II 的重心同样在其对角线的交点 C_2 上，因此整个吊件的重心在图中阴影范围内。用计算法求得的重心 C 的位置在 OX 轴线上的距离为 667mm，在 OY 轴线上的距离为 187mm，与估测重心的范围相吻合。因此，在吊装吊件时，可在此范围内仔细调整吊钩的吊心位置，找正重心后再正式起吊。

三、小型设备吊装方法

小型设备一般可按以下步骤进行吊装：

1. 准备起重机具

根据吊装方案准备桅杆及其他起重机具，应注意桅杆的稳定性，锚桩应牢固可靠。

2. 捆绑设备

对设备进行捆绑时，要合理选择捆绑点，即吊点，其主要依据是设备的重心。当用一根绳索起吊设备时，绳子的绑扎点应在与重心成一条垂直线的上方，方能使设备平稳起吊；用两根以上绳索时，绳索的会合点（即吊钩），应在物体重心的垂直线的上方。有吊耳或吊环的设备，要利用设备所带吊点进行吊装。

3. 设备挂绳

起吊钢丝绳的长度要适当，吊索之间夹角一般不应超过 60°，对薄壁及精密设备，吊索之间的夹角应更小。

4. 起吊

设备在吊运过程中应始终保持平衡，不得倾斜，绳索不应在吊钩上滑动。

5. 设备就位

设备应安放在正确的位置上,初步就位后,可用撬杠调整纵横向位置,并用垫铁调整其标高。

四、小型设备的吊装

利用起重设备吊运小型机床等设备,是起重工应掌握的基本技能。本训练的要求是：学会确定设备的重心位置,正确绑扎设备,利用汽车起重机吊装,指挥吊装过程。

1. 已知条件

有一台质量约为3t的卧式车床,利用8t汽车起重机,将车床吊装到基础上。

2. 操作准备

相应绳卡10个,卸扣4只,直径ϕ21.5mm、长6m两端具有绳环的吊索1根,直径ϕ21.5mm、长2m两端具有绳环吊索1根,挂手拉葫芦用短钢丝绳1根,2t手拉葫芦1个,8t汽车吊一台,垫木4块,保护用橡胶若干,场地300m²。

3. 正确吊装小型机床的操作步骤

(1) 核实设备总质量。可以通过车床铭牌找到总质量,也可以通过分别吊两端,测算出总质量。本题车床实际总质量 W=3.1t。

(2) 确定重心位置。通过估测主轴箱重量占总重量的比例,估计重心位置,车床其他部位比较对称。本题车床重心位置大约在卡盘处,如图1-8-6所示。

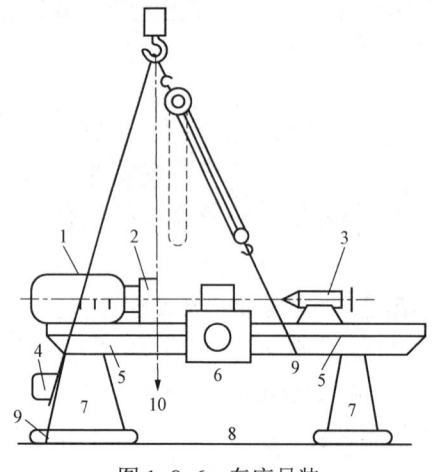

图1-8-6 车床吊装
1—主轴箱；2—卡盘；3—尾座；4—电机；5—床身；6—进给箱；7—支座；8—基础；9—吊点；10—重心

(3) 选择合适吊点位置。车床吊装一般吊点位置都选择在床身上捆绑,也可以捆绑在主辅箱、卡盘、支座、电机支架部位。本题车床吊点位置选择：一端在底座处,另一端在床身处。

(4) 确定钢丝绳绳结绑扎拴挂方法。底座处绳结采用兜系方法,床身处绳结采用捆锁方法。

(5) 选择钢丝绳绳结。选择钢丝绳ϕ21.5mm,6（股）×37（丝/股）,1770MPa,6m长绳套一根,将2个绳套挂吊钩,绳套中部兜系车床底座处。另一根绳结2m长,捆锁床身处。

(6) 选择汽车起重机作业参数。8t汽车吊工作幅度 R=4m,起重臂长度 L=8m,其额定起重量$[Q]$=5t,大于车床总质量3.1t,可以安全起吊。

（7）支垫汽车起重机待吊。将汽车起重机支腿伸出并垫好枕木，将绳结挂在吊钩上，再挂一台 2t 链式手拉葫芦，用于调整绳结长短，使车床吊装平稳。

（8）绑扎拴挂钢丝绳绳结。车床底座处绳结兜系直接挂吊钩，床身处绳结捆锁挂在 2t 链式手拉葫芦土，在两个吊点位置即兜系和捆锁绳结的地方垫好防滑防剪木块或橡胶。

（9）挂钩调整。将绳结挂好后，让绳结微微吃劲，检查绳结与车床接触部位的衬垫，调整链式手拉葫芦使两边绳结受力均匀，车床平稳。挂好溜绳，防止车床摆动。

（10）起吊就位。起吊前检查车床各转动、滑动部位是否固定好，链式手拉葫芦调整完毕，小链锁系在大链上，可以指挥起重机，开始起吊。车床离开地面 200mm 停止起吊，进一步检查各部位是否正常，确认无误后，按指定位置，将车床吊装到基础上。

【思考与练习】

1. 绳结系结的方法有哪些？
2. 简述"十字"起重操作法。
3. 小型设备吊装的注意事项是什么？
4. 简述不规则形状构体重心称重法。
5. 简述不规则形状物体重心悬挂法。

国家电网有限公司
技能人员专业培训教材 水电起重工

第二部分

设 备 吊 装

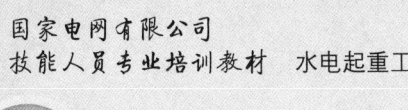

第九章

独脚桅杆架设作业

模块 1 独脚桅杆架设作业（ZY5600701001）

【模块描述】本模块介绍独脚桅杆架设作业知识。通过图例和讲解，能够掌握独脚桅杆的构造、材料及性能；掌握独脚桅杆绑扎方法及用滑移法、旋转法和扳倒法竖立桅杆；掌握竖立独脚桅杆时的注意事项。

【模块内容】

一、独脚桅杆的构造、材料及性能

独脚桅杆又称为独脚扒杆、独脚抱子等，在起重吊装作业中，独脚桅杆是各类起重机械中最简单的一种，它由一根圆木或金属管和起重滑车组、拖拉绳、导向滑车及卷扬机等组成，木制的独脚桅杆如图 2-9-1 所示。

由图 2-9-1 可见，在桅杆的顶部系有拖拉绳、系挂滑车组的绳索及横支撑木，在底部设有导向滑车，用以改变跑绳的方向。在导向滑车的相反方向系结有固定桅杆脚的拖拉绳。在桅杆的底部设置支座，以便于增大受力面积，防止桅杆底部下沉和便于移动。

独脚桅杆是用拖拉绳来固定的，拖拉绳一般为 4～6 根，拖拉绳之间的夹角应均匀，以便于拖拉绳在桅杆起吊重物时受力均匀。拖拉绳与地面的夹角一般不大与 45°角，在特殊情况下才能增大到 60°角，因为拖拉绳与地面的夹角过大，会使桅杆、地锚和拖拉绳的受力增加，降低桅杆的起重量，影响桅杆的稳定。所以，在作业现场条件允许的情况下，尽量使拖拉绳和地面的夹角小一些。

桅杆的材料可分为圆木和金属，用圆木作为桅杆的材料时，通常选用笔直而结实的松木和杉木，木材的径缩率在每米 9mm 以内。独脚木桅杆的起吊高度一般为 8～13m，起重量一般为 30～100kN。

桅杆的尺寸根据起重量和起重高度等因素选定，独脚木桅杆技术性能见表 2-9-1。用金属作桅杆材料时可选用无缝钢管或角钢组合，金属桅杆的起吊高度和起重量均比木桅杆大，金属桅杆有管式桅杆和格构式桅杆等，管式桅杆技术性能见表 2-9-2。

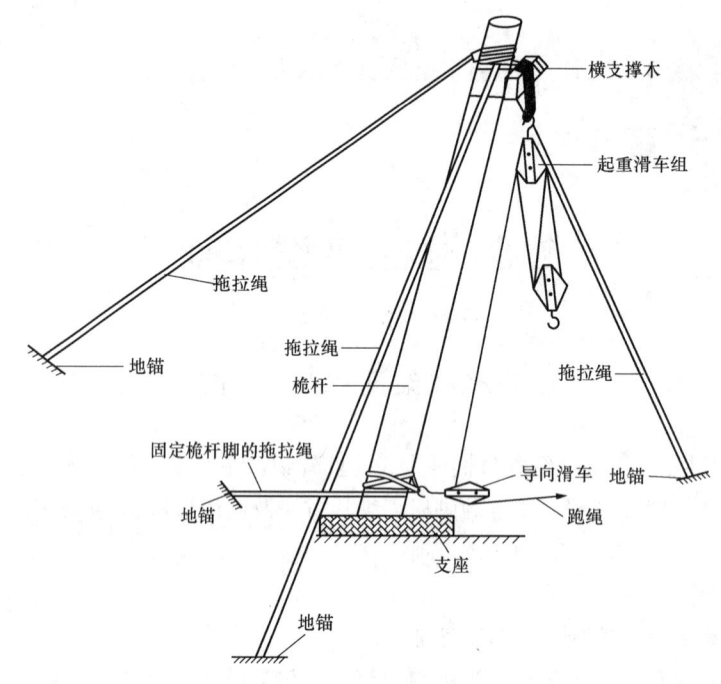

图 2-9-1 木制独脚桅杆

表 2-9-1 独脚木桅杆技术性能表

起重量（kN）	桅杆长度（m）	桅杆顶部（小头）横断面直径（mm）	拖拉绳直径（倾斜45°）（mm）	滑车组 钢丝绳直径（mm）	滑车组 滑轮数 上部	滑车组 滑轮数 下部	绞车起重量（kN）	桅杆连接搭设长度（m）
30	8.5	200	15.5	11.5	2	1	10	2.5~3.0
30	11.0	220	15.5	11.5	2	1	10	2.5~3.0
30	13.0	220	15.5	11.5	2	1	10	3.0~3.5
30	15.0	240	15.5	11.5	2	1	10	3.0~3.5
50	8.5	240	15.5	15.5	2	1	10	3.0~3.5
50	11.0	260	20.0	15.5	2	1	30	3.0~3.5
50	13.0	260	20.0	15.5	2	1	30	3.0~3.5
50	15.0	270	20.0	15.5	2	1	30	3.5~4.0
100	8.5	300	21.5	17.0	3	2	30	3.5~4.0
100	11.0	300	21.5	17.0	3	2	30	3.5~4.0
100	13.0	310	21.5	17.0	3	2	30	4.0~5.0

表 2-9-2　　　　　　　　　　管式桅杆技术性能表

起重量 (kN)	桅杆长度（m）					
	管子截面尺寸（外径×壁厚，mm×mm）					
	8	10	15	20	25	30
30	152×6	152×6	219×8	299×9	351×10	426×10
50	152×8	168×10	245×8	299×11	351×11	426×10
100	194×8	194×10	245×10	299×13	351×12	426×12
150	219×8	219×10	273×8	325×9	351×13	426×12
200	245×8	245×10	299×10	325×10	377×12	426×14
300	325×9	325×9	325×9	325×12	377×14	426×14

二、独脚桅杆的绑扎方法

1. 独脚桅杆拖拉绳的系结

（1）将桅杆平放在地上，桅杆的头部用枕木垫起，以便系结拖拉绳。

（2）将中部打有双"8"字结的绳结，并且有足够长的拖拉绳绳套在桅杆的顶部；拖拉绳的系结如图 2-9-2 所示。

2. 独脚桅杆起重滑轮组的系挂

（1）把一根两端带有绳套的吊索用"8"字结系在拖拉绳结的上面，两绳结间的距离越近越好，最好交于一点，以便使桅杆的横向弯曲接近于零，提高其起重能力，如图 2-9-3（a）所示。如图 2-9-3（b）所示为不正确的系挂方法。

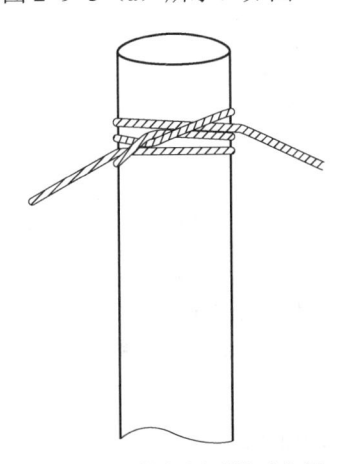

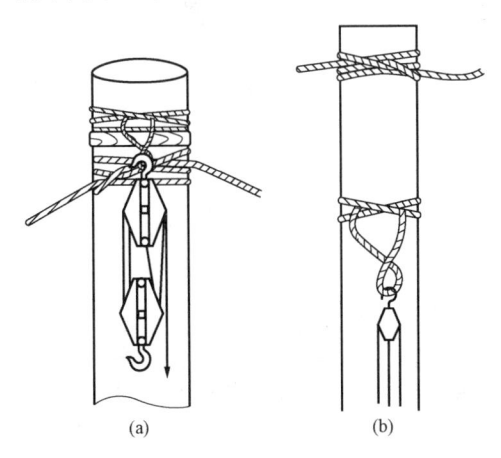

图 2-9-2　拖拉绳系结示意图　　　　图 2-9-3　滑车组系挂示意图
　　　　　　　　　　　　　　　　　　　（a）正确；（b）错误

(2) 为了使起重使滑车组和桅杆间有一定的距离，便于起吊重物，一般在系挂滑车组的吊索和桅杆间放置一横支撑木，并且固定牢固。将起重滑车组的吊钩挂在吊索的绳套中，吊钩应设有防止脱钩的封口保险装置。

三、独脚桅杆的架设

独脚桅杆的架设方法有多种，对于起重量较小的桅杆，可直接用人力进行架设，有条件的场合采用起重机或利用已有的建筑物来架设，对于起重量和起重高度较大的，在起重机无法使用时，采用卷扬机和辅助桅杆配合架设。架设的方法有滑移法、旋转法、扳倒法3种。

无论采用何种方法进行架设，都必须做好以下工作：垫好放置桅杆的枕木或支座；将分段的桅杆装配成一个整体；在地面上将桅杆顶部的拖拉绳和起重滑轮组等系结好；将所需要的地锚埋设好。

1. 滑移法

滑移法是利用辅助桅杆使主桅杆的底部滑移而竖起的一种方法，如图2–9–4所示。其操作步骤如下：

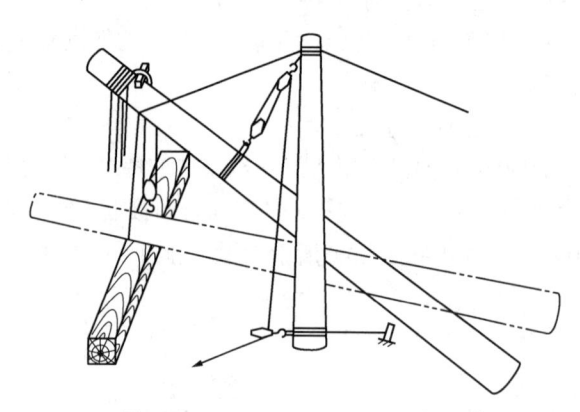

图 2–9–4　滑移法竖立桅杆示意图

（1）将装配好的主桅杆小头平放在枕木上，使其重心位于安装处，如图2–9–5所示。

（2）在主桅杆安装位置的附近竖立辅助桅杆，其高度为主桅杆的3/4左右。

（3）在距主桅杆顶部1/3左右处系结一吊索，并将另一端挂在辅助桅杆（4.5m）的起重滑车组的吊钩上，如图2–9–6所示。

（4）在辅助桅杆的四周布置4根锚桩，使拖拉绳与地面的夹角在45°左右，用花篮螺栓收紧并固定辅助桅杆的拖拉绳。

第九章　独脚桅杆架设作业　111

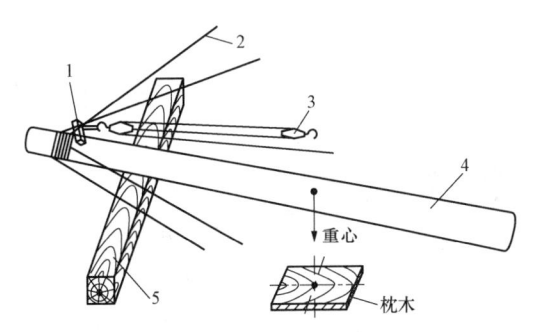

图 2-9-5　在桅杆上系结拖拉绳与滑车组
1—方木；2—拖拉绳；3—滑车组；4—桅杆；5—枕木

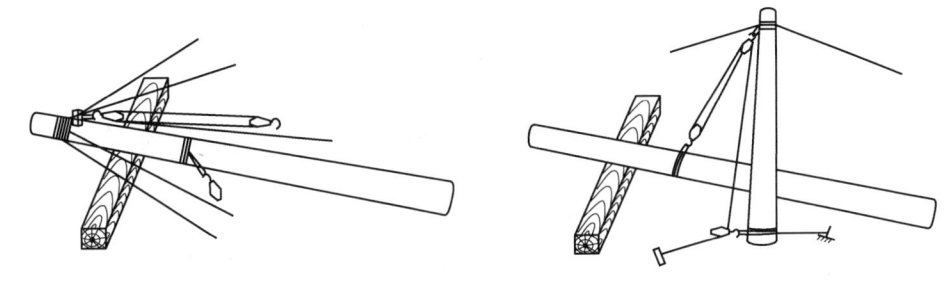

图 2-9-6　竖立辅助桅杆

（5）起动 3t 卷扬机，吊起主桅杆，使其下端向安装地点沿地面缓慢滑动，直到主桅杆底部滑移到安装处。

（6）当主桅杆竖立与地面的夹角超过 60°角时，即可用手拉葫芦收紧拖拉绳，使桅杆竖起。

（7）事先在桅杆的周围 6 个方向均部 6 个锚桩，校正桅杆垂直度，然后固定拖拉绳。

（8）拆卸辅助桅杆。此方法受力状况良好，操作安全，但是所需辅助桅杆较高，操作人员较多。

2. 旋转法

旋转法是利用辅助桅杆使主桅杆的顶部逐渐旋转竖起，而根部位置固定不动使桅杆竖立起来的一种方法，如图 2-9-7 所示。其操作步骤如下：

（1）将主桅杆的顶部放在枕木上，根部放在安装处，并在安装处附近竖立辅助桅杆，其高度为主桅杆的 1/3～2/3。

（2）在主桅杆顶部 1/3 处系拖拉绳及起重滑车组；在底部系结固定绳，使桅杆在竖立过程中根部位置不动。

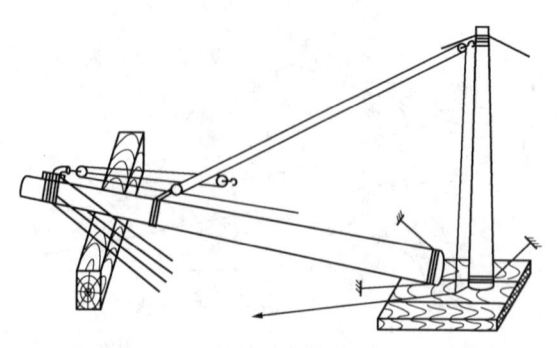

图 2-9-7　旋转法竖立桅杆示意图

（3）在距主桅杆顶部约 1/3 位置系结吊索，并将其挂到辅助桅杆滑车组的吊钩上。

（4）开动卷扬机，以主桅杆的根部为支点进行转动而使主桅杆逐渐竖起。

（5）当主桅杆转到与地面超过 60°角时，即可利用手拉葫芦收紧拖拉绳，将其拉到垂直位置，经校正后，固定拖拉绳。

（6）拆卸辅助桅杆。

此法所用辅助桅杆的高度比滑移法低，但桅杆的底部需要固定，以便于桅杆旋转，操作有一定的难度。

四、竖立独脚桅杆时的注意事项

（1）不论采用何种方法进行桅杆的架设，都应随时注意其歪斜情况，当出现歪斜时，可利用桅杆上的拖拉绳由两人从两侧进行控制。

（2）当将桅杆放在地上时，桅杆头部垫得越高，则在开始竖立桅杆时，滑车组上受力就越小；反之，滑车组上受力就越大。因此，在条件许可的情况下，应尽可能地把桅杆垫得高些。

（3）在桅杆起升过程中，注意相应地收紧和放松拖拉绳。

（4）桅杆竖立后，应立即将拖拉绳和桅杆的底部同时固定。

【思考与练习】

1. 独脚桅杆由哪几部分组成？
2. 独脚桅杆的拖拉绳有何规定？
3. 独脚桅杆在竖立前应做好哪些工作？
4. 独脚桅杆的竖立方法有哪几种？
5. 试述如何用旋转法竖立独脚桅杆。

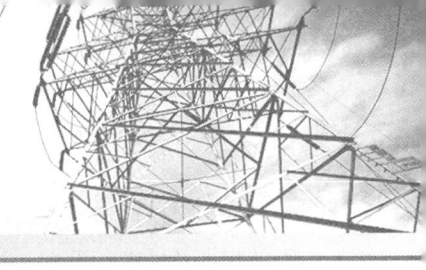

第十章

人字桅杆架设作业

▲ 模块1 人字桅杆架设作业（ZY5600702001）

【模块描述】本模块介绍人字桅杆架设作业知识。通过示例和介绍，掌握人字桅杆的构造、材料及性能；学会正确竖立人字桅杆的操作步骤；掌握人字桅杆的竖立及注意事项。

【模块内容】

一、人字桅杆的构造、材料及性能

人字桅杆（见图 2-10-1）又称为人字架、两木搭、两木杆等，它是由两根圆木或无缝钢管交叉捆绑成人字形而成，在两根圆木或无缝钢管顶部的交叉处，一般搭成 25°～35°的夹角，如果夹角太小，人字桅杆的稳定性就差，如果夹角太大，则桅杆的受力就越大。在交叉处用一定粗细的钢丝绳绑扎，并在交叉处系结拖拉绳和系挂起重滑车组，利用人力或卷扬机来起吊重物。在两根圆木或无缝钢管中的一根根部设一个导向滑车，使起重滑车组绳索的引出端经导向滑车引向卷扬机。在桅杆两脚之间，用绳索连接固定，防止桅杆在起吊重物时两脚向外滑移。如桅杆需倾斜起吊重物时，应注意在倾斜方向的前方在桅杆根部用绳索固定两脚，以免桅杆受力后向后滑移。

人字桅杆与独脚桅杆相比，在构造上比独脚桅杆多一根支腿，具有横向稳定性好，架设和移动方便、起吊能力大、可起吊较大体积的重物等优点，而且能改变桅杆的竖立角度，使被吊重物可在水平方向移动一小段距离。因此，在起

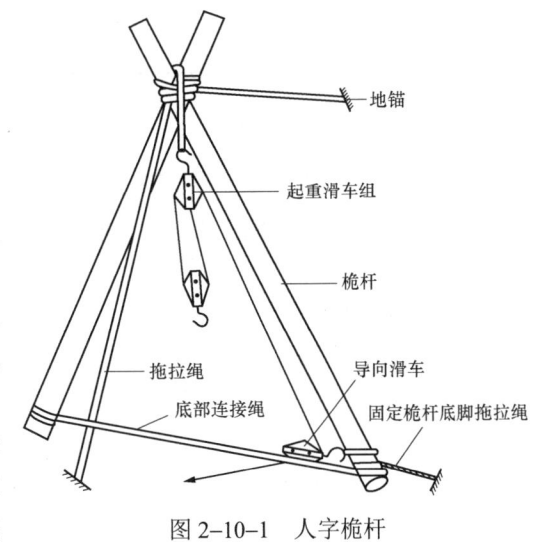

图 2-10-1 人字桅杆

重作业中广泛应用。它适用于检修设备、做临时性吊装工作及装卸车等。木制人字桅杆的规格及性能参见表2-10-1。

表2-10-1　　　　　　　　木制人字桅杆规格及性能

桅杆长度（m）	桅杆小头直径（mm）	起重量（kN） 桅杆与地面夹角		
		75°	65°	55°
6	200	40	35	30
8	210			
11	230			
13	240			
15	250			
6	260	70	65	50
8	270			
11	280			
13	290			
15	300			
6	310	140	120	100
8	320			
11	330			
13	340			

二、正确竖立人字桅杆的操作步骤

（一）人字桅杆的绑扎

1. 绑扎前的准备

根据被起吊重物的重量、体积、起吊高度选择桅杆的规格。

根据起吊重量选择起重滑车组、钢丝绳、卸扣及卷扬机等。

2. 简单人字架绑扎操作

（1）将两根桅杆a、b的小头交叉放在枕木上，交叉角在25°～35°之间，在下桅杆b上绑背扣，交叉处距小头顶端600～900mm，如图2-10-2所示。

(2) 围绕 a、b 桅杆的交叉处绕 10 圈以上，最后围绕 a 桅杆绕 1 圈，绳头需从本次绕绳底部绕出，如图 2-10-3 所示。

(3) 围绕 a、b 桅杆交叉处之间上、下绕 3~4 圈（称为打围脖），如图 2-10-4 所示。并将绕出的绳头在围脖绳上打倒扒扣，用 8 号铁线绑紧或用铁钉钉牢，如图 2-10-5 所示。

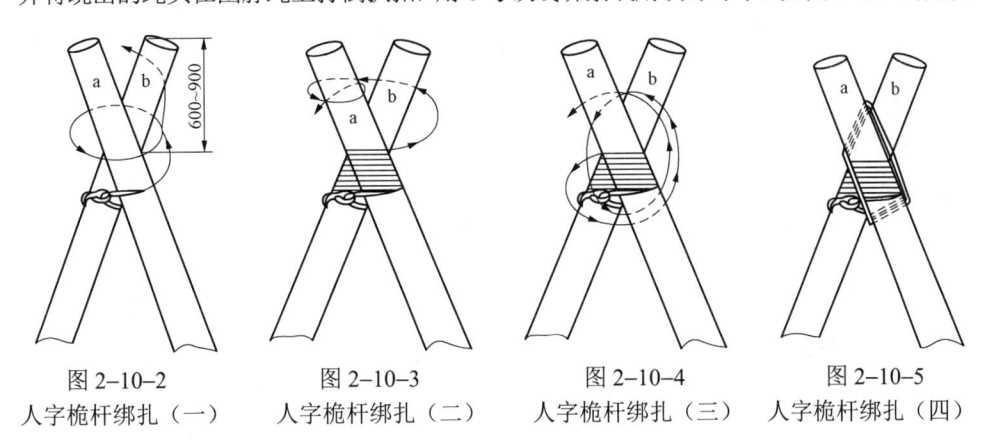

图 2-10-2
人字桅杆绑扎（一）

图 2-10-3
人字桅杆绑扎（二）

图 2-10-4
人字桅杆绑扎（三）

图 2-10-5
人字桅杆绑扎（四）

（二）起重滑车组的系挂

系挂滑车组的方法有以下几种，但具体采用何种方法进行系挂滑车组，要根据实际工作的需要而定。

(1) 将系挂滑车组的钢丝绳绳结一端拴在两个小头上，分别交叉围绕一圈成"8"字形，另一端吊在交叉处的下面，如图 2-10-6 所示。

(2) 将系挂滑车组的钢丝绳绳结从桅杆交叉处骑跨在两桅杆中间位置，两绳结吊在桅杆交叉处的下面，如图 2-10-7 所示。

(3) 将系挂滑车组的钢丝绳绳结的中间位置从桅杆交叉处绕一圈，两绳头从桅杆交叉处的上方、并从绕绳底部引出，两绳结吊在桅杆交叉处的下面，如图 2-10-8 所示。

图 2-10-6
人字桅杆绑扎（五）

图 2-10-7
人字桅杆绑扎（六）

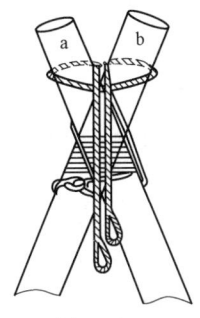

图 2-10-8
人字桅杆绑扎（七）

(三) 拖拉绳的系结

人字桅杆的拖拉绳一般由 4 根纵向的拖拉绳组成，即前后各设置 2 根，拖拉绳与纵向中心线之间的夹角一般为 15°～25° 之间，拖拉绳应对称分布，使拖拉绳的受力相同，从而增加桅杆的稳定性。

(1) 选择适当长度的钢丝绳，在中间位置系一羊蹄扣，套在桅杆的交叉处，如图 2-10-9 所示，将绳头 1 从桅杆 a 后面绕出，再绕桅杆 b 一周，使绳在桅杆 a、b 之间，并从本次绕绳的底部穿出，如图 2-10-10 所示。

(2) 将绳头 2 从桅杆 b、a 后面绕出后，使绳在桅杆才 a、b 之间，并从本次绕绳的底部穿出，如图 2-10-11 所示。

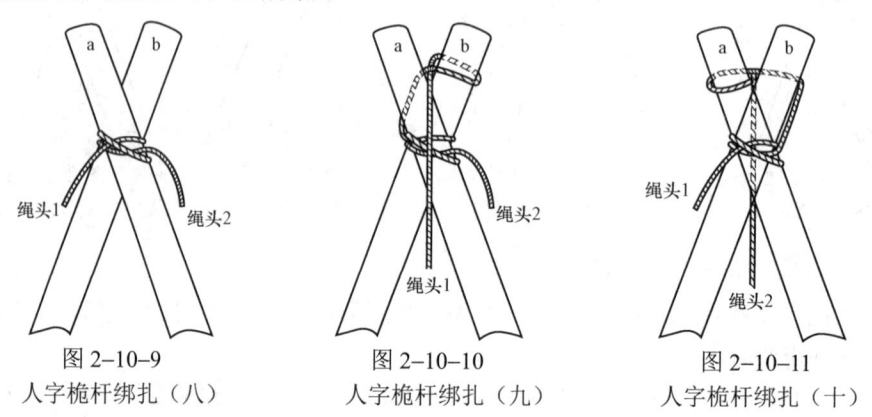

图 2-10-9 人字桅杆绑扎（八）

图 2-10-10 人字桅杆绑扎（九）

图 2-10-11 人字桅杆绑扎（十）

(3) 绳头 1 和绳头 2 即是两根拖拉绳，将绳头固定在锚桩上或其他可靠的建筑物上，绳头的固定可采用拴柱结，如图 2-10-12 所示。

(4) 在设置斜人字桅杆时，可利用调节拖拉绳来调节角度。

(四) 简单人字架的竖立方法

1. 简单人字架竖立前的准备工作

(1) 将已绑好的简单人字架放在安装位置上，两脚分开，两杆放在安装点上。桅杆的头部用枕木垫高，其高度一般在 1m 左右；垫得越高，则在竖立桅杆时，牵引绳所受的力也就越小，如图 2-10-13（a）所示。

图 2-10-12 拖拉绳的固定

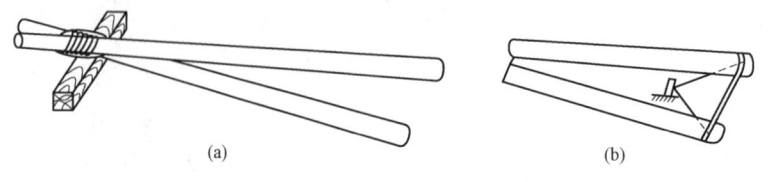

图 2-10-13 人字架竖立前的准备

（2）在简单人字架分开的两脚之间，用绳索连接起来，以防在吊重时桅杆两脚向外滑移。在简单人字架的两脚下各系一根系紧绳，其固定点在牵引设备的相反方向，使简单人字架在竖立时，桅杆脚不致向牵引方向滑移，如图 2-10-13（b）所示。

（3）选择合适的地点，固定竖立桅杆的牵引设备和拖拉绳的锚桩。牵引设备的导向滑车应设置简单人字架纵向轴心线上，如图 2-10-14 所示。

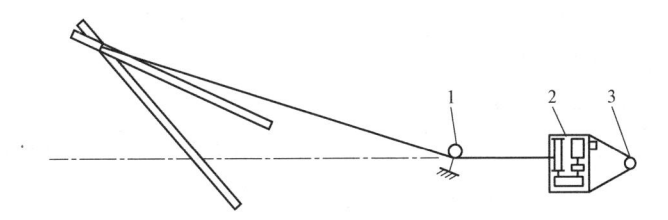

图 2-10-14　牵引设备的固定
1—导向滑车；2—卷扬机；3—锚桩

2. 简单人字架竖立的方法

（1）利用人力竖立轻、小型的简单人字架。

对于轻、小型简单人字架的竖立，可利用简单人字架上已经系结好的拖拉绳，用人力拖拉；在拖拉的同时，在桅杆的头部同样用人力将其向上抬起。

（2）利用简单人字架上已经系结好的起重滑车组作拖拉绳竖立桅杆。

对于一些重量较重的简单人字架，使用人力来竖立比较困难，应借助于卷扬机来竖立。固定桅杆起重滑车组动滑车的锚桩应设置在简单人字架的纵向轴线上；同样，卷扬机前方的导向滑车也设置在纵向轴线上；跑绳穿过导向滑车后引向卷扬机，如图 2-10-15 所示。

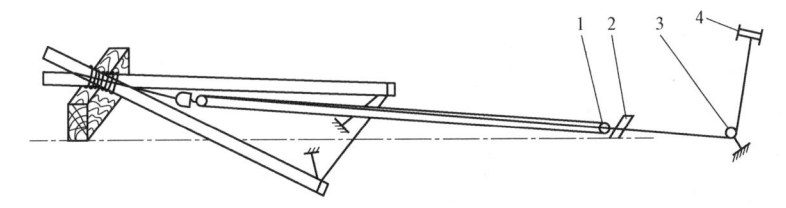

图 2-10-15　利用人字架上的起重滑车组竖立桅杆
1—滑车；2—锚桩；3—导向滑车；4—卷扬机

（3）利用高空桥式起重机或其他构筑物竖立桅杆。

1）利用桥式起重机竖立桅杆时，捆绑绳直接系结在桅杆的交叉处，吊钩在升起的同时作水平移动，直至桅杆竖立。

2）利用高空构筑物竖立桅杆时，可以直接利用桅杆上的起重滑车组，把动滑车悬挂在高空构筑物上,把跑绳穿过导向滑车后引向牵引设备。

（五）人字桅杆的拆除

人字桅杆的拆除步骤和竖立相反,特别注意在放下桅杆时,应缓慢放松拖拉绳,以防止桅杆倾倒造成事故。

三、人字桅杆竖立注意事项

（1）将绑扎好的桅杆放在安装位置,并将桅杆的大头用绳索固定,平放在地面上并展开,两大头相距约为桅杆长的一半。

（2）将桅杆的头部用枕木垫离地面大约 600mm 以上,将滑车组拴在桅杆交叉处并固定牢固,开动卷扬机,使桅杆缓慢升起,当桅杆与地面的夹角超过 60°时,停止卷扬机,利用拖拉绳进行校正,符合要求后固定拖拉绳。

（3）检查两桅杆与地面的夹角是否一致,用绳索将两桅杆脚连接起来,防止受力时桅杆底部向外滑移。

（4）人字桅杆的夹角一般为 25°～35°之间,夹角不宜过大,以免桅杆受力过大,减少起重量。

（5）用作人字桅杆的圆木有弯曲时,需将弯度向外,不能用腐朽的木材做桅杆。

（6）人字桅杆的拖拉绳一般为 4 根,在吊重方向的前后各为 2 根,并应与人字桅杆的纵向中心线对称。

（7）在设有导向滑车的桅杆根部,应当设置与跑绳受力方向相反的系紧绳,以防止受力时桅杆移动。在斜吊时,应在倾斜方向的前方用绳索固定桅杆的根部。

【思考与练习】

1. 人字桅杆与独脚桅杆相比优点有哪些?
2. 人字桅杆的绑扎方法及要求是什么?
3. 人字桅杆的拖拉绳有什么要求?
4. 人字桅杆的竖立及注意事项?
5. 人字桅杆如何拆除?

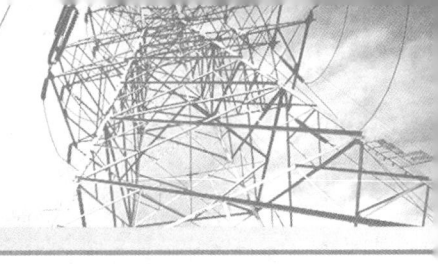

第十一章

三角桅杆架设作业

▲ 模块 1　三角桅杆架设作业（ZY5600703001）

【模块描述】本模块介绍三角桅杆架的架设作业知识。通过现场实例讲解和介绍，掌握三角桅杆的构造、材料及性能；掌握三角桅杆的绑扎和竖立方法以及三角桅杆使用注意事项。

【模块内容】

一、三角桅杆的构造、材料及性能

三角桅杆（见图 2–11–1）由 3 根圆木或钢管在其一端用绳索绑扎，按同一方向扭转竖立，使桅杆底脚成为三角形。桅杆脚之间的距离应近似相等，成为等边三角形，桅杆与地面的夹角在 60°～70°之间，如果夹角过大，稳定性下降，夹角过小，则起重量降低。底脚用钢丝绳连接牢固，防止桅杆受力时向外滑移。在顶部悬挂手拉葫芦进行吊装物品。三角桅杆用在无电源、无机械起重设备，并且起重量较小的场合，是人字桅杆的变形发展，具有架设方便、灵活、稳定性强、不需要拖拉绳等优点。

二、三角桅杆的绑扎和竖立方法

三角桅杆的绑扎方法有很多种，这里主要介绍以下两种方法。

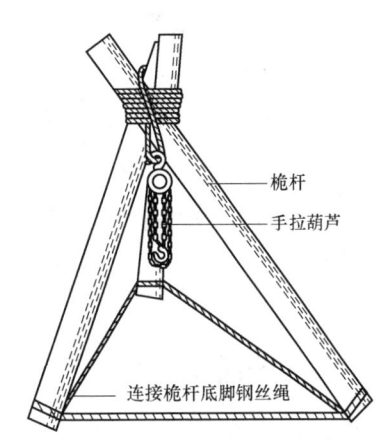

图 2–11–1　三角桅杆示意图

（1）对于起重量较小、桅杆重量较轻时，采用如图 2–11–2 所示绑扎法，将桅杆 1 放在枕木上，桅杆 2 压在桅杆 1 上，两桅杆的夹角在 40°～60°之间，桅杆交叉处距最短桅杆小头的距离在 600mm 左右，在桅杆的交叉处用绳索或 8 号铁线缠绕 5 圈，绑扎时松紧度要适当，使桅杆稍有转动的余地为佳，并且固定牢固，桅杆 3 的头部放在桅杆 2 的头部下面，桅杆 3 的尾部可以适当抬高进行绑扎，绑扎的部位尽量靠近桅杆

1 和桅杆 2 的交叉处。绑扎点以下的桅杆距离应相等，使桅杆支起后底脚之间成等边三角形，各桅杆受力均匀。其竖立方法为：用两人拽住桅杆 3，在桅杆 1 和桅杆 2 的底脚处各设一人，一起用力将三角桅杆竖起，三角桅杆竖起后，调整桅杆底脚位置，使其距离相等，连接固定底脚的钢丝绳。

（2）对于起重量较大、桅杆重量较重时，采用如图 2-11-3 绑扎法，将桅杆 1 和桅杆 3 并排放在枕木上，将桅杆 2 放在桅杆 1 和桅杆 3 上，它们之间的夹角在 40°~60°之间，交叉处距最短桅杆小头距离为 600mm 左右，用一头有绳结的钢丝绳在桅杆 2 上打一背扣，围绕桅杆 1、3、2 进行缠绕 5 圈后，打上几个扒扣并固定牢固，缠绕时注意松紧度，使桅杆稍有转动的余地为佳。其竖立方法为：在桅杆的头部绑上绳索，在桅杆 2 的底脚处设一人，在桅杆 1 和桅杆 3 的底脚处设两人，用人力或绞磨拉紧绳索，将三角桅杆竖起，在竖起的过程中，用人将桅杆 3 和桅杆 1 分开，分开的角度与桅杆 1 和桅杆 2 的角度相等，桅杆竖起后，调整桅杆底脚位置，使其距离相等，连接底脚钢丝绳。

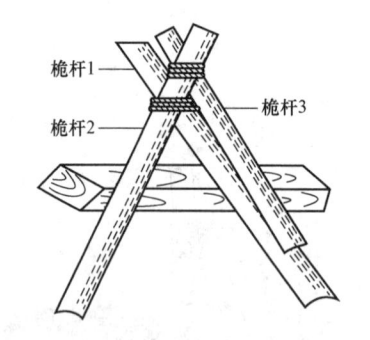

图 2-11-2　三角桅杆绑扎示意图（一）

图 2-11-3　三角桅杆绑扎示意图（二）

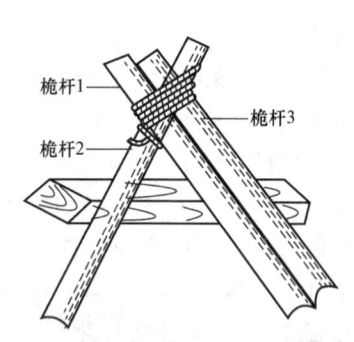

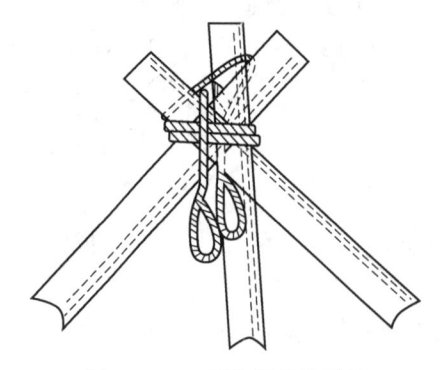

图 2-11-4　手拉葫芦的系挂

三、手拉葫芦的系挂

将两端带有绳结的吊索放在桅杆交叉处的上方，使其一端留有一定的长度，所留的长度恰好能到交叉处的下方，将其抬起，另一端绕桅杆进行缠绕 2 圈或以上，从交叉处穿过，所剩余的长度恰好能够放在桅杆交叉处的下方，将抬起的一端放下，将手拉葫芦挂在两绳结上，如图 2-11-4 所示。

四、三角桅杆使用注意事项

（1）根据起重量选择合适的三角桅杆，起

重量小时，选择木桅杆，起重量大时，选择钢管桅杆。使用前，应对三角桅杆的载荷进行验算，并对各部件进行检查，符合要求后方可使用。

（2）在土质疏松的地面上架设桅杆时，在底脚处垫硬木板。

（3）正确的绑扎方法，能使桅杆竖立后，桅杆交叉处之间的夹角相等，错误的绑扎方法是不能相等的。

（4）挂手拉葫芦的两绳结应受力均匀。

（5）使用时，三个桅杆底脚受力均匀，重物重心应在三角桅杆的中心线上。

【思考与练习】

1. 什么是三角桅杆？
2. 三角桅杆的构造要求是什么？
3. 三角桅杆使用的注意事项是什么？
4. 简述三角桅杆的适用场合。
5. 桅杆与地面的夹角为多少度？

第十二章

锚 桩 埋 设

模块 1 锚桩种类结构、简单计算（ZY5600704001）

【模块描述】本模块介绍锚桩的种类、结构、简单计算和埋设要求。通过实例讲解和介绍，掌握锚桩的种类、结构、简单计算和埋设要求。

【模块内容】

锚桩是用来固定卷扬机、导向滑车及拖拉绳、缆风绳的。所以，不管是自然的还是人工的，只要能起固定作用的，都可以称为锚桩。锚桩种类很多，一般有立式锚桩、卧式锚桩（锚碇）、混凝土锚桩、活动锚桩等。锚桩结构如图 2-12-1～图 2-12-4 所示。

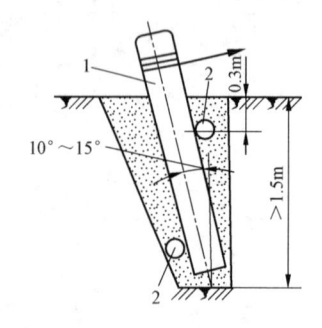

图 2-12-1 立式锚桩
1—锚桩；2—挡木

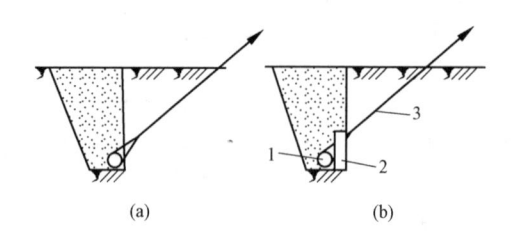

图 2-12-2 卧式锚桩
（a）无挡木；（b）有挡木
1—横木；2—挡木；3—引出钢丝绳

由于坑锚的敷设工作比较烦琐，而且木材也比较珍贵，近年来预制钢筋混凝土锚桩得到普遍使用。混凝土锚桩既可以当作活动锚桩又可以挖坑放在里面当作坑锚使用。它的敷设较为简单，而且受拉力也很大，投资一次可以用很长时间。

下面介绍不同形式混凝土锚桩的受力计算，受力如图 2-12-5 所示。

1. 混凝土活动锚受力计算

$$G \geqslant KF\sin\alpha$$

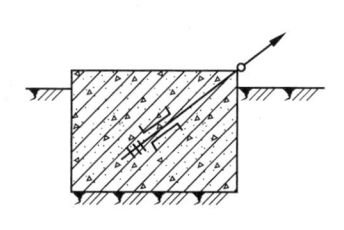

图 2-12-3　混凝土锚桩

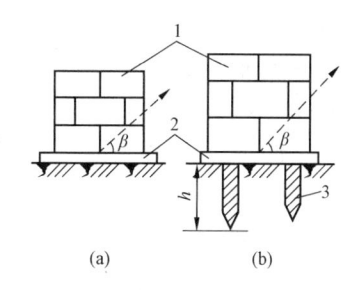

图 2-12-4　活动锚桩
（a）无插板式；（b）有插板式
1—重块；2—底排；3—插板

$$G_1 f \geqslant KF\cos\alpha, \quad G_1 = G - F\sin\alpha$$
$$Gb \geqslant 1.4FL\cos\alpha$$

式中　G——混凝土块重力，kN；
　　　G_1——混凝土块受外拉力后的对地面垂直压力，kN；
　　　K——安全系数，$K=3$；
　　　F——混凝土块所受外拉力，kN；
　　　α——拉力与水平夹角，（°）；
　　　f——混凝土块与地面的摩擦系数，$f=0.6$；
　　　b——混凝土块重心至混凝土边缘支点距离，m；
　　　L——混凝土块边缘支点至拉索距离，m。

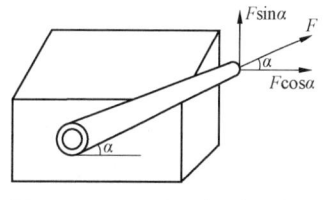

图 2-12-5　混凝土锚桩受力图

2. 埋入地下时混凝土锚桩受力计算

$$G + fF\cos\alpha \geqslant KF\sin\alpha$$
$$hL\sigma_h\eta \geqslant KF\cos\alpha$$

式中　G——混凝土块重力，kN；
　　　f——混凝土块与地面的摩擦系数，$f=0.6$；
　　　F——混凝土块所受外拉力，kN；
　　　α——拉力与水平夹角，（°）；
　　　K——安全系数，$K=3$；
　　　h、L——分别为混凝土块受力方向上的高度与宽度，m；
　　　σ_h——土壤允许耐压力，kPa；
　　　η——混凝土块的挤压系数，$\eta=0.7$。

3. 锚桩埋设要求

（1）决定锚桩位置时，锚桩基坑的前方（坑深2.5倍距离内）不得有地沟、电缆、底下管道等。锚桩埋设处要比较平整、不潮湿、不积水，因为雨水渗入基坑内会泡软回填土，降低摩擦力，影响锚桩正常使用。

（2）锚桩基坑开挖时，必须按设计或施工要求的尺寸施工，基坑要平整。基坑回填时，每隔300mm夯实一次，并要高出基坑四周400mm以上。

（3）利用自然物或现成的基础时，一定要仔细检查，核算其强度、稳定性等，确保安全后才能使用。

（4）在山区施工，周围全是岩石，采用凿孔灌注混凝土时，除对灌入的拉环作强度核算外，其他难以核算的受力应进行实测。

（5）利用预制钢筋混凝土块和铸铁块做活动锚桩时，应在其放置地点挖一个地坑，以增加其抗拉能力和稳定性。

（6）用多块预制钢筋混凝土的组合体做锚桩时，对组合体可采取凹凸形式或其他形式连接成一个稳固的整体。

（7）预制混凝土块时，对水泥的标号一定要提出明确要求，确保混凝土的强度。对混凝土锚的拉环也要经过受力计算；预制混凝土块时要预制出吊耳以利于混凝土块的装卸运输。

▲ 模块2 锚桩埋设的方法及步骤（ZY5600704002）

【模块描述】本模块介绍锚桩的埋设方法。通过图文讲解和介绍，掌握一般桩锚和特殊桩锚的埋设方法和注意事项。

【模块内容】

锚桩埋设是否安全可靠，直接关系到桅杆的稳定，乃至决定整个起重作业的安全。本训练的作业要求是：正确掌握埋设锚桩的方法。

一、操作准备

直径ϕ200mm、长1.5m的木质锚桩1根，直径ϕ80mm、长1.5m钢管1根，直径ϕ200mm、长1m的圆木1根，直径ϕ150mm、长0.6m的圆木2根，直径ϕ15mm、长4m的钢丝绳2根，场地20m^2。

二、正确埋设锚桩的操作步骤

（一）一般锚桩的埋设

一般锚桩的埋设分为打桩锚桩和埋设锚桩两种。

1. 打桩锚桩的埋设

用直径ϕ200mm 的圆木或直径ϕ80 的钢管倾斜 10°～15°打入土层中，桩的长度约 1.5m，打入土层深度为 1.2m，钢丝绳尽量靠近地面拴紧，不要超过 200mm。同时在桩木前方埋设一根直径ϕ200mm、长度为 1m 的挡木。如载荷较大，可将多根桩连接在一起，形成联合锚桩，如图 2-12-6 所示。

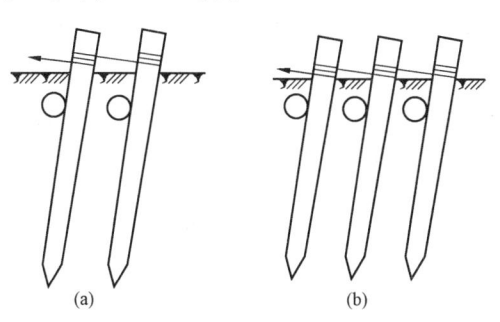

图 2-12-6 联合锚桩埋设示意图
(a) 两联锚桩；(b) 三联锚桩

2. 埋设锚桩的设置

将直径ϕ200mm、长 1.5m 圆木倾斜放入事先挖好的锚坑中，并横放圆木 2 根，作为上挡木和下挡木，将木桩卡住，然后填埋夯实，仍如图 2-12-6 所示。

（二）特殊锚桩的埋设

1. 锚桩的埋设

用横木或钢管作为锚碇，根据锚碇长短，先挖一个锚坑，深度为 1.5m，长 1.6m，宽 1m，将 1 根直径ϕ15mm、长 4m 的钢丝绳系在锚碇（钢管）的中间，或 2 根钢丝绳对称系结在锚碇的两侧后，将锚碇横放在坑底，钢丝绳通过在坑前部挖出的沟槽倾斜引出地面，倾斜角度在 30°～50°之间，然后用土和碎石将锚坑和沟槽回填夯实。在回填碎石之前，在锚碇绑拉索处的前部，垂直放置直径ϕ15mm、长 0.6m 的 2 根圆木作为挡木，将提高锚碇的抗拉能力。

2. 混凝土锚桩的埋设

用型钢横梁和拉杆作成锚碇，埋入锚坑中，然后灌注混凝土，使用时缆风绳和拉杆连接。

3. 活动锚桩的设置

将底排的爪插入土层中，再将铁锭、混凝土等重物压上。

三、相关知识

1. 锚桩的受力情况

坑锚钢丝绳引出地面，受力后可分解为一个垂直向上的分力和一个水平向前的分力。垂直向上的分力由回填土的重力及锚碇与土壤的摩擦力来平衡，这就是抗拔力；水平向前的分力由土壤的耐压力来平衡，这就是抗拉力。确定锚桩的承载力，主要考虑锚碇本身的强度、锚桩的抗拔力和抗拉力这 3 个因素，承载力较大的锚桩必须进行抗拔力和抗拉力的计算。

2. 锚桩的使用要求

锚桩必须根据所受的载荷和现场条件合理设计。桩锚允许拉力较小，一般用于人字桅杆、单立柱桅杆吊装小件时的缆风绳等；坑锚比桩锚承载能力大，可达 30~500kN，一般用于大型桅杆起重机缆风绳的固定或拖运大型设备时定滑车的固定；混凝土地锚主要用于施工量比较集中的工程中；有条件的场合，则可利用建筑物或重型设备作为临时锚桩固定缆风绳或滑车组，但应注意不要损坏建筑物。

四、注意事项

锚桩在起重作业中起着重要的作用，是影响安全作业的一个关键因素，在埋设和使用时还应注意以下事项：

（1）锚桩应埋设在土质坚硬的地方，所挖形状和尺寸应符合设计要求。

（2）坑锚中埋入的圆木、枕木、钢材及钢丝绳等必须预先经过检查，规格尺寸应符合设计要求，不允许存在腐朽、裂纹、严重锈蚀、断丝等缺陷。

（3）必须十分重视锚坑回填土的质量，按操作规程要求，每填土 300mm，分层夯实一次，切不可填满锚坑后仅夯一次。回填土要高出地面，以防积水，降低锚桩承载力。

（4）锚桩不能超载使用，只允许在规定的方向受力，其他方向不允许受力。锚桩的拉绳与地面夹角为 30°左右，否则会产生过大的竖向拉力。

（5）在使用过程中，应有专人检查锚桩是否有松动，如发现异常，应立即采取措施。

（6）锚桩附近不允许取土，也不应有沟洞、地下管道或电缆等。

【思考与练习】

1. 锚桩在埋设过程中应注意哪些事项？
2. 埋设锚桩的基本步骤和要求是什么？
3. 特殊锚桩的埋设应有何要求？
4. 锚桩的使用要求有哪些？
5. 确定锚桩的承载力主要考虑哪些因素？

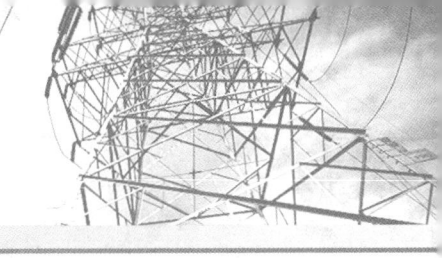

第十三章

发电机主要部件拆装

▲ 模块1 发电机组成及代表部件拆装（ZY5600705001）

【模块描述】本模块介绍发电机结构组成。通过模型讲解和介绍，掌握发电机的结构组成。同时，介绍发电机主要部件起重拆装。通过图例讲解和介绍，了解主要部件起重作业工艺、工具准备及注意事项。

【模块内容】
一、上机架吊装作业

本模块以某发电厂发电机上机架（156t）吊装为例，对设备的吊装作业进行说明。

（一）上机架吊出前准备

（1）钢丝绳（直径ϕ50，长26m）一对，（也可用20t长10m环形吊装带分4点对称挂成16股，挂在对称4个支腿的里圈吊孔上）。

（2）配重块（起吊不平时用）、松木方墩若干、钢管皮8块（4″管）。

（3）上机架支墩就位、稳固、高程一致。

（4）桥机电气二次控制装置、一次动力电源、异常闭锁装置正常可靠，桥机各项操作试验正常。

（5）吊钩钢丝绳、上机架吊运钢丝绳经检查不存在断股等缺陷，安全系数在允许范围内。

（6）上机架紧固螺栓、定位销钉等已全部拆除，确认无误后，将导向杆拧上。

（7）影响上机架吊出的油、水、风管路等须全部拆除。

（8）上机架内所有无固定物品已妥善处理或清除。

（9）检查上机架各部位无妨碍起吊的部件或其他物品。

（二）上机架吊出

（1）钢丝绳在机架棱角处要加以钢管皮防护。

（2）整个吊运过程中由专人统一指挥。

（3）找好吊点，将钢丝绳从支架腿的吊孔中穿过挂到主钩上。

(4) 将主钩中心找正，挂在主钩上的钢丝绳不得重叠。

(5) 起钩将钢丝绳拉紧，检查钢丝绳受力是否均匀，如不均匀应进行调整。

(6) 各部分负责人员就位，由一人指挥天车缓慢起吊，将吊钩与上机架的中心找正，起吊过程中如有偏离卡阻现象，应及时调整，正常后方可继续起吊。

(7) 起吊开始，上机架起至 200mm 时回落一次，检查桥机及起吊工具运行是否正常，待检查无异常后，再继续起吊。

(8) 当上机架吊至检修支墩上方时，停车，待平稳后慢速下落。

(9) 当上机架落至支墩上方 200mm 左右时，停车找正，平稳后开始下落。

(10) 下落到支墩上，检查一切正常后，将吊运钢丝绳拆运至指定位置。

上机架吊装如图 2-13-1 所示。

图 2-13-1　上机架吊装图

（三）安全措施

(1) 整个吊运过程中由起重指挥统一指挥，所有工作人员要听从起重指挥手势及信号，有问题须及时与指挥人员联系。

(2) 桥机操作、制动、电气控制回路等各部位安排专业电气人员监护。

(3) 天车司机须有专人监护。

(4) 发电机班应设专人监视桥机抱闸，发现滑钩等异常现象立即实施人工制动。

(5) 吊运过程中，禁止人员在起吊重物下随意行走或停留。

(6) 起重人员要求着装整齐，手势明确，哨声响亮准确。

(7) 上机架内所有无固定物品要妥善处理，防止高空坠物。

(8) 发电机班应设专人监护上机架各支腿，起重留 4 人负责与指挥人员联系。

(9) 专人负责监护滑环处的间隙，起重设专人负责此处，防止刮到滑环。

（10）起落过程中应小起小落，严禁大起大落。

（11）起落过程中上机架的工作人员必须系好安全带，预防高处坠落。

（12）上机架吊出后，设置必要的安全警示牌和围栏，确保人员安全。

（四）危险点分析及预防控制措施

上机架吊装作业危险点分析及预防控制措施如表 2-13-1 所示。

表 2-13-1　　上机架吊装作业危险点分析及预防控制措施

危险点	可能产生的后果	预防控制措施
吊装带断裂	损坏吊装带	棱角处做好保护
起吊不平，造成卡、碰	损坏设备	找好中心后，应一点一点缓慢起升
吊车溜钩	伤人及损坏设备	吊车上设专人监护抱闸
刮碰围栏	损坏围栏及设备	要是跨机组吊装，一定要起升安全高度后在行走

二、发电机转子吊装作业

以某发电厂发电机转子（295.5t）吊装作业为例，介绍转子吊装作业过程。

（一）材料工器具准备

特制平衡梁 1 个；活搬子 2 把及撬棍 2 根；特制钢支墩 22 个；1500mm×50mm×8mm 木板条 22 根。

（二）吊装工艺

1. 起吊前准备工作

（1）桥机两小车并车试验，确保 2 台主钩动作同步。

（2）平衡梁各部检查（包括处理）认为无问题。

（3）桥式起重机制动装置调整，加设保险杠杆 2 根，吊车全面检查。

（4）挂上平衡梁后检查吊车同步性，调整平衡梁水平，卡环去锈。

（5）准备好转子专用支墩，每个支墩上端面配置一块 5cm 厚木板，用以防滑和调节水平，并调整好水平。

（6）作业人员要详细分工，并统一指挥。

（7）人员分工如下：起吊司机 1 人，副司机 1 人，监护人员 2 人，桥机上设有机械、电气监护人员各 1 人，现场总指挥 1 人，起重指挥 1 人，转子下监护起吊 1 人，监护空气间隙持板条工作人员 22 人。

2. 起吊工艺

当一切准备就绪后即可进行起吊，当转子吊起 50～100mm 时停止，检查制动及吊车平衡梁等情况，无问题后继续起升 200～300mm，停止后点动下落 2～3 次，检验起升机构的制动装置是否可靠,当一切正常后即大幅度起升到安全行走大车的高度,最后走动小车使转子偏向主机间上游,按指定的吊运通道行走,吊往检修间下落,用支墩垫好放平,待转子稳定后拆除平衡梁放置指定的地方。转子吊装如图 2-13-2 和图 2-13-3 所示。

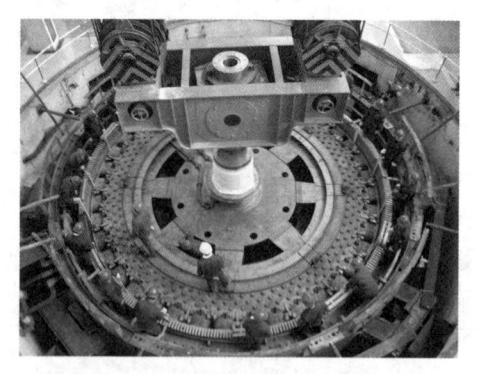

图 2-13-2　发电机转子吊装图(一)

图 2-13-3　发电机转子吊装图(二)

(三)注意事项

(1)指挥与司机联系信号清楚、响亮,事先进行配合训练,专人指挥。

(2)转子挂设牢固可靠,平衡梁调整好水平。

(3)转子起吊中心不正,挂碰定子。

(4)插板人员应精力集中,如有发卡现象,及时报告。

(5)有专人监护抱闸,防止溜钩。

(6)电气部分设专人监护。

(7)发生异常信号,司机必须立即停车;桥机司机对任何人发出的紧急停止信号均应服从。

(8)起升和下落应缓慢,不能产生大的冲击载荷。

三、危险点分析及预防控制措施

发电机转子吊装作业危险点分析及预防控制措施如表 2-13-2 所示。

表 2-13-2　　发电机转子吊装作业危险点分析及预防控制措施

危险点	可能产生的后果	预防控制措施
吊车行走	伤人及损坏设备	禁止边行走边落钩,将大车调整到空地上再落钩,行走时车下禁止有行人及设备
吊钩落钩	压坏物件和伤人	禁止无关人员进入作业范围,指挥人员随时检查吊钩降落情况

续表

危险点	可能产生的后果	预防控制措施
卡环安装	1. 挤伤手指; 2. 大锤伤人; 3. 吊钩溜钩	1. 减少人力操作使用吊车或撬棍放入卡环; 2. 工具选择严格要求,操作准确,加强自我防护和监护
平衡梁水平度不好	卡鳖操作油管或刮碰定子	随时调整平衡梁的水平度
吊钩中心不正	卡鳖操作油管或刮碰定子	随时调整吊钩中心
抱闸失灵	跑溜钩伤人及损坏设备	设置专人监护
电气故障	转子悬在空中无法操作	找有关人员进行修理
司机误操作	发生人身及设备损坏事故	加强对桥机司机的岗位培训,提高操作技能,持证上岗

四、下机架吊装作业

以某发电机下机架（125.6t）为例,介绍其吊装过程。

（一）材料工器具准备

ϕ43mm、长 24m 双头钢丝绳 4 根;高垫墩 12 个;调整和监护抱闸用扳手和撬棍各 2 个;溜绳（尼龙绳）2 根。

（二）起吊工艺

用 ϕ43mm、长 24m 钢丝绳 4 根,对称挂 4 根大腿的内孔,形成 16 股绳,吊起前应注意拆除基础螺栓和销钉,吊起时注意机架腿上的基础板不能刮固定挡风板的角钢,起吊中吊车上要设专人监护刹车装置,越垮机组吊出往安装间停放时要吊到足够高程再走大车。下机架落下时,用木墩稳定垫好,回装时起吊工艺与此相同。

下机架吊装如图 2-13-4 所示。

（三）注意事项

（1）中心不正,挂碰固定挡风板的角钢。
（2）有专人监护抱闸,防止溜钩。
（3）检查螺栓和销钉是否全部拆除。
（4）起升缓慢,不能产生大的冲击载荷。
（5）按吊运通道行走大、小车。
（6）机架腿与钢丝绳接触的棱角处要做好防护。

（四）危险点分析及预防控制措施

下机架吊装作业危险点分析及预防控制措施如表 2-13-3 所示。

图 2-13-4 下机架吊装图

表 2-13-3　　　　下机架吊装作业危险点分析及预防控制措施

危险点	可能产生的后果	预防控制措施
吊车行走	伤人及损坏设备	禁止边行走边落钩，将大车调整到空地上再落钩，行走时车下禁止有行人通过
吊钩落钩	压坏设备和伤人	禁止无关人员进入作业范围，指挥人员随时检查吊钩降落情况
司机误操作	发生人身及设备损坏事故	加强对桥机司机的岗位培训，提高操作技能，持证上岗
吊钩中心不正	造成卡碰	随时调整吊钩中心

【思考与练习】

1. 发电机转子吊装有哪些注意事项？
2. 上机架吊装过程的工具应如何选用？
3. 下机架吊装有哪些注意事项？
4. 吊车抱闸失灵可能会产生什么后果？如何预防？
5. 吊车司机误操作可能会产生什么后果？如何预防？

国家电网有限公司
技能人员专业培训教材　水电起重工

第十四章

水轮机主要部件拆装

▲ 模块 1　水轮机结构组成及典型部件起重拆装（ZY5600706001）

【模块描述】本模块介绍水轮机结构组成。通过图片、模型介绍和讲解，掌握水轮机主要部件拆装操作过程。同时，介绍水轮机主要部件的起重拆装。通过图例讲解和介绍，能够掌握水轮机主要部件起重作业工艺过程、工具准备及注意事项。

【模块内容】

一、调速环吊装作业

以某水电厂水轮机组控制环（13t）吊装作业为例，介绍其起重作业过程。

（一）工器具准备

ϕ22mm、长 10m 双头钢丝绳 4 根；7.5t 卡扣 4 个；铁支墩 4 个。

（二）起吊工艺

吊控制环用 ϕ22mm 钢丝绳分 4 点对称挂钩，挂点用 7.5t 卡扣 4 个，卡在控制环里圈对称 4 个吊孔上，控制环在起吊时首先找好吊车中心，吊绳找齐。检查连杆的方向是否在同一方向，并紧靠在控制环本体上，防止挂碰拐臂等，然后缓慢起吊，待吊出止口时方可大起。回装中应找好水平，对好中心，特别注意不要碰坏抗磨板。越垮机组吊出往安装间停放时要吊到足够高程再走大车。落下时要缓慢，落下垫平。

控制环吊装作业如图 2-14-1 所示。

（三）注意事项

（1）指挥与司机联系信号清楚，响亮，专人指挥.

（2）起吊前注意不要碰坏抗磨板。

（3）发生异常信号，司机必须立即停车。

（4）控制环找平后，方可起吊。

（5）下落时应缓慢，落好垫平。

图 2-14-1　控制环吊装作业

（四）危险点分析及预防控制措施

控制环吊装作业危险点分析及预防控制措施如表 2-14-1 所示。

表 2-14-1　　　控制环吊装作业危险点分析及预防控制措施

危险点	可能产生的后果	预防控制措施
吊车行走	伤人及损坏设备	禁止边行走边落钩，将大车调整到空地上再落钩，行走时车下禁止有行人及设备
吊钩落钩	压坏地面和伤人	禁止无关人员进入作业范围，指挥人员随时检查吊钩降落情况
司机误操作	发生人身及设备损坏事故	加强对桥机司机的岗位培训，提高操作技能，持证上岗
吊钩中心不正	造成抗磨板损坏	随时调整吊钩中心

二、水轮机主轴吊装作业

以某发电厂水轮机主轴（38t）吊装作业为例，介绍其起重作业过程。

（一）材料工器具准备

ϕ34mm、长 8m 双头钢丝绳 4 根；特制吊环 4 个（包括两个螺栓）；5t 手动葫芦 1 个，挂葫芦的钢丝绳 2 根；操作油管吊盖 1 个（特制）；垫木 4 块（50mm 厚木板）。

（二）起吊作业

起吊用 ϕ34mm、8m 双头钢丝绳 4 根，挂成 16 股，当把水轮机轴吊起 500mm 后，把操作油管下法兰螺栓松开，然后继续起钩（事先把操作油管已挂到 5t 手拉葫芦上）把主轴与操作油管一起吊出，如图 2-14-2 所示。如果要单独抽出操作油管，应放下主钩后用电葫芦单独吊出放倒。

注意：在主轴起吊后而操作油管法兰螺丝没有松开前，挂在操作油管上的 5t 手拉葫芦不能受力。

（三）注意事项

（1）对好吊车中心，吊绳找齐。

（2）拆出螺栓连接后，缓慢起吊。

（3）安装主轴平台时。注意自我防护。

（4）下落时应缓慢，落好垫平。

（四）危险点分析及预防控制措施

水轮机主轴吊装作业危险点分析及预防控制措施如表 2-14-2 所示。

图 2-14-2　水轮机主轴吊装作业

表 2-14-2　　水轮机主轴吊装作业危险点分析及预防控制措施

危险点	可能产生的后果	预防控制措施
吊车行走	伤人及损坏设备	禁止边行走边落钩，将大车调整到空地上再落钩，行走时车下禁止有行人及设备
吊钩落重物	压坏地面和伤人	禁止无关人员进入作业范围，指挥人员随时检查吊钩降落情况
司机误操作	发生人身及设备损坏事故	加强对桥机司机的岗位培训，提高操作技能，持证上岗
吊钩中心不正	造成卡碰操作油管	随时调整吊钩中心
高处坠落	伤人	上下爬梯应做好自我保护

【思考与练习】

1. 试述水轮机调速环和主轴起吊的工艺方法。
2. 水轮机主轴吊装有哪些注意事项？
3. 水轮机主轴吊装危险点及预防措施有哪些？

第十五章

脚手架搭设

▲ 模块1 脚手架的搭设（ZY5600707001）

【模块描述】本模块介绍脚手架搭设方法，通过图例介绍，能够掌握脚手架绑结所需材料；了解脚手架的结构、要求及绑结方法以及脚手架使用时注意事项和脚手架拆除方法及注意事项。

【模块内容】在水电厂的许多设备安装和检修过程中，需要搭设脚手架以便施工，要求脚手架必须具有足够的坚固性和稳定性，以保证安全生产。脚手架的种类很多，按所用材料不同可分为木脚手架、竹脚手架、型钢脚手架、金属组合脚手架等；按脚手架的形状不同可分为单面架子、双面架子、四面架子、圆形架子、吊架及特殊形状架子等，无论何种形状架子都是以单面架子为基础。根据水电厂施工特点和要求，搭设木脚手架较为方便，而且符合安全生产要求。因此，本模块主要介绍木脚手架—单面架子的绑结方法。

一、脚手架绑结所需材料

（一）脚手杆

脚手杆是指搭设脚手架时用的杆子。应选用剥皮的杉木或硬木，凡是腐朽、裂纹、弯度较大等缺陷的木杆禁止使用。一般常用规格为：站杆、大横杆长度为6~10m，小横杆长度为2~3m；一般小头的有效直径不小于60mm，大头不大于150mm。

（二）脚手板

脚手板是指脚手架上所铺的板子，也叫跳板。应选用杉木或松木等木板作为脚手板。凡是腐朽、扭曲、破裂、大横透节等缺陷的杉木或松木板等禁止使用。一般使用规格为：长度为2~6m，宽度为200~300mm，厚度为50mm。脚手板应满铺，不准有空隙和探头板。脚手板与墙面的间距不得大于200mm，脚手板搭接长度不得小于200mm。对头搭接处应设双排小横杆。双排小横杆的间距不大于200mm，在架子的拐弯处，脚手板应交错搭接，脚手板应铺设平稳，脚手板和脚手架相互间连接牢固，脚手板的两头均应放在横杆上并且固定牢固。脚手板不准在跨度中间有接头，不准有探头板。

(三) 铁线扣

1. 铁线扣的制作

绑脚手架的铁线一般选用直径为 4mm 的 8 号铁线, 铁线扣的长度应根据脚手杆粗细而定, 一般长为 1.5m 左右, 其制作方法为右手在上, 左手在下弯成直径为 15mm 左右的圆圈, 与所用钎子棍粗细相适应, 两铁线的宽度与横杆粗细相适应。一般宽为 100mm 左右, 如图 2-15-1 所示。

图 2-15-1　铁线扣制作示意图

2. 铁线扣的绑法

铁线扣的绑法有平插、斜插及顺扣绑结法。平插和斜插绑结法用于站杆和横杆的绑结, 顺扣绑结法用于木杆的接长, 斜支杆和十字杆与站杆或横杆相交处的绑结。

平插绑结法 (见图 2-15-2) 是将铁线卡住横杆, 两铁线头分别从站杆右侧的上部和下部插过去, 绕过站杆, 从站杆左侧拉回来, 使铁线、横杆和站杆三者之间靠紧, 站杆背面的两根横铁线的宽度与横杆直径相等或稍小。左手拉紧铁线, 使其压到铁线圈上, 右手将钎子棍穿入铁线圈, 用力拧一圈半左右, 即可绑牢。

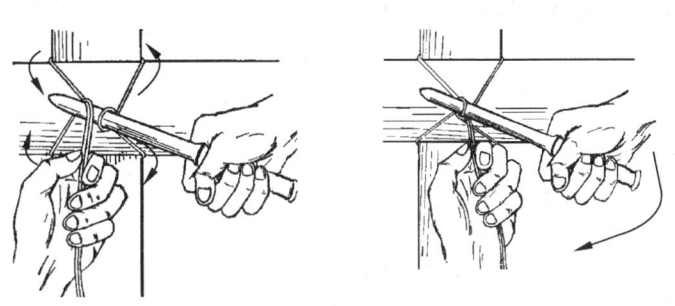

图 2-15-2　平插绑结法

斜插绑结法 (见图 2-15-3) 是将铁线卡住横杆, 两铁线头分别由横杆与站杆的左上角和右下角处插过去, 绕过站杆背面, 分别由横杆与站杆的右上角和左下角拉回来, 左手拉紧铁线, 使其压到铁线圈上, 右手将钎子棍穿入铁线圈, 用力拧一圈半左右, 即可绑牢。

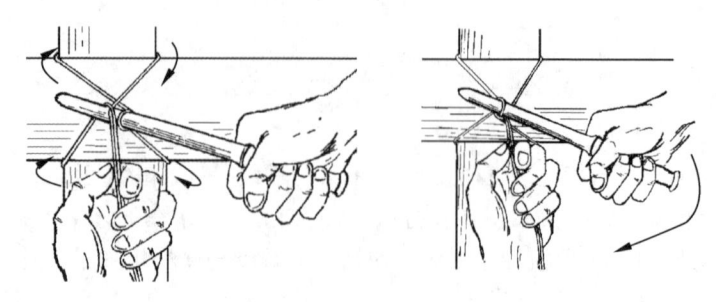

图 2-15-3　斜插绑结法

顺扣绑结法（见图 2-15-4）是将铁线扣的两铁线宽度接近为零，从被绑杆子右侧插过去，绕过背面，从左侧拉回来，左手拉紧铁线，使其压到铁线圈上，右手将钎子棍穿入铁线圈，用力拧一圈半左右，即可绑牢。

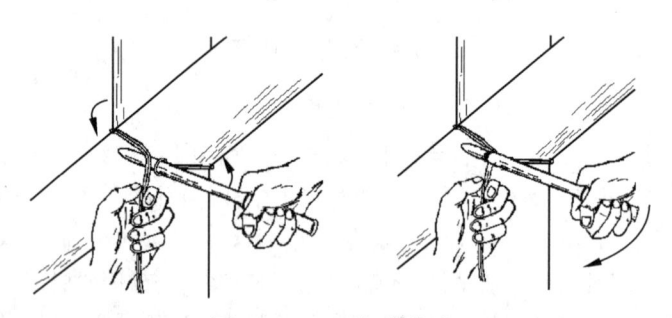

图 2-15-4　顺扣绑结法

二、脚手架的结构、要求及绑结方法

1. 脚手架结构和要求

脚手架（见图 2-15-5）一般由站杆、大横杆、小横杆、斜支杆、扫地杆和十字杆组成。

站杆是指与地面相互垂直的杆子，是脚手架的主体，起着支撑作用。站杆之间的间距为 1.5m，与建筑物的距离要适应，一般为 1.3m 左右。站杆的下端要埋入地下，当遇到混凝土地面或地势凹凸不平时，改用绑扫地杆的方法来连接站杆的底部。

大横杆是指与地面平行的杆子，起着连接作用。横杆之间的间距为 1.2m，绑结时大横杆的大头要超出站杆外侧 200mm。两横杆相接时，必须小头压在大头上，并且交错 1.7m 以上，绑扎不少于 3 道，其接点位置上下两部要错开，不要放在同一个空里。多根大横杆连接时，第一步第二根大横杆的大头向右，第二步第二根的大头则向左，根根依次交错，但是架子最外侧的大横杆都必须把大头放在外侧。

小横杆绑在大横杆的上面，与地面平行，间距为 0.75m，起着支撑脚手板的作用。

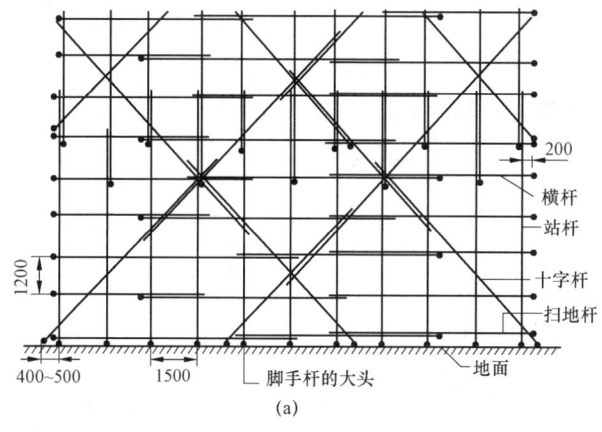

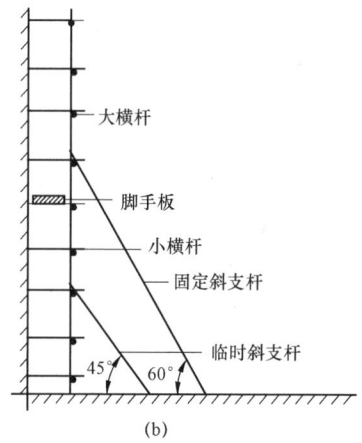

图 2-15-5 单面架子结构示意图
(a) 正面；(b) 侧面

斜支杆在脚手架子中起着稳定架子结构的作用，与地面的夹角在 45°～60°之间。第一步横杆绑完后要绑临时斜支杆，以防脚手架倾倒，其位置在离地面 2.5m 处。在第四步横杆绑完后，在其上 1.5m 左右绑上固定斜支杆。斜支杆的距离不应超过七根站杆。

十字杆在脚手架中起着固定和稳固架子的作用，防止整个架子扭到，其宽度不应超过 7 根站杆，绑扎时大头触地，并且伸出两边站杆外侧 400～500mm，接头必须绑在两根站杆上，最顶端接杆要大头从上。

2. 脚手架绑结方法

脚手杆运至现场后，应进行分类，总的原则是大料用在下面、小料用在上面，根据脚手架的用途，确定搭设的形状和位置，无论哪种脚手架搭设时都要做到横平竖直，以单面脚手架为例介绍绑扎法。

在确定绑扎位置后，用绳子拉出与建筑物平行的直线，并用石灰点出站杆的位置，以保证站杆在同一直线上，第一步是将横杆顺在站杆上进行绑结，以后横杆邦法依次进行。然后在紧靠两侧站杆的外面及脚手架的两端都要绑扎临时斜支杆，以保证脚手架稳定和不倾倒。在绑第二步横杆前检查站杆是否与地面垂直，如果不直，注意调整。第三、四步横杆绑法与第一步一样。第四步横杆绑完后，开始绑扎十字杆，十字杆通过站杆和横杆的所有接点应绑好，以保证脚手架的稳定。十字杆绑完后，开始绑固定的斜支杆，当脚手架超过 8m 以后，无法绑斜支杆时，要使脚手架与建筑物连接牢固。

三、脚手架使用时注意事项

（1）脚手架不准超载使用，每平方米不超过 2500N，起重时另设工具吊装。

（2）每次使用前，设专人检查脚手杆、脚手板及铁线扣的安全可靠性，不得有松动或不稳定因素。发现有不安全因素时，应及时处理，以免发生危险。

（3）在架子上工作时，要系好安全带；妥善放置工具，防止落物伤人；上下传递物品要使用安全绳，不得抛掷。

（4）脚手架的梯子、斜道和安全栏要保证安全可靠，梯阶的间距不大于 400mm，斜道不许缺防滑木条，安全栏不小于 900mm。

四、脚手架拆除方法及注意事项

（1）拆除脚手架之前在其周围设围栏，悬挂标示牌。拆除期间要注意架子是否有松懈、倾倒等危险情况。

（2）拆除脚手架时要本着"先绑的后拆，后绑的先拆"的原则，拆除的顺序一般为：护身栏杆、十字杆上部各扣、脚手扳、小横杆、大横杆、斜支杆、站杆等。

（3）拆除脚手架应由上而下分层进行，不准上下层同时作业，拆下的构件用绳索捆牢并用起重设备吊下，不准向下抛掷，不准采取将整面架子推倒或先拆下层支柱的方法。

（4）在电力线路附近拆除时，应保持足够的安全距离，做好防止触电（包括感应电）和损坏线路的措施。

【思考与练习】

1. 脚手杆的定义及要求是什么？
2. 脚手板的定义、规格及要求是什么？
3. 什么叫平插和斜插绑结法？
4. 脚手架由哪几部分组成？
5. 脚手架使用时有哪些注意事项？
6. 脚手架拆除的方法及注意事项是什么？

第十六章

建筑构件的捆绑

▲ 模块1 建筑构件的绑扎方法（ZY5600708001）

【模块描述】本模块介绍建筑构件绑扎。通过模型图片讲解和介绍，了解常见建筑构件的形式，掌握建筑构件吊点的选择；掌握绑扎建筑构件的方法和要求；掌握建筑构件的吊装方法；掌握典型构件的绑扎与吊装。

【模块内容】

一、常见建筑构件形式

按照材料性质划分，常见建筑构件可分为钢结构构件、混凝土构件。按照使用要求，构件外形多种多样，有H形柱、十形柱、形柱、牛腿柱、箱形梁、T形梁、钢屋架、混凝土屋架等，其截面形式如图2-16-1所示。

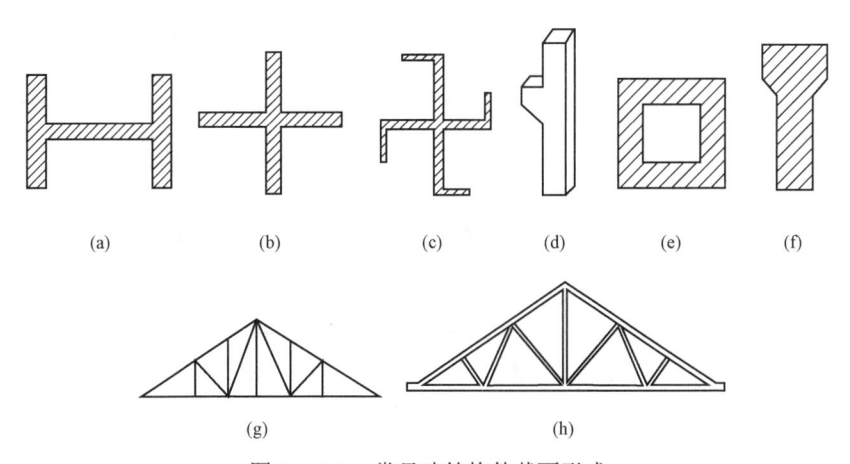

图2-16-1　常见建筑构件截面形式

（a）H形柱；（b）十形柱；（c）形柱；（d）牛腿柱；（e）箱形梁；
（f）T形梁；（g）钢屋架；（h）混凝土屋架

二、建筑构件吊点选择

建筑构件吊装时，一般要求是将构件平稳地吊装至指定位置。常见吊装形式有两种：

一是将水平摆放的构件吊起后，升高、旋转、就位到指定位置（简称水平吊装），如箱形梁、T形梁、钢屋架、混凝土屋架的吊装等。

二是将水平摆放的构件吊起后，垂直旋转90°，吊装至指定位置（简称旋转吊装），如立柱的吊装等。

1. 形状规则的建筑构件吊点选择

形状规则的建筑构件是指在构件全部长度范围内，垂直于轴心的各个截面形状、面积全部相同的构件。这类构件的重心就是其形心，即构件长度的一半位置。知道了构件重心位置，吊点的选择就很容易了。

一般情况下，形状规则的建筑构件水平吊装时，选择两点吊装，应控制吊钩的垂直延长线通过构件重心，同时考虑构件的长细比，保证构件的变形在弹性变形范围内。满足了这两个条件的吊点区域，即为该构件的最佳吊点位置。两吊点相对于构件重心应基本对称。通常吊点并非是确定的一个位置，而是有一个范围，在此范围内的任一位置，只要满足上述条件，均可作为吊点使用。进行旋转吊装时，选择两点吊装，控制吊钩的垂直延长线通过构件重心，旋转时，一个吊点的吊绳要缓慢地放松，直至构件垂直。同时，两吊点尽可能接近构件两端，以保证构件旋转后，其轴线尽可能垂直于地面，如图2-16-2所示。

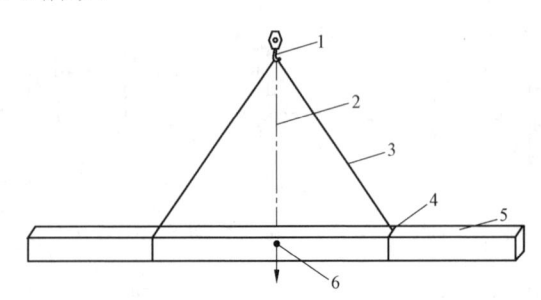

图2-16-2 规则形状建筑构件吊点选择示意图
1—吊钩；2—吊钩的垂直延长线；3—千斤绳；4—千斤绳绑扎点（简称吊点）；
5—形状规则构件；6—构件重心

2. 形状不规则的建筑构件吊点选择

形状不规则的建筑构件是指在构件全部长度范围内，垂直于轴心的各个截面形状、面积不完全相同的构件。

形状不规则的建筑构件水平吊装时，大多选择两点吊装方式。当构件长度较长、结构强度较弱时，可考虑三点、多点吊装，或采用平衡梁方式。不论采取何种吊装方式，确定吊点时均应考虑平衡、对称。确定吊点步骤如下：

（1）目测构件形状，确定构件重心，确定吊装方式。

（2）相对于构件重心，考虑构件结构强度，基本对称布置千斤绳。

（3）绑扎千斤绳，试吊，如发现偏重时，及时放下，调整吊点位置。构件基本平衡后，方可进行吊装作业。

三、绑扎建筑构件的方法和要求

1. 钢结构柱的绑扎

钢结构柱通常具有足够的强度和稳定性，一般情况下不需要再验算其强度和稳定性。钢结构柱绑扎时，应首先明确其重心位置，吊点必须位于其重心之上。否则吊装时，钢结构柱将倾翻。现场操作时，通常绑扎钢结构柱顶部（见图 2-16-3）、牛腿柱的牛腿附近（见图 2-16-4）、格构式钢柱的挡板处（见图 2-16-5）。

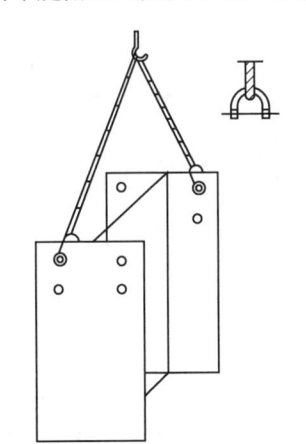

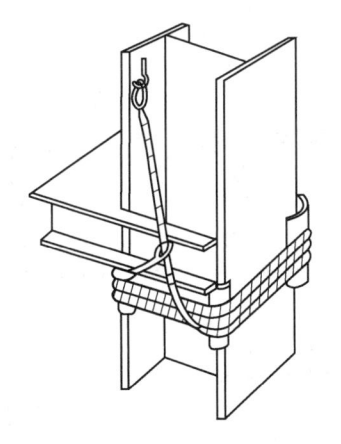

图 2-16-3 绑扎钢结构柱顶部　　图 2-16-4 绑扎牛腿的附近　　图 2-16-5 绑扎钢柱的挡板处附近

2. 钢结构桁架的绑扎

钢结构桁架吊装前，应参考钢结构桁架制作、安装图样，明确其重量、结构形式、几何尺寸、安装地点的周边环境等情况。综合考虑各项因素，确定吊装绑扎方法及钢结构桁架的结构稳定性（特别是细长杆件组成的平面结构）。必要时应进行验算，避免钢结构桁架弯曲或局部塑性变型。

一般情况下，跨度小于 18m 的钢结构桁架可用一个吊点进行吊装，绑扎在钢结构桁架顶部节点或中间位置，必要时应做加固，如图 2-16-6 所示。

跨度为 18～30m 的钢结构桁架可用单钩双吊点绑扎在钢结构桁架跨中相邻两节点

处。绑扎点应做加固处理，下弦杆根据计算做必要的处理，如图 2-16-7 所示。

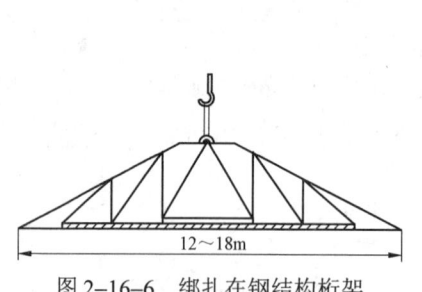

图 2-16-6　绑扎在钢结构桁架顶部节点或中间位置

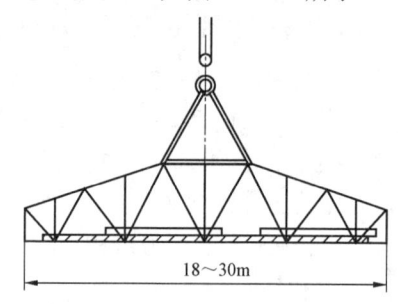

图 2-16-7　绑扎在钢结构桁架跨中相邻两节点处

跨度大于 30m 的钢结构桁架应采用两吊点或四吊点绑扎，用两台起重机双钩抬吊，或利用扁担梁由一台起重机单钩吊装。钢结构桁架的下弦杆、腹杆按照计算要求进行加固，如图 2-16-8 所示。

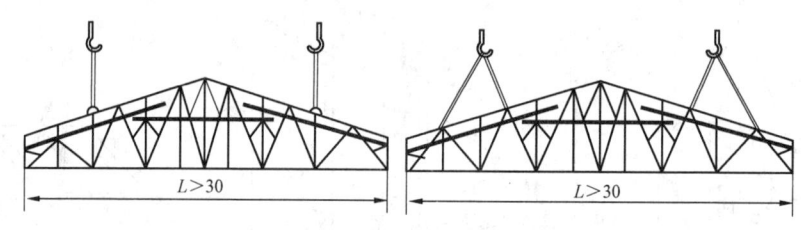

图 2-16-8　钢结构桁架下弦杆、腹杆加固

3. 预留吊点预制混凝土构件的绑扎

一般情况下，为便于混凝土构件的绑扎吊装，在构件预制时应设置吊环、预留孔。混凝土构件吊环、预留孔的形状、截面尺寸、位置应按照设计图进行加工、布置。吊装时，应利用吊环、预留孔进行吊装，不得随意改变（见图 2-16-9）。否则，由于吊点的不正确，混凝土构件内部的受力状况无法满是设计要求，从而引起混凝土构件断裂、裂缝，造成质量事故。

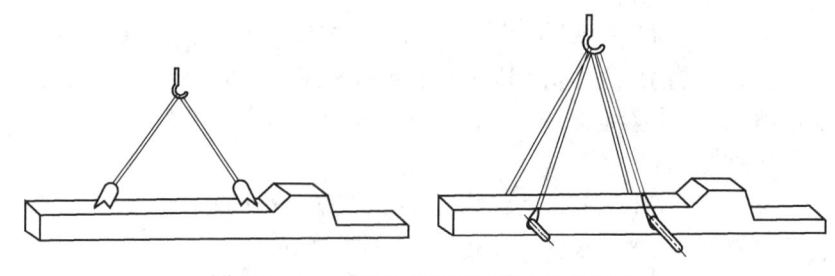

图 2-16-9　预留吊点预制混凝土构件绑扎

4. 预制混凝土柱的绑扎

混凝土柱安装就位时，将进行垂直起吊。未设置吊环、预留孔的混凝土柱垂直起吊时，应首先明确其重心位置，吊点必须位于其重心之上。否则吊装时，混凝土柱将倾翻。

当混凝土柱有牛腿时，通常绑扎在牛腿下部。使用一根千斤绳，单头绑扎方法是：千斤绳一端直接挂于钩头上，另一端选择适当规格的卸扣与千斤绳绳结联结，卸扣上可同时系上拉绳；千斤绳在柱子上绕一圈后，穿过卸扣。柱子起吊时，千斤绳自动收紧。柱子就位后，起重机降钩头，拉动拉绳即可松开千斤绳，使千斤绳沿着柱子滑下。柱子绑扎时，应在边角处垫以橡皮、木块、圆形护角（将直径相当的金属管剖开、边角处打磨光滑即可）或其他衬垫物，以保护千斤绳和混凝土柱。

使用一根千斤绳或两根千斤绳，双头绑扎方法是：选择适当规格的卸扣，千斤绳一端绳结与卸扣联结，千斤绳在柱子上绕一圈后，穿过卸扣。千斤绳另一端同样操作。两只卸扣对称布置于混凝土柱两面。千斤绳、卸扣绑扎方法如图 2-16-10 所示。使用此绑扎方法时，应注意两点：

一是千斤绳应有一定长度，防止千斤绳与混凝土柱干扰。

二是吊装时，应将千斤绳拉紧，防止吊装过程中绳结移位。

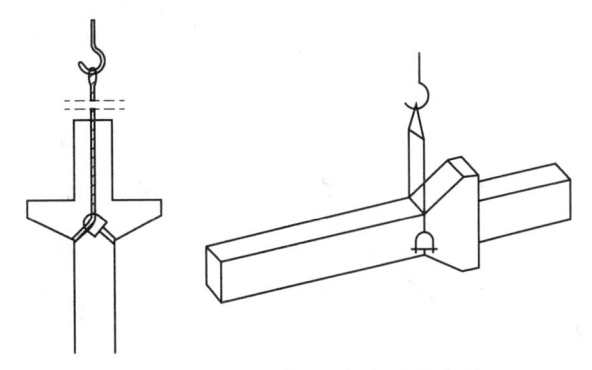

图 2-16-10　千斤绳、卸扣绑扎方法

5. 预制混凝土屋架的绑扎

预制混凝土屋架具有重量较大、外形尺寸较大、结构强度较弱等吊装特性。混凝土屋架的吊点应选择在节点上或靠近节点位置。屋架绑扎时应注意：

（1）千斤绳必须绑扎牢靠，对称布置。

（2）千斤绳与屋架上弦夹角不宜小于 40°。

（3）控制每根千斤绳长度，确保在吊装时，所有千斤绳同时受力。

（4）在吊点绑扎的同时，应同时系上拉绳，以便在吊装时稳定构件，防止构件过分摆动。

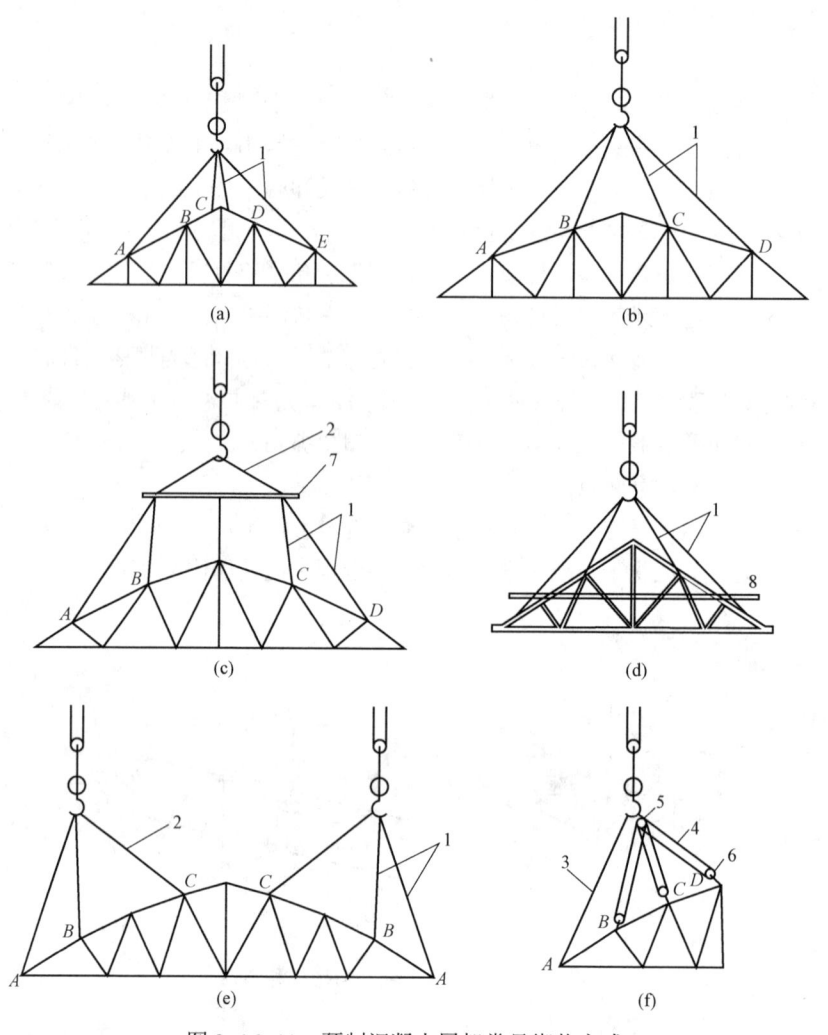

常见绑扎方式如图 2-16-11 所示。

图 2-16-11　预制混凝土屋架常见绑扎方式

(a) 18m 屋架；(b) 24m 屋架；(c) 30m 屋架；(d) 组合屋架；(e) 36m 屋架；(f) 半榀屋架的翻身

1—长千斤绳对折使用；2—单根千斤绳；3—平衡千斤绳；4—滑轮组中的千斤绳；
5—3 门滑轮组；6—单门滑轮组；7—铁扁担；8—加固木棍或型钢

四、建筑构件吊装方法

(一) 柱子的吊装

根据吊装过程中柱子的运动特点，柱子的吊装方法可分为旋转法和滑行法；根据使用起重机的数量，又可分为单机吊装和双机抬吊；根据柱子起吊后，柱身是否能保持垂直状态来分，又有直吊法和斜吊法。选用何种起吊方法，需根据柱子重量、长度、起重机械配备情况和现场具体条件而定。

1. 单机吊装

（1）旋转法。

起吊时，起重机回转、升钩头，使柱子绕柱脚垂直方向旋转直至吊起，将柱子垂直插入杯口，如图 2-16-12（a）所示。应用此方法时，应合理摆放柱子位置，使柱子的绑托点、柱脚和杯形基础三点，在以起重机回转中心为圆心的同一圆弧上（即起重机至三点的回转半径相同），如图 2-16-12（b）所示。该方法简单易行，多用于中、小型柱子的吊装。

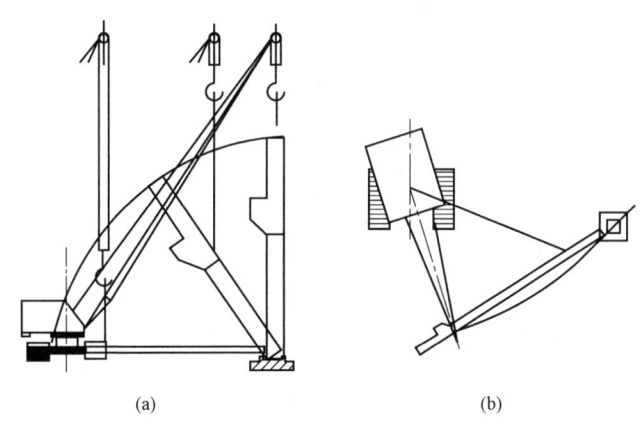

图 2-16-12　旋转法安装柱子
(a) 旋转过程；(b) 平面布置

（2）滑行法。

吊装时，起重机只升吊钩、使柱脚滑行而吊起柱子的方法称为滑行法，如图 2-16-13 所示。为减少柱脚与地面的摩擦阻力，可在柱脚下设置托板滚筒。该方法较为复杂，采用桅杆吊装或较重较长柱子吊装时才应用此法。

2. 双机抬吊

当柱子重量较大，或现场情况较为特殊，一台起重机无法满足起重需要时，可采用两台起重机抬吊。双机抬吊同样有旋转法和滑行法。旋转法、滑行法的基本要求类似于单机吊装，只是由两台起重机同时承担任务。

（二）屋架、梁的吊装

一般屋架、梁的吊装常采用单机吊装，其吊装方法、步骤基本相同。下面以混凝土屋架为例，说明其吊装步骤：

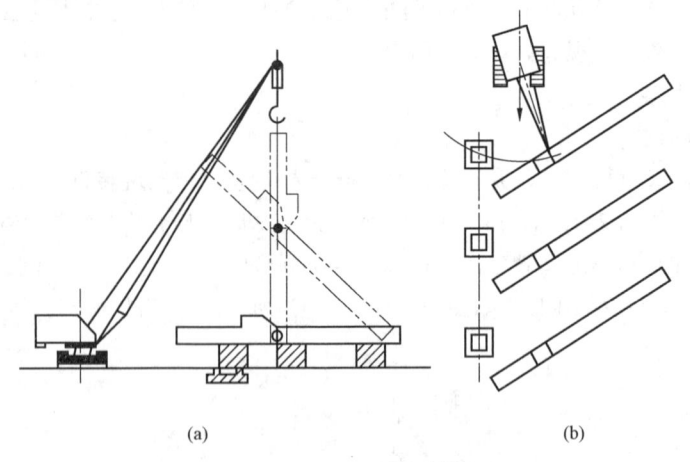

图 2-16-13 滑行法安装柱子
（a）滑行过程；（b）平面布置

1. 翻身

屋架在制作、运输时，通常采取平卧形式，吊装时，必须先将其直立。起吊时，起重机钩头基本对准屋架平面中心，缓慢升钩头、回转，使屋架以下弦为轴慢慢转动。当屋架接近直立状态时，起重机钩头应旋转到屋架下弦中心，缓慢升钩头，将屋架扶正并固定。整个翻身过程均应缓慢进行，防止屋架因冲击、摆动过大而造成损坏。

2. 单机吊装

先将屋架吊离地面 500mm 左右；将屋架中心对准安装位置中心，屋架斜放；然后起重机升钩头，屋架最底部超过就位位置后，拖动缆绳，水平旋转屋架，将其对准安装位置，降钩头，屋架就位并固定。

翻身和吊装的绑扎方法如图 2-16-14 所示。

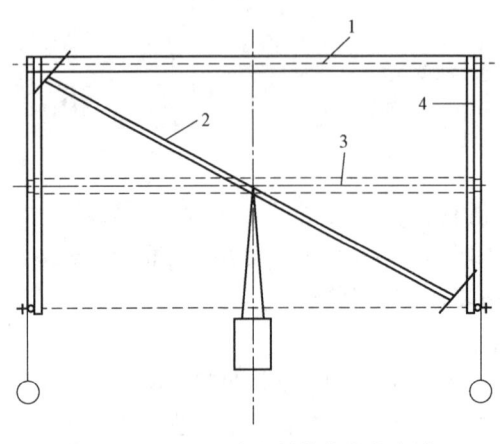

图 2-16-14 翻身和吊装的绑扎方法
1—已吊好的屋架；2—正吊装的屋架；
3—正吊装屋架的安装位置；
4—桥式起重机梁

五、牛腿柱子的绑扎与吊装

选择混凝土牛腿柱，结构形式如

图 2-16-15 所示。利用起重机将混凝土牛腿柱吊装就位。训练学员选择吊点、绑扎、吊装的操作能力。

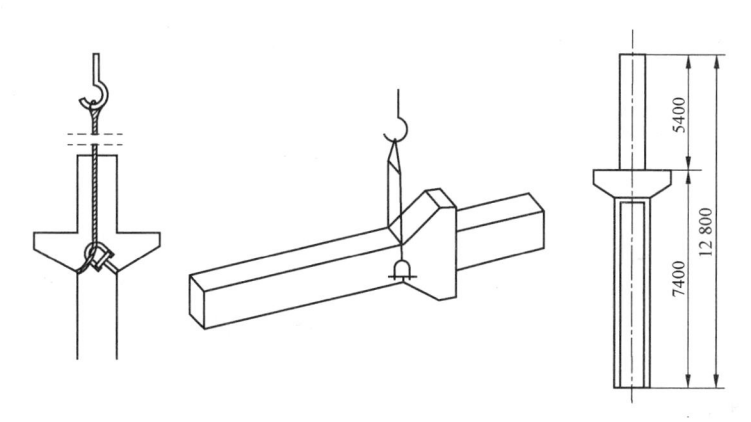

图 2-16-15　柱外形尺寸、绑扎、吊装图

1. 已知条件

本次吊装的实物为双跨牛腿柱，混凝土牛腿柱的质量约为 9600kg，下部尺寸为 400mm×400mm，外形尺寸如图 2-16-15 所示。施工现场为硬土，条件较好，起重机行驶不受限制。

2. 选择吊装方法

查阅安装图及现场实际状况，吊装方法确定为单机旋转法。

3. 确认起重机

起重机进场前，应先对施工现场进行勘测，综合考虑起重方法、起重机力矩、柱子就位位置、起重机行走方向、运输车辆的行走路线等元素，验证或选择起重机，确定起重机回转中心位置，确定回转半径。

根据已知条件，确定本次吊装的最大回转半径为 5m，选择 25t 汽车起重机。25t 汽车起重机工作性能为：工作幅度 R=5m，吊臂长度 L=15.25m，最大吊装高度为 14.5m 时允许起重量 $[Q]$=14.5t，可以满足吊装需要。

4. 选定吊点

本训练使用的是牛腿柱，其吊点一般选择在牛腿下部。柱子的重心位于吊点之下，满足吊点的设置要求。

5. 选择起重工具

本次吊装采用使用一根千斤绳，单头绑扎方法。根据柱子的重量，选用的起重机具见表 2-16-1。

表 2-16-1　　　　　　　　　　选 用 的 起 重 机 具

序号	机具名称	规格型号	数量
1	千斤绳	6×36+1–1400–13	2 根
2	卸扣	6.8	2 只
3	平衡梁		1 根
4	拉绳	麻绳	若干
5	保护用橡皮		若干

在吊装过程中，千斤绳将由垂直于牛腿柱的位置过渡到与牛腿柱轴线重合的位置，即牛腿柱上部将由千斤绳中间穿过。因此，两千斤绳之间加设平衡梁，以保证适当的距离。平衡梁由角钢、小型工字钢制成，并在平衡梁中间对称地打上若干个小圆孔，以适应不同尺寸的物体且利于挂系卸扣。

6. 吊装方案的编制

小型吊装可用吊装工艺卡、技术交底等，将方案以文字形式传达到相关人员。柱子的吊装属于小型吊装，指挥应将确定的吊装方案向各个操作人员交底。

7. 吊装步骤

（1）起重机就位。按照吊装方案，起重机停放在指定位置，垫好枕木，放支腿，将吊臂伸出至选定长度。

（2）绑扎柱子。

（3）选择平衡梁上合适吊装孔，利用卸扣固定平衡梁，将千斤绳挂在吊钩上。注意在千斤绳与柱子之间应垫好防护木块或橡胶。

（4）起重机边起升、边回转，使柱子绕柱脚缓慢旋转，直至吊起。将柱子底部吊离地面 200～500mm。

（5）保持柱子底部与地面的距离，控制在 500mm 以内。

（6）起重机缓慢回转，将柱子吊装至杯口正上方，降吊钩，将柱子缓缓插入杯口内。

（7）柱子初步固定，再降钩头，去除千斤绳，吊装结束。

【思考与练习】

1. 建筑构件吊装方法有哪些？
2. 预制混凝土屋架绑扎应注意哪些问题？
3. 牛腿柱子的绑扎与吊装方法有哪些？
4. 小型柱子适用何种方法进行单机吊装？
5. 简述双机抬吊方法。

第十七章

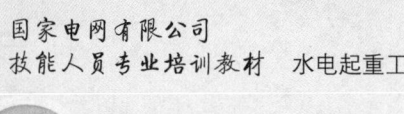

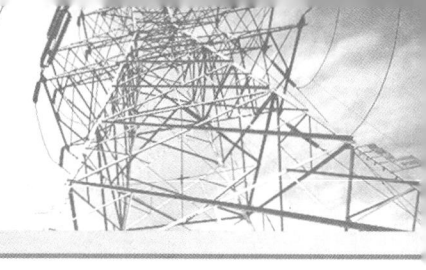

物件水平移动与装卸

▲ 模块 1 物件的水平移动（ZY5600709001）

【模块描述】本模块介绍小型物件短距离水平移动的基本操作方法以及安全注意事项。通过讲解和介绍，能够了解物件的滑移方法和简单的牵引力计算；了解物件的滚杠移动基本知识和牵引力简单计算。

【模块内容】

小型设备构件（以下简称物件）的水平移动，根据物件的重量和外形尺寸以及移动距离的长短、道路与场地环境、人员与设备工具条件的不同，有多种移动方式。

一、物件的滑移

1. 滑移的基本方法

（1）物件的滑移是指将物件放在滑道上，在机械或人力牵引下，克服滑动摩擦力，使物件沿一定方向移动的操作。一般用于物件的短距离搬运、装车或卸车等场合。由于物件不离开支撑面，因此滑移操作较安全。

（2）若需搬运的物件较轻，且搬运的距离较短，地面平整、光滑，则可直接在地面上拖动。

（3）如果需搬运的物件较重，且搬运距离又长，则可在现场制作拖排，将物件放在拖排上，牵引拖排使物件随着拖排一起滑动。也可用钢轨和枕木铺成走道，将拖排放在钢轨走道上，牵引拖排带动物件沿着钢轨滑移，如图 2-17-1 所示。为减少摩擦力，通常用钢轨作滑道，钢轨与物件之间放置滑板，并在钢轨上涂以黄油进行润滑。

2. 滑运物件牵引力计算

（1）水平地面滑运物件受力分析如图 2-17-2 所示，若要使物件向右滑移，则作用在物件上的力 F 必须克服物件与支撑面之间的摩擦力 $F_{摩}$ 物件才能移动，根据计算摩擦力的公式，水平地面滑运物件牵引力为：

$$F \geqslant F_{摩} = \mu N = \mu Q = \mu mg \qquad (2\text{-}17\text{-}1)$$

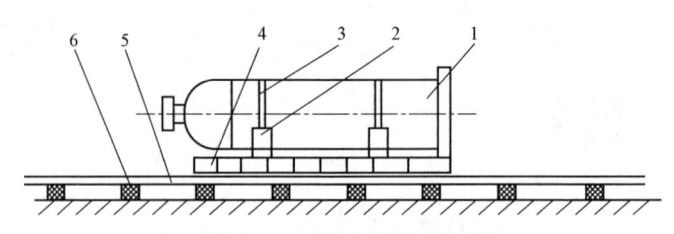

图 2-17-1 设备滑移示意图
1—设备；2—鞍座；3—拉紧带；4—拖排；5—钢轨；6—枕木

式中　F ——牵引力，N；
　　　μ ——滑动摩擦系数；
　　　N ——设备对支撑面的压力，N；
　　　Q ——设备的重量，N；
　　　m ——设备的质量，kg；
　　　g ——重力加速度，m/s²，$g=9.8$m/s²。

（2）斜坡滑运物件受力分析如图 2-17-3 所示，当物件在斜坡上滑运时，还要考虑重力在斜面平行方向上的分力，则斜坡滑运物件牵引力为：

1）当坡度很小时，$\cos\alpha\approx 1$，$\sin\alpha=1/n$，（$1/n$ 为坡度，上坡为正，下坡为负）：

$$F\geqslant mg(\mu\pm 1/n) \qquad (2\text{-}17\text{-}2)$$

2）由于地面不平，在计算滑移牵引力 F 时还应考虑地面不平系数 K_b 和起动附加系数 $K_起$（起动时的摩擦力要大于设备运动时的摩擦力）。一般取地面不平系数 $K_b=1.2\sim 1.5$，起动附加系数 $K_起=2.5\sim 5$，则式（2-17-2）为：

$$F\geqslant K_b K_起 mg(\mu\pm 1/n) \qquad (2\text{-}17\text{-}3)$$

木拖排在雪地上滑动，$\mu=1$；
木拖排在水泥地上滑动，$\mu=0.5$；
木拖排在土地上滑动，$\mu=0.55$；
钢板撬在雪地上滑动，$\mu=0.1$；
钢板撬在水泥地上滑动，$\mu=0.4$；
钢板撬在土地上滑动，$\mu=0.42$；
钢排在钢轨上滑动，加油时$\mu=0.04$，不加油时$\mu=0.1$。

3. 滑移的安全注意事项

（1）选择的道路要平整、畅通，路上的障碍物要事先清除掉。
（2）指挥人员必须和操作人员密切配合。

第十七章　物件水平移动与装卸

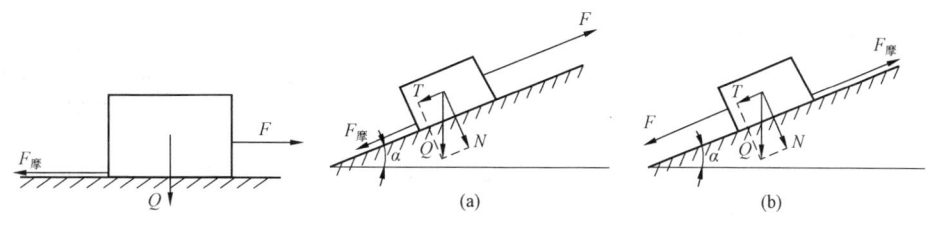

图 2-17-2　水平地面滑运物件受力分析示意图

图 2-17-3　斜坡滑运物件受力分析示意图
（a）斜面上滑；（b）斜面下滑

（3）设备牵引时，速度应平稳、缓慢。

（4）牵引设备的绳索位置不要过高，为避免搬运高大设备时出现摇晃或倾倒，可适当增加几根拖拉绳来增加设备的稳定性。

（5）搬运过程中遇有上下坡时，要用拖拉绳对设备加以牵制。

二、物件的滚杠移动

1. 滚杠移动的基本方法

（1）在物件水平搬运中，当物件较笨重时，把物件放在滚杠上滚要比滑省力，这是因为滚动摩擦力远小于滑动摩擦力。滚杠搬运物件就是利用滚动摩擦的原理，达到省力的目的。滚杠搬运在起重作业中，特别在短距离的移动作业中应用较多。利用滚杠来搬运物件时需要的机具有滚杠、拖排、牵引设备和滑车等。通常将物件放在拖排上，在拖排的下面铺设滚杠，如图 2-17-4 所示。

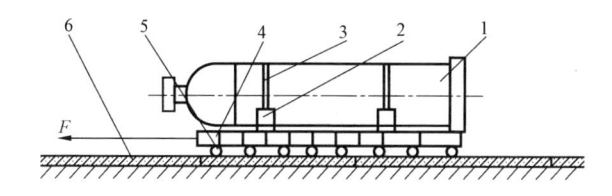

图 2-17-4　滚杠搬运示意图
1—设备；2—鞍座；3—固定设备的拉紧带；4—拖排；5—滚杠；6—枕木

（2）当物件搬运的沿线地面为平整的水泥路面，物件的底面为光滑、平整的金属面，而且在搬运过程中物件将不会产生变形时，可以将物件直接放在滚杠上，然后通过牵引物件，使物件在滚杠上向前滚运。

（3）如果物件有包装箱，且包装箱底板有一定的强度，则可以将滚杠放置在包装箱与水泥路面之间进行滚运物件，如图 2-17-5 所示。

（4）当路面不结实时，可以在地面上铺上木板、枕木或钢板作为走板，防止滚杠陷入路面中影响滚运。无论是木板、枕木走板还是钢板走板，在两块走板的搭头处应交叉一部分，以免滚杠掉在走板的间隙中，如图2-17-6所示。

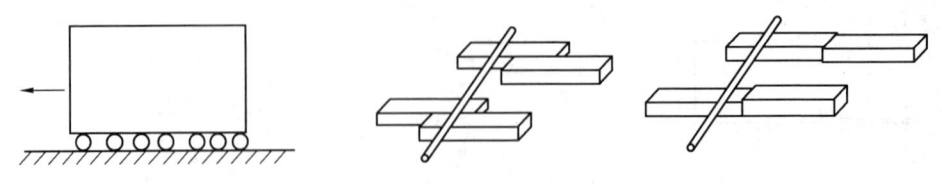

图2-17-5 滚杠直接放置在物件与水泥地面之间

图2-17-6 走板的摆放

（5）当被搬运的物件底面虽然为金属面，但底面高低不平时，则应将物件放置在拖排上，物件与拖排绑扎固定在一起，拖排下面放置滚杠，牵引拖排，使物件向前滚运，如图2-17-7所示。

（6）滚杠的选择应由被搬运物件的重量、外形尺寸等情况。滚杠的粗细、数量以及间距与被搬运物件的重量有关。一般被搬运物件的重量较

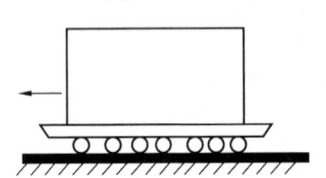

图2-17-7 滚杠放置在拖排与走板之间

大，应选用较粗的滚杠。滚杠的长短应视被搬运物件的外形尺寸而定，一般滚杠的长短以其两端伸出物件底面300mm左右为宜，且滚杠的长短、粗细应基本一致。一般搬运质量在30t以下物件选用ϕ76mm×10mm的无缝钢管，搬运物件质量在30～50t时选用ϕ108mm×12mm的无缝钢管，搬运物件质量在50t以上时要在ϕ108mm×12mm的无缝钢管内灌满沙子，捣实后将管子的两端封住，或在钢管内灌满混凝土。

（7）滚杠的摆设方向应与物件走向一致，滚杠的端头放整齐。当直线运动时，滚杠垂直于走向。当拐弯时，滚杠应摆成扇形，并随时改变移动的方向。转弯半径较大时，则滚杠间的夹角应小一些，转弯半径较小时，则滚杠间的夹角应大一些。在物件搬运过程中发现滚杠不正时，可以用大锤敲击滚杠以调整转弯角度，如图2-17-8所示。

2. 利用滚杠移动物件时牵引力的计算

（1）水平地面滚运物件。

若滚杠的直径为D，滚杠上承受的压力为Q，要使滚杠转动，作用在滚杠最高点的牵引力F必须克服滚杠上、下的滚动摩擦力矩才能使滚杠转动，如图2-17-9所示。水平地面滚运物件时，滚杠上所需牵引力的计算公式为：

$$F \geqslant \frac{Q}{D}(\delta_1 + \delta_2) \qquad (2\text{-}17\text{-}4)$$

式中 F——牵引力，N；

Q——物件作用在滚杠上力，N；

D ——滚杠的直径，mm；
δ_1 ——滚杠与滚道之间的滚动摩擦系数，mm；
δ_2 ——滚杠与拖排之间的滚动摩擦系数，mm；如果物件底面直接放在滚杠上时，δ_2 为滚杠与物件底面之间的滚动摩擦系数。

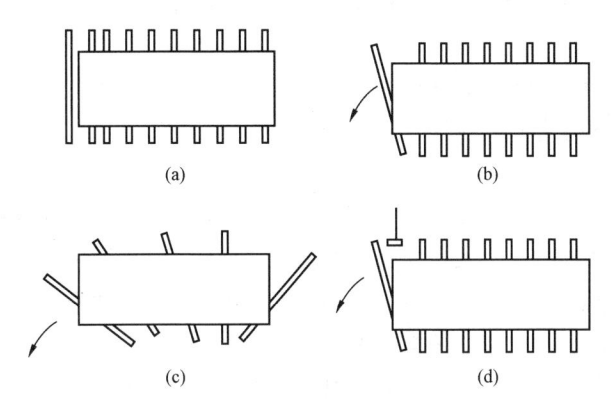

图 2-17-8　滚杠摆放的形式
(a) 直线行走；(b) 大转弯行走；(c) 小转弯行走；(d) 用大锤调整拐弯角度

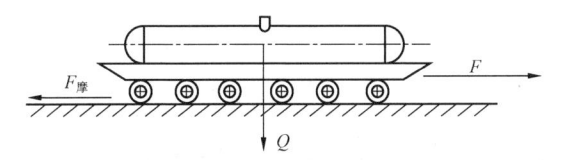

图 2-17-9　水平地面滚运物件受力分析示意图

(2) 斜坡滚运物牵引力的计算。

如图 2-17-10 所示，当物件在斜坡上滚运，在计算滚运牵引力时，还要考虑物件重力在斜坡方向上的分力，则斜坡滚运物件牵引力的计算公式为：

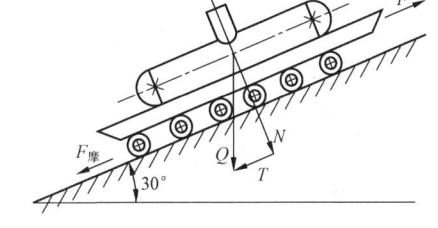

$$F \geqslant K_{起} Q \left(\frac{\delta_1 + \delta_2}{D} \pm \frac{1}{n} \right) \quad (2\text{-}17\text{-}5)$$

图 2-17-10　斜坡滚运物件受力分析示意图

式中　$K_{起}$ ——起动附加系数，一般钢滚杠对钢轨 $K_{起}=1.5$；钢滚杠对枕木时 $K_{起}=2.5$；钢滚杠对土地时 $K_{起}=3\sim5$。

3. 使用滚杠时的安全注意事项

(1) 选择的道路要平整、畅通，路上的障碍物要事先清除掉。

（2）在移动过程中必须有一个人统一指挥，有专人放置滚杠。放置滚杠时不准戴手套，以防将手套绞入压伤手指。手拿滚杠时应把大拇指放在滚杠孔外，其余四指放在孔内，不能一把抓住滚杠，以免压伤手指。添放滚杠的人员应站在被滚运物件的两侧面，不准站在物件倾斜方向的一侧，滚杠应从侧面插入。

（3）滚杠有弯曲或有较大面积的凹陷时，必须经整形后方可投入使用，有裂纹的滚杠不得投入使用。

（4）应加强对滚杠的维护与保养，滚杠使用完后应清除粘在滚杠外表面的泥沙，保持其清洁。不同规格的滚杠应分开堆放。对两端面有毛刺、卷边的滚杠应进行修整，以防扎伤手指。

（5）牵引设备的绳索位置不要过高，为避免搬运高大设备时出现摇晃或倾倒，可适当增加几根拖拉绳来增加设备的稳定性。

（6）搬运过程中遇有上下坡时，要用拖拉绳对设备加以牵制。

三、滑运（或滚运）物件牵引拉力的估算

由于移动道路的坑洼不平，地面铺设的木板、枕木或钢板（走板）不平，滚杠的不圆、弯曲等多种因素，在确定物件拖运拉力时，理论计算的结果与实际情况不相吻合，实际的拖运拉力比理论计算值要大得多。在生产实践中，人们总结了一些经验公式，在物件搬运时，可以利用设备重量乘以阻力系数 K 这一经验公式估算水平地面滑运或滚运物件时所需的拉力，即 $F=Kmg$，具体数值参见表 2-17-1、表 2-17-2。

表 2-17-1　　　　使用钢排平地滑运设备所需拉力的估算　　　　（单位：kN）

设备重量	在土地面上 $K=0.65$	在水泥地面上 $K=0.60$	在钢轨上 $K=0.20$
50	32.5	30	10
100	65	60	20
150	97.5	90	30
200	130	120	40
250	162.5	150	50
300	195	180	60
350		210	70
400		240	80
500		300	100
600			120
800			160

表 2–17–2　　　　　使用钢管平地滚运设备所需拉力的估算　　　　　（单位：kN）

设备重量	在土地面上 $K=0.25$	在水泥地面上 $K=0.30$	在钢轨上 $K=0.20$
50	12.5	15	7.5
100	25	30	15
150	37.5	45	22.5
200	50	60	30
250	62.5	75	37.5
300	75	90	45
350	87.5	105	52.5
400	100	120	60
500	125	150	75
600			90
800			120
1000			150

四、圆筒物件滚运和原地翻滚

1. 圆筒物件的滚运

滚运法常用于圆筒物件的装卸车和短距离的挪动。滚运时，在物件的下面用枕木铺设滚运道。铺设道路时，要根据物件的具体情况而定，以保证设备在滚运过程中的安全。牵引钢丝绳在物件重心位置缠绕数圈，其自由端拴固在物件上，另一端从物件上表面水平伸引到卷扬机上，当牵引绳受拉时，物件就向前滚运。

圆筒物件采用滚运方法进行装卸时，应考虑其强度和刚度，根据物件的直径、长度、壁厚、质量等条件来搭设滚道。滚道的坡度不宜过大，一般不超过 20°。滚运长物件时，滚道的数量和宽度应适当加大。滚运时速度不宜过快，在物件运动的相反方向应由制动措施。

2. 圆筒物件的原地翻滚

圆筒物件的分段组对和调整方位经常需要原地翻滚。原地翻滚是在物件两侧用斜楔木挤紧，并在运动方向的斜楔木斜面（即为物件的接触面上）垫一块涂有黄干油的厚钢板（也可以在适合的鞍座上或滚胎上），在物件重心位置上用绳索缠绕数圈，自由端固定在物件自身上，另一端沿物件壳体切向方向垂直向上牵引。引伸的牵引绳应在垫涂油钢板的对侧。当绳索牵引时，物件就在涂油钢板面上滑动，从而实现物件的原地翻滚。

五、物件的转向

在物件的搬运过程中，有时根据起重吊装的需要，要求将重物水平转动一个角度，对于有起重机具时，一般将物件悬吊起来在空中进行。如没有起重机具或无法使用起重机具时，可采用以下方法进行转向。

1. 用撬杠拨动

当重物较轻时，可以使用撬杠将重物撬起再横向摆动撬杠的尾部，使重物绕支点移动，从而进行重物的移动或转动。当重物移动的距离较长和变换的角度都较大时，可进行多次操作来完成。拨动可一人或多人操作，多人操作时动作要协调一致，防止发生事故。

2. 转盘法

基本步骤如下：

（1）在物件或构件两端用千斤顶将其顶起，在物件或构件的重心位置下面搭设木垛，木垛的底面积大小应能承受物件或构件的全部重量，并不会使物件或构件倾斜。

（2）在木垛上面放置3层厚度不小于10mm的钢板，钢板要平整，中间一块要稍小于上下两块，并在钢板的接触面上涂满黄油。

（3）在钢板与物件或构件之间再放一层枕木，拿掉千斤顶。

（4）用人力或卷扬机在物件或构件端头牵引，物件或构件即可转到需要的角度。转动时要注意保持木垛及钢板水平，绝对不能倾斜。

3. 利用拖板滚杠旋转法

其方法有以下两种：

（1）绕中心旋转法。

在须转向的物件4个角设置拖板滚杠，两对角拖拉，使重物围绕其本身中心旋转，如图2-17-11所示。

（2）绕角旋转法。

在须转向的物件3个角设置拖板滚杠，一个角拖拉，使重物围绕不设拖板滚杠的角旋转，如图2-17-12所示。

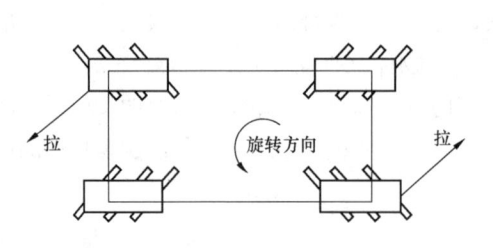

图 2-17-11　重物绕中心旋转　　　　图 2-17-12　重物绕角旋转

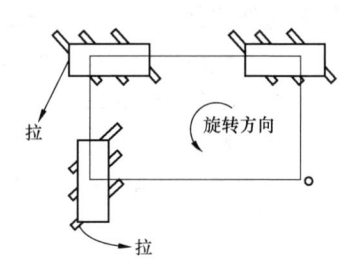

模块2 一般物件的装卸（ZY5600709002）

【模块描述】 本模块介绍一般物件的装卸知识。通过讲解和介绍，掌握物件装卸车的一般注意事项；掌握物件装车的操作方法和要求；掌握物件卸车的操作方法和要求。

【模块内容】

物件运输的前后都需要进行装卸作业，装卸作业主要是由装卸机械或流动式起重机来完成，对于质量和尺寸较大的物件，可以用枕木搭成坡度与地面夹角不超过 10°的斜坡状临时装卸台，用滚杠或滑移方法进行装卸车；对于圆形物件，可以利用装卸台采取慢慢滚动的装卸方法。

由于物件的质量、形状、外形尺寸以及其强度和刚度的不同，装卸作业环境和机具状况差异，实际采用装卸方法是多种多样的，这里仅介绍装卸小型物件的一般作业方法和注意事项。

一、物件装卸车的一般注意事项

（1）利用起重机械进行物件装卸时，一般要垂直，即吊钩中心线通过物件的重心。必须倾斜装卸时，要经过计算，并采取有效的措施，防止事故的发生。

（2）装卸车时，对于设备装卸时，吊点应选在设备指定的位置上捆绑，严禁拴在设备的手轮、操作手柄或精密加工面上，注意保护加工表面和油漆不受损坏；对于混凝土构件要防止折断或产生裂纹；对于钢结构防止结构产生变形。

（3）装卸车要轻拿轻放，杜绝野蛮装卸。

（4）物件的捆绑处应用软物垫好。

二、物件装车的操作方法和要求

（1）在装车前，应对装卸作业所用的工具、吊具、机械进行检查，确认安全后方可使用，并应准备足够垫木、撑木、旧麻袋或橡胶垫皮等辅助物品。

（2）车辆应严格按规定载重量装载，不得超装。

车辆装载物件的高度：大卡车从地面起计算不大于 4m，小卡车不大于 2.5m，以防止重心过高造成翻车事故。

车辆装载物件的宽度：左右不超出车厢或前罩壳的 150mm，防止行驶中发生刮带事故。

车辆装载物件的长度：大卡车物件伸出车厢前后的总长度不大于 2m，小卡车不大于 1m，防止拐弯时发生刮带事故。物件长度超过后栏板时，不得遮挡号牌、转向灯、尾灯和制动灯。

（3）物件装车时，装载物应对称地装在载重车上，前后重量要适宜，分布要均匀，使车辆承受的载荷均衡,重心应在车辆的中部。

(4) 物件装车时应垫稳,装完后物件应捆扎牢固,车厢侧板、后板要关好、拴牢。一般物件可用麻绳或 8 号铁丝捆绑,较重的物件或难以固定的物件,应用钢丝绳、环链手拉葫芦进行捆绑,如图 2-17-13～图 2-17-15 所示。

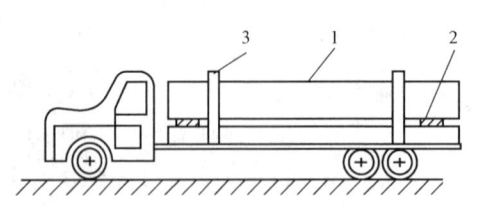

图 2-17-13　货车装运预制混凝土梁构件
1—构件；2—垫木；3—力柱

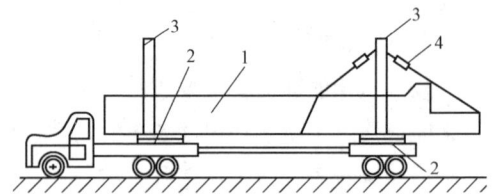

图 2-17-14　拖车装运预制混凝土桩构件
1—构件；2—转向装置；3—立柱；4—捆绑绳

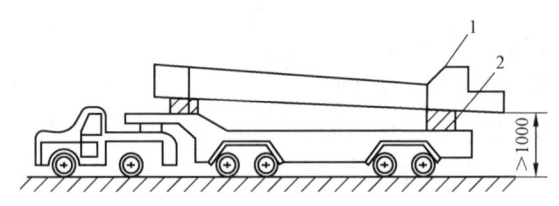

图 2-17-15　拖车装运预制混凝土桩构件
1—构件；2—垫木

(5) 由于圆柱形、球形物件的特点是无支重平面,装车后易于滚动,应采用专用夹具起吊,装入相应的固定架内(如支撑座、掩木等),并用钢丝绳加固。

(6) 混凝土构件装车时,在各层之间和最下面均应垫好通长垫木,每个构件最少垫两根。垫木应放在吊环的附近,其厚度应高出吊环。上下垫木的中心应在一条垂直线上。垫木的强度应具备承受构件载荷能力。

(7) 长构件装车时,可采用平衡梁三点支撑,平衡梁和运输车辆用铰链连接,如图 2-17-16 所示;运输车辆平板长度不足的情况下也可采用此方法。也可采用增设辅助垫点的方法,辅助垫点应在其他两主垫点垫实后再垫,且不可垫得太实,只需在垫木上放置木楔,用小锤稍稍敲紧即可,如图 2-17-17 所示。还可以设置超长架来运输长构件,超长架应固定在车厢上,构件与超长架及车厢应捆绑牢固。

(8) T 形梁、Γ 形梁或类似易于倾倒的构件装车时,应放置固定支架。

(9) 屋架装车时,应将屋架竖放,屋架之的垫以木块,并用绳索绑成一体,再用 8 号铁丝和木杆从车的两端将其拴牢。

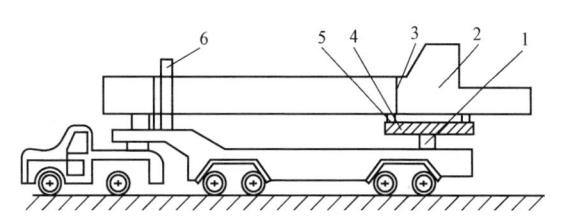

图 2-17-16　在运输车上设置辅助垫点运长构件
1—铰链；2—构件；3—捆绑绳；4—平衡梁；5—垫木；6—立柱

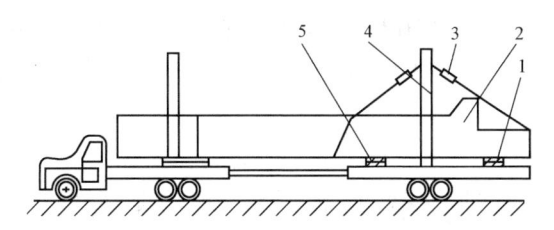

图 2-17-17　在运输车上设置辅助垫点运长构件
1—辅助垫点；2—长构件；3—捆绑绳；4—立柱；5—主垫点

（10）当物件较长、较高、上重下轻或结构单薄时，要用绳索捆紧、扎牢、垫死，使其加固牢靠，严防在运输过程中摆动或产生变形。

三、物件卸车的操作方法和要求

（1）卸车时车辆与堆放物距离一般不小于 2m，与易滚动物件的距离不少于 3m，车辆并列时间距不小于 1.5m。

（2）卸车前，先将容易倾倒的构件用临时支撑支牢，再解开绑绳。吊卸时，也应将容易倾倒的构件支撑好，然后起吊。根据物件保护的要求，在堆放处放好垫木或砖头等，如混凝土构件应按要求放置好垫木。

（3）卸车时，待物品放置稳定后方准摘钩。

（4）堆放构件时，垫木应靠近吊环位置，每层垫木的两端伸出部分不小于 50mm。

（5）预制构件直立放置时，应采用工具或支撑支牢，T 形梁、Γ 形梁必须正放，并加不少于 3 道的支撑。

（6）一般情况下，每堆预制板可叠放 6～8 块，大型楼板不宜超过 6 块，最下面的垫木应用枕木垫实，每层垫木成一条垂直线，如图 2-17-18 所示。

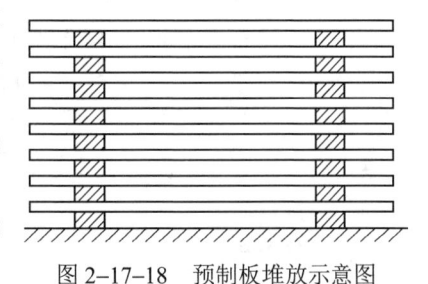

图 2-17-18　预制板堆放示意图

【思考与练习】

1. 物件装卸车一般注意事项有哪些？
2. 车辆装载物件的高度有何要求？
3. 物件装车有何要求？
4. 装车前应做好哪些准备工作？

模块 3　利用滚杠完成物件的装卸车作业（ZY5600709003）

【模块描述】本模块介绍利用滚杠完成物件的装卸车作业知识。通过对滚杠作业工艺过程的讲解和介绍，掌握利用滚杠完成物件拖运和装卸车的方法步骤。

【模块内容】

一、已知条件和要求

有一台物件约 5t（包括包装箱），需要从一个车间运往另一个车间安装。使用 10t 的平板汽车运输，车间内有起重量为 5t 的桥式起重机，但由于车间门太窄，平板汽车不能进入车间内。因此，只能先将物件从车间内拖运至车间外，再装上平板汽车运至另一车间门外。然后从平板汽车上卸下，再拖运至车间内，用桥式起重机吊运至安装地点安装。

二、操作准备

10t 的平板汽车 1 台，5t 卷扬机 1 台，5t 三门滑车组 1 个，直径 ϕ60mm×8mm、长 2m 的无缝钢管 20 根，拖排 1 个，跳板 1 个，两门滑车 1 个，绳卡和卸扣若干，直径 ϕ15mm、长 6m 的捆绑钢丝绳 4 根。

三、物件拖运和装卸车的方法步骤

1. 装车作业

（1）将物件用桥式起重机吊运到车间大门附近，放在已经铺设的走板滚杠上，用撬杠将物件运至车间外地面略高，因此，包装箱上应设置拖拉绳，在斜坡上滚运时应拉住拖拉绳，防止物件冲下坡。

（2）在平板汽车的尾部搭设斜坡（一般平板车上都附带有跳板，只需将跳板搭在平板车的尾部即可），如图 2–17–19 所示。

（3）在物件上系上捆绑绳，在平板车的车厢前部系挂导向滑车，在适当的地方固定卷扬机。如果卷扬机的牵引力在 20kN 以上，则卷扬机的跑绳可以直接与物件的捆绑绳相连接，如果卷扬机的牵引绳能力小，则应挂滑车组。

（4）经检查确认一切都妥当后，开动卷扬机，并在跳板上摆放滚杠（待滚杠嵌入包装箱的底板后才能放手），直至将物件拖到平板车上。

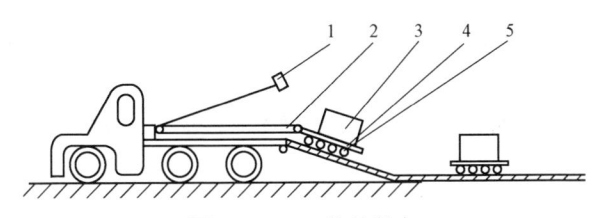

图 2-17-19 物件装车
1—卷扬机；2—滑车组；3—物件；4—跳板；5—滚杠

（5）拆去斜坡（跳板）、卷扬机的跑绳，将物件紧固在平板车上，同时用木楔将滚杠固定，不让其滚动，如图 2-17-20 所示。

2. 卸车作业

（1）卸车时在平板车尾部搭设斜坡（跳板），在地上铺设走板，并在适当处固定卷扬机。卷扬机的跑绳与物件的捆绑可靠地连接在一起，拆去物件的紧固绳及固定滚杠的木楔。

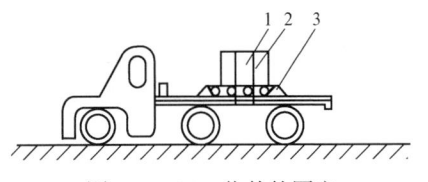

图 2-17-20 物件的固定
1—物件；2—物件紧固绳；3—木楔

（2）用撬杠移动物件，同时逐步放松跑绳。当物件滚至斜坡上时，慢慢地放松跑绳，同时在斜坡上摆放滚杠，直至物件到达平地。

（3）拆去物件的捆绑绳及卷扬机的跑绳。

（4）用撬杠将物件滚运至车间内（也可设置卷扬机托运）。

（5）用车间内的桥式起重机把物件吊运至安装点。

（6）清理工作现场，整理起重用具。

【思考与练习】

1. 简述装车作业方法及步骤。
2. 简述卸车作业注意事项。
3. 物件固定有何方法？
4. 装车有何方法？

▲ 模块 4 利用拖板运输一般设备（ZY5600709004）

【模块描述】本模块介绍利用拖板运输一般设备知识。通过图例讲解和介绍，能够掌握简单的牵引力计算方法以及正确选择钢丝绳直径和牵引设备（卷扬机）。

【模块内容】

某工地有一台 16t 重的锻锤，要用钢板橇在土地上用卷扬机从仓库滑运到车间，路面坡度为6°,求起动时的牵引力,并选择相应的钢丝绳和卷扬机大小。

1. 计算牵引力

已知质量 m=16t,路面坡度 α=6°,滑动摩擦系数 μ=0.42,取地面不平系数 K_b=1.2,起动系数 $K_起$=2.5。

解:起动时牵引力:

$$F=K_b K_起 Q(\mu+1/n)$$
$$=1.2\times2.5\times16\times9.81\times(0.42+\tan6°)$$
$$=247.26 \text{(kN)}$$

从计算结果来看,所需的牵引力较大。考虑把钢排放在用槽钢铺成的轨道上并涂油滑运,这时滑动摩擦系数 μ=0.1,则牵引力为:

$$F=K_b K_起 Q(\mu+1/n)$$
$$=1.2\times2.5\times16\times9.81\times(0.1+\tan6°)$$
$$=96.58 \text{(kN)}$$

可以看出,牵引力将大大降低。

2. 选择钢丝绳直径

选用抗拉强度为1700MPa、直径 D=24mm 的 6(股)×37(丝/股)钢丝绳,查钢丝绳的规格和性能表得其破断拉力为358kN,当安全系数取 3.5 时,其许用拉力为:

$$[F]=P/K$$
$$=358\div3.5$$
$$=102.28 \text{(kN)} > 96.58 \text{(kN)}$$

所以,所选钢丝绳可用。

3. 选择卷扬机

根据起动时的牵引力 F=96.58kN,可以选用起重能力为 100kN 的卷扬机。

【思考与练习】

1. 物件水平移动的方法有哪些?
2. 物件装卸车的一般注意事项有哪些?
3. 物件卸车的操作方法和要求是什么?
4. 选择钢丝绳直径有何方法?

国家电网有限公司
技能人员专业培训教材 水电起重工

第三部分

机 具 维 护

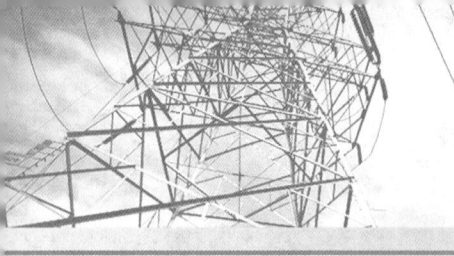

第十八章

白棕绳使用与维护

▲ 模块 1 白棕绳使用维护方法（ZY5600801001）

【模块描述】本模块介绍白棕绳使用与维护知识。通过对白棕绳结构性能的讲解，能学会正确使用白棕绳，能正确地对白棕绳维护保养，能对其正确进行质量检验。

【模块内容】

一、白棕绳的构造和种类

白棕绳是以剑麻为原料捻制而成的。它的抗拉力和抗扭力较强，耐磨损、耐摩擦、弹性好，在突然受到冲击载荷时也不断裂。白棕绳主要用于受力不大的缆风绳、溜绳等处，也有的用作起吊轻小物件。

白棕绳按股数多少可分为三股、四股和九股 3 种。

白棕绳又分为浸油和不浸油两种。浸油白棕绳有耐磨、耐腐蚀和防潮性能，但由于受油中所含酸的影响，强度比未浸油的白棕绳绳大约下降 10%，同时挠性下降，自重增加，成本上升，故不常被采用。

二、白棕绳的许用拉力

白棕绳在起重吊装工作中主要受拉伸作用，因此选用白棕绳时要进行抗拉能力计算。由于白棕绳可能存在制造缺陷，容易磨损并考虑动力冲击因素的影响，白棕绳许用拉力（最大工作拉力）比其试验时的破断拉力小。其计算公式如下：

$$F = F_b / K \quad (3\text{--}18\text{--}1)$$

式中 F——白棕绳许用拉力，N；

F_b——白棕绳的破断拉力，N；

K——白棕绳的安全系数，见表 3–18–1。

表 3-18-1 白棕绳的安全系数 K

使 用 情 况	安全系数
地面水平运输设备	3
高空系挂式吊装设备	5
慢速机械操作，环境温度在 40~50℃ 和载人情况下	10

为施工方便，白棕绳的许用拉力也可以估算，其近似破断拉力为：

$$F_b = 50d^2 \quad (3\text{-}18\text{-}2)$$

式中 F_b——白棕绳近似破断拉力，N；

d——白棕绳直径，mm。

估算的许用拉力为：

$$F = 50d^2/K \quad (3\text{-}18\text{-}3)$$

式中 K——安全系数。

例：假设用 ϕ16mm 白棕绳吊装设备，试用近似值计算其破断拉力和许用拉力。

解：

已知 $d=16$mm，查表 3-18-1，$K=5$，所以：

$$F_b = 50d^2$$
$$= 50 \times 16^2$$
$$= 12\,800\,(\text{N})$$
$$F = F_b/K$$
$$= 12\,800\text{N}/5$$
$$= 2560\,(\text{N})$$

三、白棕绳的规格性能

白棕绳的规格性能如表 3-18-2 所示。

表 3-18-2 常用白棕绳规格性能

直径 (mm)	重量 (kg/100m)	最小破断拉力（N）		
		Ⅰ	Ⅱ	Ⅲ
6	3	4050	2680	1760
8	6	6660	4400	2900
10	8	9200	6100	4000
12	11	11 660	7750	5090
14	14	16 300	10 900	7220
16	18	19 600	13 400	8710

续表

直径 (mm)	重量 (kg/100m)	最小破断拉力（N）		
		Ⅰ	Ⅱ	Ⅲ
18	23	24 600	16 600	11 000
20	28	31 200	21 100	13 900
22	34	37 600	24 500	16 800
24	40	43 800	29 600	19 600
26	48	49 700	33 800	22 300
28	55	57 100	38 900	25 600
30	63	66 200	44 500	29 900
32	72	74 400	50 100	33 700
34	81	82 400	55 600	37 400
36	91	90 000	60 900	41 000
40	112	109 700	74 400	50 100
44	136	120 100	81 600	54 900
48	161	140 000	95 600	64 300
52	190	162 000	110 300	74 100
56	220	181 500	112 400	83 700
60	252	207 500	142 500	95 900
64	287	230 000	158 900	109 700
68	324	255 000	176 900	119 000
72	363	282 000	195 300	131 300
80	448	333 200	231 500	156 300
88	542	393 000	273 900	185 000

注 Ⅰ、Ⅱ、Ⅲ为纤维绳的等级。

四、正确使用白棕绳

白棕绳的使用方法正确与否，对白棕绳的使用寿命与操作安全有很大的影响。本训练的作业要求是：通过将一卷白棕绳开卷、截取 10m 长度，用单根绳通过定滑车吊起合适的重物离地 0.5m，再放下，学会正确使用白棕绳。

（一）操作准备

准备好 ϕ16mm 的白棕绳 1 卷，带有吊耳的 0.1t、0.5t 重物各一件，固定好的离地 3m 高的单轮滑车 1 个，ϕ1mm 细铁丝 1 根，克丝钳 1 个，剪刀 1 把，场地 50m^2。

（二）正确使用白棕绳的操作步骤

1. 白棕绳的开卷

将场地上的杂物清理打扫干净，将直径为 ϕ16mm 成卷的白棕绳放在场地边缘，将绳卷竖放在地面上，将卷外层有绳头的一端放在下面，将卷内的绳头抽出。这样，开卷时绳不会起扭打结，如图 3-18-1（a）所示，不可从卷外把绳头拉出，这样在拉出的过程中白棕绳会起扭打结,如 3-18-1(b)所示。

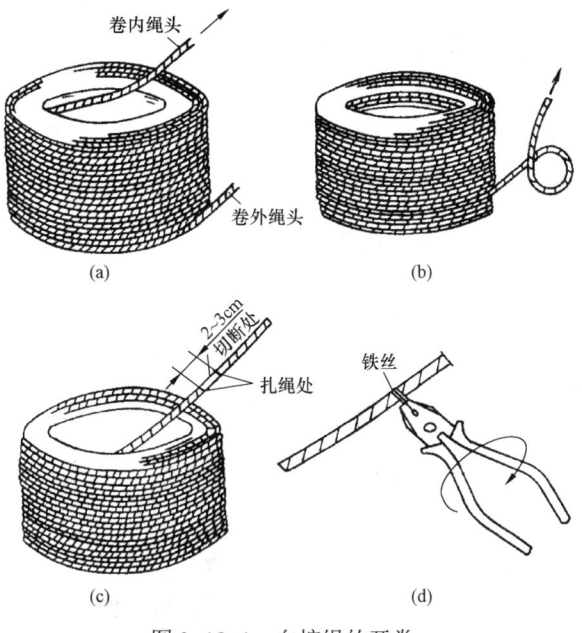

图 3-18-1 白棕绳的开卷

2. 白棕绳的切断

当将白棕绳放到 10m 长度时,找准切断处。切断前,在切断处的两侧用 ϕ1mm 细铁丝或细白棕绳扎紧,以免绳股松散,如图 3-18-1(c)所示。用细白棕绳扎紧时,需紧绕 3～4 圈,而后打结;当用细铁丝时,绕两圈用钢丝钳将铁丝拉紧后拧紧,如图 3-18-1(d)所示。

3. 白棕绳的使用

(1)本训练中使用的 ϕ16mm 白棕绳规格性能见表 3-18-1 和表 3-18-2,在用于高空系挂吊装重物时,允许起吊的最大载荷为 13 400N/5=2680N,只能选择系挂 0.1t 的重物,用滑车进行吊装。不能系挂吊装另一件 0.5t 的重物,白棕绳严禁超负荷使用。

(2)在绑扎物件时,应避免白棕绳直接和物件的尖锐边缘接触,接触应加垫麻袋、帆布或薄铁皮、木片等衬物。本训练可用水手结法(参见纤维绳绳结制作)将白棕绳的一端直接系挂在重物的吊耳上。

(3)将白棕绳的自由端穿过已经固定好的单轮滑车,由两名操作者拉动白棕绳的自由端,使重物提升离地 0.5m,再慢慢将重物放下。

(4)将白棕绳和重物的系结解开,收集白棕绳和现场使用的工具,清理现场。

(5) 使用白棕绳应注意的事项:

1) 白棕绳一般用于重量较轻物件的捆绑、滑车的系挂吊装及桅杆用绳索等, 起重机械或受力较大的地方不得使用白棕绳。

2) 使用中如果发现白棕绳有连续向一个方向扭转的情况时应抖直, 有绳结的白棕绳不得穿过滑车或狭小的地方。

3) 使用中, 白棕绳不得在尖锐、粗糙的物件中或地上拖拉。

4) 使用滑车组的白棕绳, 为了减少其所承受的附加弯力, 滑轮直径应比白棕绳直径大 10 倍以上。

5) 白棕绳穿过滑车时, 不应脱离轮槽。

6) 使用中的白棕绳应尽量避免雨淋或受潮, 不允许将白棕绳和有腐蚀作用的化学物品(如酸、碱等)接触, 应放在干燥的木板上或通风好的地方储存保管, 避免受潮或高温烘烤。

7) 白棕绳容易局部损伤或磨损, 也易受潮或化学侵蚀为保证起重作业安全, 避免隐患, 使用前必须仔细检查, 发现问题及时处理。

(三) 质量检验要点

(1) 开卷时是否将绳卷竖放在地面上, 将卷外层有绳头的一端放在下面, 从卷内将绳头抽出。

(2) 白棕绳切断处的两侧是否用细铁丝或细纤维绳扎紧。

(3) 选择系挂的重物是否正确, 是否掌握白棕绳允许起吊最大载荷的计算方法, 是否存在超负荷使用的情况。

(4) 对白棕绳使用注意事项涉及的情况, 如在操作时发生, 是否充分注意。

【思考与练习】

1. 假设用 ϕ20mm 白棕绳吊装设备, 试用近似值计算其破断拉力和许用拉力。
2. 使用白棕绳应注意哪些事项?
3. 白棕绳质量检查要点有哪些?
4. 白棕绳按股分为哪几种?
5. 白棕绳的应用场合是什么?

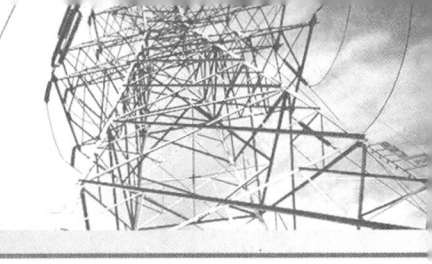

第十九章

钢丝绳使用与维护

▲ 模块 1 钢丝绳的构造、种类、规格（ZY5600802001）

【模块描述】本模块介绍钢丝绳的构造、种类、规格。通过对钢丝绳性能结构的讲解，掌握钢丝绳的使用方法，熟悉钢丝绳图表所列技术规格数据的含义。

【模块内容】钢丝绳的强度高、重量轻、弹性好、能承受冲击负荷；高速运行时，运行稳定、噪声小、挠性好、使用灵活；磨损后，外表会产生很多毛刺，易于检查。钢丝绳是起重机的重要零部件之一，也是起重作业中最常用的绳索，用来捆绑、起吊、拖拉重物。

一、钢丝绳构造

钢丝绳首先是将若干根钢丝拧成钢丝股，然后再由几个钢丝股绕一绳芯制成绳索的。

钢丝绳所用绳芯有麻芯、棉纱芯、化纤芯、软钢芯、石棉芯等。一般情况下，常用浸油的麻芯，因为这种芯的钢丝绳挠性较好，又能含较多量润滑油，可经常从钢丝绳内部润滑钢丝。在高温条件下可采用石棉芯。

二、钢丝绳种类

钢丝绳的种类很多，根据其结构形式，大致可分为普通型、复合型和闭合性 3 种，如图 3-19-1 所示。

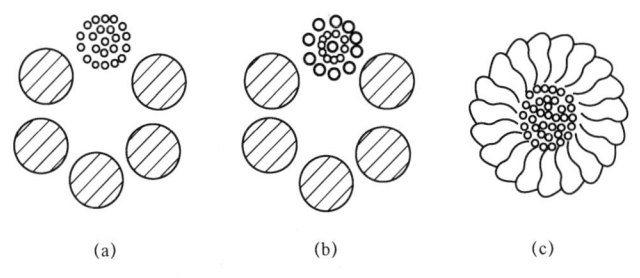

图 3-19-1 钢丝绳的结构形式
（a）普通型；（b）复合型；（c）闭合型

普通型：通常由6股钢丝股围绕一根绳芯捻制而成，其相邻各层钢丝的节距不相等，故形成了点接触。所以钢丝易滑动，使用周期短。但因为制造成本低，柔性较好，在起重作业中应用较多，常用的结构形式有6×19、6×37、6×61。

复合型：钢丝绳是由不同直径的钢丝分六股或多股与绳芯捻制成的，通过端面尺寸的适当配置，使每层钢丝的节距相等，钢丝之间形成了线接触，优点是绳股端面排列很紧凑，相邻钢丝接触良好，并且在钢丝绳绕过滑轮和卷筒时，在钢丝交叉的地方不致产生很大的局部接触应力。尤其是外层钢丝粗，耐磨性好，大大延长了钢丝绳的使用期限。而内部细钢丝仍能增加钢丝绳的柔软性，强度高于普通型钢丝绳。起重机械一般多采用此类钢丝绳，常用的有外粗式（即西鲁型—X型）、粗细型（即瓦灵型—W型）、填充型（即密集型—T型）等型号。

复合型钢丝绳结构紧密、强度高、柔软性好，但由于价格较高，一般在特殊场合使用。

普通型钢丝绳的性能虽然不及复合型钢丝绳，但是能满足一般工程需要的条件，价格又较低。因此，基建安装和检修吊装施工现场都采用普通型钢丝绳。

在普通型和复合型钢丝绳的种类中，按其捻制形式分3种：同相捻、交互捻和混合捻。

同向捻钢丝绳的股内钢丝捻向和钢丝绳捻向相同。交互捻钢丝绳的每股内钢丝捻向和钢丝绳捻向相反。混合捻钢丝绳的股内钢丝捻向与六股钢丝捻向同异交混。

同向捻钢丝绳柔软性大、磨损小，但容易自旋、松散和扭结。交互捻钢丝绳一般具有同向捻钢丝绳的优点，而且力学性能也比前两种好得多。虽然混合捻钢丝绳性能最好，但制造困难、价格高，所以，工程中多选用交互捻钢丝绳。

三、钢丝绳规格

国产钢丝绳已标准化，常用规格为$\phi 6.2 \sim \phi 83mm$，所用钢丝为$\phi 0.3 \sim \phi 3mm$，钢丝的强度分为1570MPa、1670MPa、1770MPa、1960MPa。常用钢丝绳的规格有：6×19+1、6×37+1、6×61+1。第一组数字代表有6股钢丝组成；第二组数字代表每股钢丝由几丝钢丝拧成，如19、37、61；第三组数字1代表钢丝绳中有一根绳芯。常用钢丝绳技术规格见表3-19-1～表3-19-3。

表3-19-1　　　　6×19+1钢丝绳技术规格（GB/T 20118—2006）

直径（mm）		钢丝总断面积（mm²）	参考质量（kg/100m）	钢丝绳公称抗拉强度（MPa）				
钢丝绳	钢丝			1400	1550	1700	1850	2000
				钢丝破断拉力总和不小于（kN）				
6.2	0.4	14.32	13.53	20.0	22.1	24.3	26.4	28.6
7.7	0.5	22.37	21.14	31.3	34.6	38.0	41.3	44.7
9.3	0.6	32.22	30.45	45.1	49.9	54.7	59.6	64.4

续表

直径（mm） || 钢丝总断面积（mm²）	参考质量（kg/100m）	钢丝绳公称抗拉强度（MPa）					
钢丝绳	钢丝			1400	1550	1700	1850	2000
				钢丝破断拉力总和不小于（kN）				
11.0	0.7	43.85	41.44	61.3	67.9	74.5	81.1	87.7
12.5	0.8	57.27	54.12	80.1	86.7	97.3	105.5	114.5
14.0	0.9	72.49	68.50	101.0	112.0	123.0	134.0	144.5
15.5	1.0	89.49	84.57	125.0	138.5	152.0	165.5	178.5
17.0	1.1	108.28	102.3	151.5	167.5	184.0	200.0	216.5
18.5	1.2	128.87	121.8	180.0	199.5	219.0	238.0	257.5
20.0	1.3	151.24	142.9	211.5	234.0	257.0	279.5	302.0
21.5	1.4	175.40	165.8	245.5	271.5	298.0	324.0	350.5
23.0	1.5	201.35	190.3	281.5	312.0	342.0	372.0	402.5
24.5	1.6	229.09	216.5	320.5	355.0	389.0	423.5	458.0
26.0	1.7	258.63	244.4	362.0	400.5	439.5	478.0	517.0
28.0	1.8	289.95	274.0	405.5	449.0	492.5	536.0	579.5
31.0	2.0	357.96	338.3	501.0	554.5	608.5	662.0	715.5
34.0	2.2	433.13	409.3	606.0	671.0	736.0	801.0	
37.0	2.4	515.46	487.1	721.5	798.5	876.0	953.5	
40.0	2.6	604.95	571.7	846.5	937.5	1025.0	1115.0	
43.0	2.8	701.60	663.0	982.0	1085.0	1190.0	1295.0	
46.0	3.0	805.41	761.1	1125.0	1245.0	1365.0	1490.0	

注 表中数值在实际应用时，必须乘以折减数 ψ（$\psi=0.85$）。

表 3–19–2　　6×37+1 钢丝绳技术规格（GB/T 20118—2006）

直径（mm） || 钢丝总断面积（mm²）	参考质量（kg/100m）	钢丝绳公称抗拉强度（MPa）					
钢丝绳	钢丝			1400	1550	1700	1850	2000
				钢丝破断拉力总和不小于（kN）				
8.7	0.4	27.88	26.21	39.0	43.2	47.3	51.5	55.7
11.0	0.5	43.59	40.96	60.9	67.5	74.0	80.6	87.1
13.0	0.6	62.74	58.98	87.8	97.2	106.5	116.0	125.0
15.0	0.7	85.39	80.27	119.5	132.0	145.0	157.5	170.5
17.5	0.8	111.53	104.8	156.0	172.5	189.0	206.0	223.0
19.5	0.9	141.16	132.7	197.5	218.5	239.5	261.0	282.0
21.5	1.0	174.27	163.8	243.5	270.0	296.0	322.0	348.5
24.0	1.1	210.87	198.2	295.0	326.5	358.0	390.0	421.5
26.0	1.2	250.95	235.9	351.0	388.5	426.0	464.0	501.5
28.0	1.3	294.52	276.8	412.0	456.5	500.0	544.5	589.0
30.0	1.4	341.57	321.1	478.0	529.0	580.0	631.5	683.0
32.5	1.5	392.11	368.6	548.5	607.5	666.5	725.0	784.0
34.5	1.6	446.13	419.4	624.5	691.5	758.0	825.0	892.0
36.5	1.7	503.64	473.4	705.0	780.5	856.0	931.5	1005.0

续表

直径（mm）		钢丝总断面积（mm²）	参考质量（kg/100m）	钢丝绳公称抗拉强度（MPa）			
钢丝绳	钢丝			1400	1550	1700	1850	2000
				钢丝破断拉力总和不小于（kN）				
39.0	1.8	564.63	530.8	790.0	875.0	959.5	1040.0	1125.0
43.0	2.0	697.08	655.3	975.5	1080.0	1185.0	1285.0	1390.0
47.5	2.2	843.47	792.9	1180.0	1305.0	1430.0	1560.0	
52.0	2.4	1003.80	943.6	1405.0	1555.0	1705.0	1855.0	
56.0	2.6	1178.07	1107.4	1645.0	1825.0	2000.0	2175.0	
60.5	2.8	1366.28	1284.3	1910.0	2115.0	2320.0	2525.0	
65.0	3.0	1568.43	1474.3	2195.0	2430.0	2665.0	2900.0	

注 表中数值在实际应用时，必须乘以折减数 ψ（$\psi = 0.82$）。

表 3-19-3　6×61+1 钢丝绳技术规格（GB/T 20118—2006）

直径（mm）		钢丝总断面积（mm²）	参考质量（kg/100m）	钢丝绳公称抗拉强度（MPa）			
钢丝绳	钢丝			1400	1550	1700	1850	2000
				钢丝破断拉力总和不小于（kN）				
11.0	0.4	45.97	43.21	64.3	71.2	78.1	85.0	91.9
14.0	0.5	71.83	67.21	100.5	111.0	122.0	132.5	143.5
16.5	0.6	103.43	97.22	144.5	160.0	175.5	191.0	206.5
19.5	0.7	140.78	132.3	197.0	218.0	239.0	260.0	281.5
22.0	0.8	183.88	172.8	257.0	285.0	312.5	340.0	367.5
25.0	0.9	232.72	218.8	325.5	360.5	395.5	430.5	465.0
27.5	1.0	287.31	270.1	402.0	445.0	488.0	531.5	574.5
30.5	1.1	347.65	326.8	486.5	538.5	591.0	643.0	695.0
33.0	1.2	413.73	388.9	579.0	641.0	703.0	765.0	827.0
36.0	1.3	485.55	456.4	679.5	752.5	825.0	898.0	971.0
38.5	1.4	563.13	529.3	788.0	872.5	957.0	1040.0	1125.0
41.5	1.5	646.45	607.7	905.0	1000.0	1095.0	1195.0	1290.0
44.0	1.6	735.51	691.4	1025.0	1140.0	1250.0	1360.0	1470.0
47.0	1.7	830.33	780.5	1160.0	1285.0	1410.0	1535.0	1660.0
50.0	1.8	930.88	875.0	1300.0	1440.0	1580.0	1729.0	1860.0
55.5	2.0	1149.24	1080.3	1605.0	1780.0	1950.0	2125.0	2295.0
61.0	2.2	1390.58	1307.1	1945.0	2155.0	2360.0	2570.0	
66.5	2.4	1654.91	1555.6	2315.0	2565.0	2810.0	3060.0	
72.0	2.6	1942.37	1825.7	2715.0	3010.0	3300.0	3590.0	
77.5	2.8	2252.81	2117.4	3150.0	3490.0	3825.0	4165.0	
83.0	3.0	2585.79	2430.6	3620.0	4005.0	4395.0	4780.0	

注 表中数值在实际应用时，必须乘以折减数 ψ（$\psi = 0.80$）。

模块 2 钢丝绳的选择常识（ZY5600802002）

【模块描述】本模块介绍钢丝绳的选择常识。通过简单计算，能根据钢丝绳所承受力的大小，按照钢丝绳许用压力，选择合适直径的钢丝绳；能根据起重的不同场合选择安全系数；能进行钢丝绳简单的拉力计算。

【模块内容】

在起重作业中，钢丝绳广泛用于吊运重物、穿越滑轮、捆绑物件、拖拉重物等。由于使用场合不同，实际受力情况比较复杂，钢丝绳不仅受到拉力，而且还有弯曲力、钢丝与钢丝之间的摩擦力和挤压力以及钢丝表面与滑轮、卷筒等之间的摩擦力和挤压力等。因此，要钢丝绳的使用场合及工作条件合理地选择钢丝绳，做到既要满足使用要求，又要经济合理、安全。选择钢丝绳，应注意以下几点要求：

（1）根据不同用途选择不同规格的钢丝绳，如作为起吊重物或穿滑轮使用，则应选择比较柔软、易弯曲的 6×37 或 6×61 钢丝绳。如作为缆风绳或拖拉绳使用时，可选用 6×19 钢丝绳。

（2）根据钢丝绳所承受力的大小，按照钢丝绳许用压力，选择合适直径的钢丝绳。选择后的钢丝绳按下式验算：

$$F \leqslant F_0/n \qquad (13\text{-}9\text{-}1)$$

式中　F——钢丝绳最大工作静拉力，N；

F_0——所选钢丝绳的破断拉力，N；

n——安全系数，见表 3-19-4。

表 3-19-4　　　　　　　钢丝绳的安全系数

使用情况	n	使用情况	n
用于缆风绳	3.5	用于吊索	6～7
用于手动起重设备	4.5	用于捆绑	8～10
用于机动起重设备	5～6	用于载人的升降机	14

对起重机的起升机构，机构工作级小于 M3 时 n=4，为 M4 时 n=4.5，为 M5 时 n=5，为 M6 时 n=6，为 M7 时 n=7，为 M8 时 n=9。

例：采用直径为 24mm 的钢丝绳，其规格为 6×37+1，钢丝强度极限为 1550MPa，用作绑扎吊索，求允许拉力。

解：从表 3-19-2 中查得钢丝破断力总和为 326.5kN，根据表 3-19-4 取安全系数 n=8。钢丝绳在实际使用时由于相互挤压和磨损，折减系数 ψ = 0.82，则允许拉力为：

$$F = F_0/n$$
$$= 326.5 \times 0.82/8$$
$$= 33.4 \text{ (kN)}$$

在施工现场，可采用下列经验公式估算钢丝绳的破断拉力：

$$F_0 = 0.5d^2 \qquad (13-9-2)$$

例：有一直径为39mm的6×37+1型钢丝绳，求其破断拉力。

解：
$$F_0 = 0.5d^2$$
$$= 0.5 \times 39^2$$
$$= 760 \text{ (kN)}$$

（3）选用的钢丝绳必须具有足够的抗弯强度和抗冲击强度。在起重作业中，钢丝可能受到冲击力，有时冲击力比起吊重物的重量大好几倍。而钢丝绳弯曲时所受到的弯曲应力则与弯曲半径有关，如与卷扬机构卷筒直径的大小及钢丝绳所穿绕的滑轮直径大小有关。为确保起重工作的安全可靠，卷筒和滑轮直径与钢丝绳直径之比应符合GB/T 3811—2008《起重机设计规范》的规定，具体见表3-19-5。

表3-19-5　　　卷筒和滑轮直径与钢丝绳直径之比

机构工作级别	卷筒与钢丝绳直径之比 h_1	滑轮直径与钢丝绳直径之比 h_2	平衡滑轮与钢丝绳之比 h_3
M1	11.2	12.5	11.2
M2	12.5	14	12.5
M3	14	16	12.5
M4	16	18	14
M5	18	20	14
M6	20	22.4	16
M7	22.4	25	16
M8	25	28	18

注　机构工作级别是由机构的利用等级和载荷状态决定的。

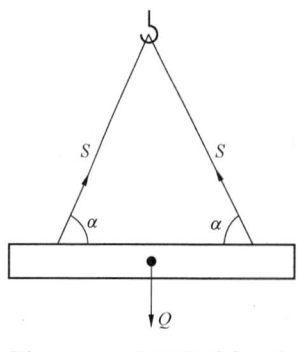

图3-19-2　钢丝绳受力示意

（4）钢丝绳拉力的简要计算。

在起重吊运作业中，钢丝绳一般采用单支、双支或四支的布置形式。不论采用哪种布置形式，都应尽量使每一支钢丝绳受力均匀。

选用钢丝绳，必须根据作业时的具体情况，经过强度验算。如两支钢丝绳作业时，受力示意如图3-19-2所示，每支钢丝绳的拉力为：

$$S = \frac{Q}{2\sin\alpha} \qquad (13-9-3)$$

如果同时采用几支钢丝绳作业，则每支钢丝绳拉力为：

$$S = \frac{Q}{n\sin\alpha} \qquad (13\text{-}9\text{-}4)$$

式中　S——1 支千斤绳所受的拉力，N；

　　　Q——重物的重力，N；

　　　α——钢丝绳与水平线的夹角，(°)；

　　　n——钢丝绳的支数。

分析上式可知，钢丝绳受力的大小，不仅与起吊物的重量和钢丝绳的根数有关，而且还与钢丝绳的角度有关。钢丝绳与水平线的夹角越大，钢丝绳受力赴小；反之，夹角越小，钢丝绳受力越大。当钢丝绳与水平线的夹角太小时，钢丝绳产生的水平分力也会对起重物产生较大的轴向压力，甚至将构件或设备压坏。所以，起吊重物时，钢丝绳与水平面的夹角一般控制在 45°以上，最低不应小于 30°。

选择钢丝绳应考虑接头处和缩结处的强度减弱。如果采用四支或多支钢丝绳起吊重物，可能造成每根钢丝绳受力不均匀，安全系数应取表中的较大值。

例：如图 3-19-3 所示，已知一大型层面板的重量为 25kN，采用四支 6×37+1、强度极限为 1550MPa 的钢丝绳作千斤绳，吊索与水平线夹角为 50°，求每根钢丝绳所承受的拉力，并确定钢丝绳直径。

解：

设每根吊索受力均匀，得每支吊索的拉力为：

$$S = \frac{Q}{n\sin\alpha}$$
$$= \frac{25}{4\times\sin 50°}$$
$$= 8.16\,(\text{kN})$$

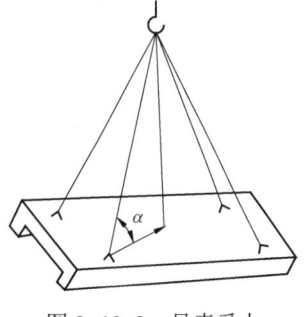

图 3-19-3　吊索受力

安全系数由表 3-19-4 查得，取 $n=8$，则所需钢丝绳的破断拉力为：

$$S_{破} \geqslant nS = 8\times 8.16 = 65.28\,(\text{kN})$$

由表 3-19-2 查得绳 6×37+1、强度极限为 1550MPa、直径 13mm 钢丝绳的钢丝破断拉力总和为 97.2kN，再由表查得钢丝绳破断拉力的折减系数 $\psi=0.82$。则：

$$S_{破} = \psi\Sigma S_{丝} = 0.82\times 97.2 = 79.7\,(\text{kN}) > 65.28\,(\text{kN})$$

因此，选用 13mm 的 6×37+1 型钢丝绳是安全合理的。

注：钢丝绳在使用前应以设计载荷重两倍的荷载作动载及静载试验，合格后方可使用。

模块3 钢丝绳的安全检查（ZY5600802003）

【模块描述】本模块介绍钢丝绳的安全检查。通过讲解和图例介绍，能够掌握钢丝绳安全检查方法以及钢丝绳报废标准，学会使用检查工具。

【模块内容】在使用过程中，钢丝绳的钢丝之间或钢丝绳与其他物体之间经常产生摩擦，同时还受到自然与化学的腐蚀，为确保起重作业的安全，要定期对钢丝绳进行安全检查。当钢丝绳的磨损严重，断丝较多，强度减弱到一定程度时，就不能再使用，应予以报废。钢丝绳的安全检查方法和报废标准有以下几个方面：

一、直径减小

若钢丝绳的表面钢丝磨损不超过40%，允许降低拉力继续使用，但要折减；若表面钢丝磨损超过40%时，钢丝绳应报废。另外，如果钢丝绳发生外部磨损，使钢丝绳直径减小量达到原直径的7%时，钢丝绳也应报废。钢丝绳直径测量方法如图3-19-4所示。

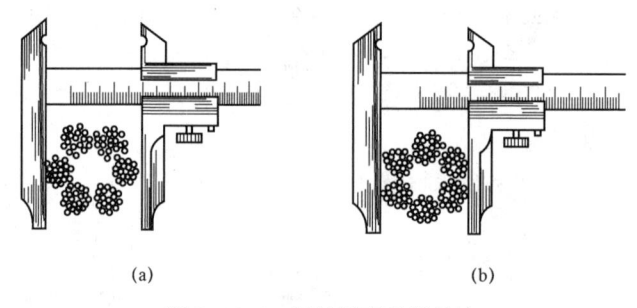

图3-19-4 钢丝绳直径测量法
（a）正确；（b）错误

二、结构破坏

在使用过程中，有时会出现钢丝绳的整股断裂或钢丝绳的绳芯被挤出，这样的钢丝绳应报废。但有时整股没有完全断裂，而是断了其中一部分钢丝，在钢丝绳一个捻距（见图3-19-5）中钢丝绳断裂的根数超过规定时，钢丝绳也应予以报废。断丝报废标准见表3-19-6。

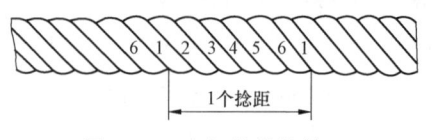

图3-19-5 钢丝绳的捻距

表 3–19–6　　　　　　　　　钢丝绳断丝报废标准

安全系数	钢丝绳结构					
	6×19		6×37		6×61	
	在一个捻距全长中破断钢丝根数					
	交互捻	同向捻	交互捻	同向捻	交互捻	同向捻
6 以下	12	6	22	11	36	18
6～7	14	7	26	13	38	19
7 以上	16	8	30	15	40	20

运输或吊装金属溶液、灼热金属、含酸、易燃和有毒物品的钢丝绳，在一个捻距内钢丝绳根数达到表 3–19–6 所列数值的 1/2 时，钢丝绳就应报废。

三、表面腐蚀

钢丝绳经过长期使用后，受自然和化学的腐蚀是不可避免的。当整根钢丝绳的外表面受腐蚀的麻面凭肉眼显而易见时，钢丝绳就不能继续使用，应予以报废。同时，钢丝绳在使用过程中还产生磨损，降低了钢丝绳的破坏拉力。钢丝绳表面钢丝磨损和腐蚀时，应将表 3–19–6 中的报废断丝数按表 3–19–7 折减，并根据折减后的断丝数确定报废。

表 3–19–7　　　　　　　　　折减 δ 数表

钢丝绳表面钢丝磨损或腐蚀量（%）	10	15	20	25	30～40	≥40
折减 δ 数（%）	85	75	70	60	50	0

例：有一 6×19 的交互捻千斤绳，发现在一个节距内断丝 12 根，同时表面钢丝磨损达 20%，此千斤绳应否报废？

解：千斤绳的使用安全系数为 6，查表 3–19–6，报废标准为 14 根断丝，因为同时有磨损，所以应按表 3–19–7 折减，磨损 20%时，报废标准应降低 70%，降低后的报废标准为 14×70%=9.8 根断丝，而现在断丝 12 根，所以千斤绳应予以报废。

【思考与练习】

1. 钢丝绳的安全检查方法是什么？
2. 钢丝绳报废标准有哪几个方面？
3. 简述钢丝绳直径测量法。
4. 何为钢丝绳捻距？

模块 4　正确使用钢丝绳（ZY5600802004）

【模块描述】本模块介绍正确使用钢丝绳。通过讲解和介绍，能正确将钢丝绳开卷，掌握钢丝绳使用注意事项，掌握钢丝绳维护常识和钢丝绳的保养。

【模块内容】

钢丝绳的使用方法正确与否，对钢丝绳的使用寿命与操作安全有很大的影响。本训练的训练要求是：能正确将一卷钢丝绳开卷，掌握钢丝绳使用的注意事项。

一、操作准备

准备好 ϕ10mm 钢丝绳 1 卷，ϕ1mm 细铁丝 1 根，砂轮机 1 台，场地 50m²。

二、正确使用钢丝绳的操作步骤

1. 钢丝绳的开卷

按起重作业需要的长度把新钢丝绳从绳卷上取下来时，应按照正确的操作方式进行，以免钢丝绳在取下过程中形成环圈，致使钢丝绳发生过度弯曲，降低寿命。钢丝绳的开卷操作方法如图 3-19-6 所示。

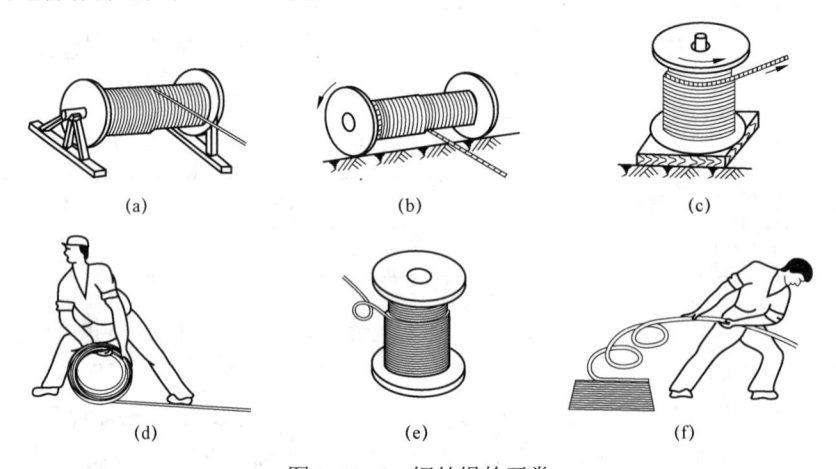

图 3-19-6　钢丝绳的开卷

（1）第一种正确的开卷方法。

第一步，在钢丝绳盘的孔中插入一根钢管或圆钢。

第二步，将已穿入钢管的钢丝绳盘吊放在两只架子上，松出绳头；在放绳时只需将绳头向外连续拉出；在拉绳头时，钢丝绳盘即连续转动，直至将钢丝绳放在需要的长度为止，如图 3-19-6（a）所示。

（2）第二种正确的开卷方法。

第一步，把绳卷横放在地上，抽出绳头。

第二步，放绳时，使钢丝绳卷在地上连续滚动，钢丝绳即从绳盘上放出，直至需要的长度为止，如图 3-19-6（b）所示。

（3）第三种正确的开卷方法。

第一步，把钢丝绳盘竖在可以旋转的心轴上，心轴放在地上。

第二步，把钢丝绳头从盘上抽出，并连续放出，此时钢丝绳盘即在心轴上转动，直至将钢丝绳放到需要的长度。如图 3-19-1（c）、3-19-6（d）所示为正确开卷方法，如图 3-19-6（e）、图 3-19-6（f）所示为错误开卷方法。

2. 钢丝绳的切断

切断钢丝绳可用特制铡刀、钢锯或气体火焰切割。切断前，在割口的两边用细铁丝扎结牢固，以防钢丝松散，扎结要求如图 3-19-7 所示。扎结钢丝绳用细铁丝规格见表 3-19-8。

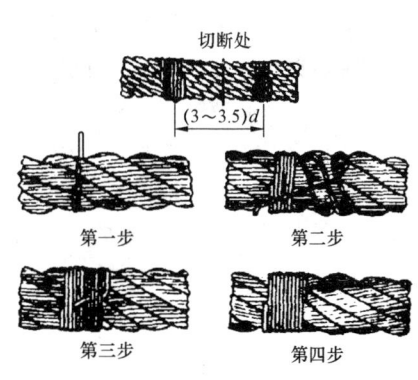

图 3-19-7　钢丝绳的扎结

表 3-19-8　　　　　　　扎结钢丝绳用细铁丝规格

钢丝绳直径	≤6	7～18	19～27	28～32	≥33
扎结用铁丝号数	20	18	14	12	10

3. 钢丝绳使用注意事项

（1）不要超负荷使用钢丝绳，应在允许的负荷下作业；同时，也不能使钢丝绳在冲击载荷下工作；工作时速度应较平稳。

（2）钢丝绳作捆绑使用时，应避免钢丝绳直接和物件的尖棱锐角直接接触，以免物件的尖棱锐角切断钢丝绳。应在钢丝绳与物件的尖棱锐角接触处垫以木板或其他衬垫物，如图 3-19-8 所示。

（3）钢丝绳在使用中应避免扭结，如图 3-19-9 所示，一旦发生扭结应立即抖直，因钢丝绳扭结受力后，会使扭结处产生很大的弯曲应力，致使钢丝绳的承载能力和使用寿命降低。

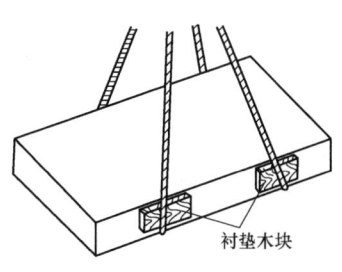

图 3-19-8　钢丝绳捆绑物件衬垫方法

（4）根据钢丝绳的磨损、腐蚀、断丝或变形情况，正确判断钢丝绳的新旧程度，合理使用钢丝绳。

（5）钢丝绳的绳头应用细铁丝扎紧，以免在使用过程中散股。

(6) 钢丝绳在使用中不能与电线接触，不能与其他硬物摩擦，也不能穿过已经破损的滑轮。

(7) 使用中应尽量避免打死结，以免使钢丝绳产生永久变形降低承载能力和使用寿命。

(8) 用钢丝绳吊运高温物件时，应采取隔热措施。

(9) 钢丝绳在使用过程中，应尽量减少其弯曲程度。

4. 钢丝绳的保养

(1) 钢丝绳在用完后应盘成卷存放，其盘卷方法如图 3-19-10 所示。

在盘绕开始前，将绳头在地上盘成一个圈，并互相绞一下，以免在盘绕时钢丝绳弹出，如图 3-19-10（a）所示，然后依此圈大小，将钢丝绳盘成圈。但在盘绕的过程中，钢丝绳会扭成一个绳圈，此时即可将此圈绕在盘堆上，如图 3-19-10（b）所示。

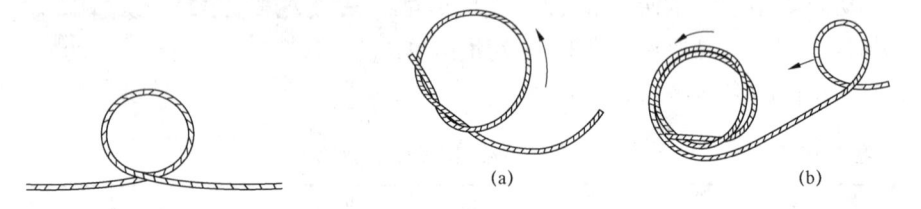

图 3-19-9　钢丝绳的扭结

图 3-19-10　钢丝绳的盘卷

(2) 钢丝绳在使用一段时间后，必须润滑。这样，一方面可经减少钢丝绳本身之间的摩擦；另一方面也可以减缓钢丝绳的生锈腐蚀，延长其使用寿命。根据实验，润滑良好的钢丝绳在一个捻距内断丝不超过总丝数的 10%，用疲劳试验和反复弯曲可达 48 500 次，而没有润滑的相同规格的钢丝绳仅为 22 500 次，由此可见润滑的重要性。

在润滑前，须用硬毛刷和柴油将钢丝绳上黏附的泥土、铁锈或其他脏物清除干净，然后用硬毛刷或棉丝团把不含酸碱物质的润滑油脂涂在钢丝绳上。在涂油脂的同时，将涂过油脂的钢丝绳盘成圈堆放，以备使用。如图 3-19-11 所

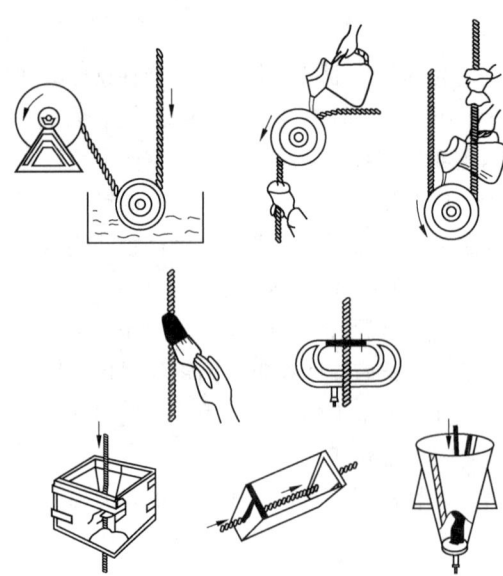

图 3-19-11　钢丝绳润滑方法

示为钢丝绳的润滑方法。

【思考与练习】

1. 钢丝绳报废的标准是什么？
2. 影响钢丝绳使用寿命的因素有哪些？
3. 钢丝绳的安全检查有哪些内容？
4. 6×37+1 的钢丝绳，其直径为 13mm，破断拉力为 9720kg，允许拉力为 1250kg，求安全系数是多少？

第二十章

绳卡、卸扣、吊环和吊钩使用与维护

模块 1 绳卡（ZY5600803001）

【**模块描述**】本模块介绍绳卡的种类、应用标准、使用要点。通过知识讲解和图例介绍，能够掌握绳卡的选择与使用与维护方法。

【**模块内容**】

一、钢丝绳绳卡

钢丝绳绳卡主要用来夹紧钢丝绳末端或将两根钢丝绳固定在一起。常用的有骑马式绳卡、U 形绳卡、L 型绳卡等，其中骑马式绳卡是一种连接力强的标准绳卡，应用相当广泛。

1. 绳卡的种类

（1）骑马式绳卡。其外形如图 3–20–1 所示，其规格见表 3–20–1。

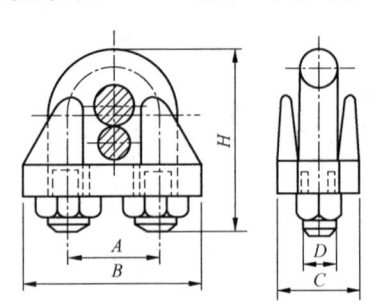

图 3–20–1 骑马式绳卡

表 3–20–1 骑马式绳卡型号规格表 （单位：mm）

型号	常用钢丝绳直径	A	B	C	D	H
Y1–6	6.5	14	28	21	M8	35
Y3–10	11	22	43	33	M10	55
Y4–12	13	28	53	40	M12	69

续表

型号	常用钢丝绳直径	A	B	C	D	H
Y5–15	15，17.5	33	61	48	M14	83
Y6–20	20	39	71	55.5	M16	96
Y7–22	21.5，23.5	44	80	63	M18	108
Y8–25	26	49	87	70.5	M20	122
Y9–28	28.5，31	55	97	78.5	M22	137
Y10–32	32.5，34.5	60	105	85.5	M24	149
Y11–40	37，39.5	67	112	94	M24	164
Y12–45	43.5，47.5	78	128	107	M27	188
Y13–50	52	88	143	119	M30	210

（2）U形绳卡。其外形如图3-20-2所示，其规格见表3-20-2。

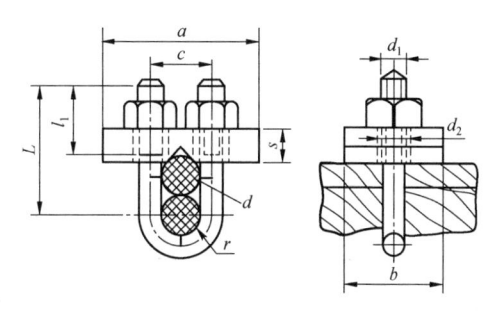

图 3-20-2　U 形绳卡

表 3-20-2　　　　　　U 形 绳 卡 规 格　　　　　　（单位：mm）

钢丝绳直径	a	b	c	s	d_1	d_2	L	l_1	r
8.8	45	30	21	12	10	14	45	25	10.5
11.0	55	30	26	12	12	14	45	28	13.0
13.0	70	40	33	14	16	18	55	32	16.5
17.5	90	50	40	16	20	22	75	40	20.0
19.5	95	50	44	16	20	22	75	40	22.0
24.0	110	60	50	18	22	24	90	45	25.0
28.0	120	60	58	18	24	26	90	45	29.0
32.5	135	80	65	20	28	30	110	55	32.5

（3）L形绳卡。其外形如图3-20-3所示，其规格见表3-20-3。

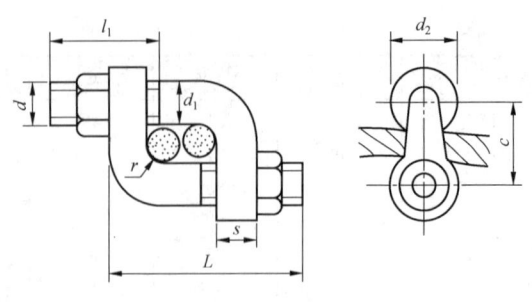

图 3–20–3　L 形绳卡

表 3–20–3　　　　　　　　　L 形 绳 卡 规 格　　　　　　　　（单位：mm）

钢丝绳直径	各部位尺寸								总长
	d	d_1	d_2	c	L	l_1	s	r	
8.7~9.2	12	14	26	23	65	35	12	5	125
11~2.5	12	14	26	27	75	35	12	6.5	135
13~15.5	14	16	32	32	80	40	14	8	155
17~18.5	20	22	42	42	110	55	20	10	220
19.5~22	20	22	45	45	110	55	20	12	220
23~26	22	24	50	50	130	55	22	14	250
28~31	24	26	55	55	150	65	24	16	280
21.5~33.5	28	30	70	70	170	80	28	18	362

2. 绳卡的应用特点

在起重作业中，对于钢丝绳的末端要加以固定，通常使用绳卡来实现。用绳卡固定时，其数量和间距与钢丝绳直径成正比，见表 3–20–4。一般绳卡的间距最小为钢丝绳直径的 6 倍。绳卡的数量不得少于 3 个。

表 3–20–4　　　　　　　绳 卡 使 用 标 准 表

钢丝绳直径（mm）	ll	12	16	19	22	25	28	32	34	38	50
绳卡个数	3	4	4	5	5	5	5	6	7	8	8
绳卡间距（mm）	80	80	100	120	140	160	180	200	220	230	250

3. 绳卡使用要点

（1）使用绳卡时，开口应朝一个方向排列，且 U 形螺栓扣在钢丝绳的尾支上，绳卡底板与钢丝绳主支接触；只有当绳卡用于钢丝绳对接时，绳卡朝两个方向相对排列。

（2）为保证安全，每个绳卡应拧紧至卡子内钢丝绳压扁 1/3 为标准。

（3）钢丝绳受力后要认真检查绳卡是否移动。如钢丝绳受力后产生变形时，要对绳卡进行二次拧紧。

（4）起吊重要设备时，为便于检查，可在绳头尾部加一保险绳卡，如图 3-20-4 所示。观察是否出现移动现象，以便及时采取措施。

图 3-20-4 保险绳卡

4. 绳卡的选择和使用

（1）绳卡的选择。

1）起重作业中，最常用的钢丝绳卡为标准的骑马式绳卡。骑马式绳卡具有对受力绳损伤小、连接强度大等优点，本训练选用使用骑马式绳卡。

2）缆风绳的直径为 ϕ13mm，根据表 3-20-1，应选择型号为 Y4-12 骑马式绳卡。

（2）钢丝绳卡的使用方法。

1）用两根细铁丝分别将 ϕ13mm 的钢丝绳两端扎好。

2）确定绳卡个数。根据表 3-20-4，钢丝绳尾端固定的绳卡个数应为 4 个。

3）预留绳尾长度 l。将钢丝绳在木桩上缠绕两圈，根据表 3-20-4，绳卡间距 80mm，再加上卡尾绳长 160mm，预留的绳尾长度 $l \geq 400$mm，如图 3-20-5 所示。

4）固定绳卡的方法：

① 将钢丝绳嵌入 U 形环中，注意应将绳的尾段自由部分放入 U 形环的底部，如图 3-20-6（a）所示。

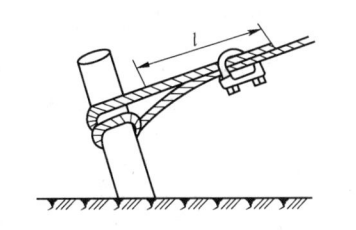

图 3-20-5 用绳卡将钢丝绳在木桩上进行尾端固定的预留长度

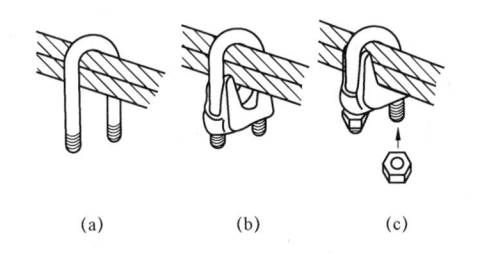

图 3-20-6 钢丝绳卡的使用方法

② 将卡体套在 U 形环上，如图 3-20-6（b）所示。

③ 将两只螺母拧上，如图 3-20-6（c）所示。在拧紧螺母时，必须将两只螺母交叉进行拧紧，不能将其中一只拧紧后再拧紧另一只。

5）钢丝绳尾端在桅杆上部的固定方法同在木桩上的固定类似。在使用钢丝绳卡时，应注意绳卡应按一个方向排列，即以绳的 U 形弯曲部分卡在绳头的自由端一边（见图 3-20-7），这样，在拧紧钢丝绳卡时，被压偏的是绳头部分，可以避免主绳被压偏而降低其使用寿命。

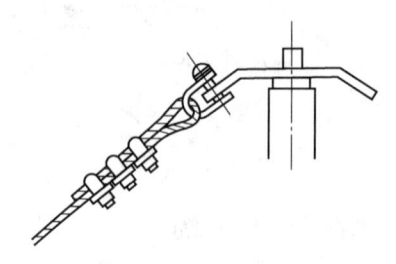

图 3-20-7 钢丝绳卡的安装方向

【思考与练习】
1. 绳卡的种类有哪些？
2. 绳卡使用要点是什么？
3. 绳卡选择方法有哪些？
4. 简述固定绳卡的方法。

模块 2 卸扣（卡环）(ZY5600803002)

【模块描述】本模块介绍卸扣的分类、构造与规格、允许荷重估算。通过知识讲解和图例介绍，能够掌握卸扣的正确使用方法、卸扣的使用注意事项与维护办法。

【模块内容】卸扣又叫卸甲、卡环，它是起重作业中用得最广泛的连接工具，用卸扣可连接起重滑轮和固定吊索等。卸扣扣体采用 Q235A、20 号钢锻造并经热处理制成，体积小而强度高，横轴一般用 40 号钢、45 号钢制成。卸扣的结构如图 3-20-8 所示。

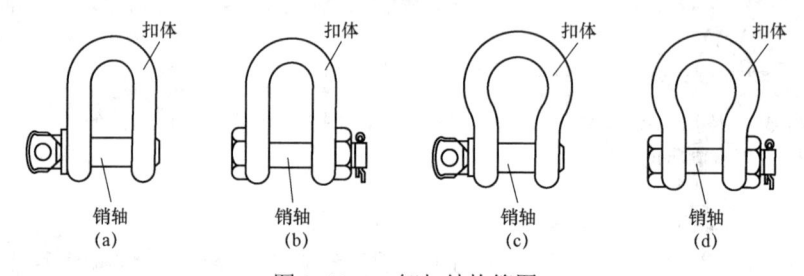

图 3-20-8 卸扣结构简图
(a) DW 型卸扣；(b) DX 型卸扣；(c) BW 型卸扣；(d) BX 型卸扣

一、卸扣的分类
1. 按扣体形状

卸扣分为 D 型和 B 型。D 型卸扣的扣体呈 U 形，主要用于单肢索具；B 型卸扣的扣体呈Ω形，主要用于多肢索具。

2. 按销轴固定方式

卸扣分为销子式和螺旋式两种，其中螺旋式卸扣比较常用。BW、DW 型卸扣是螺旋式，其主要用于索具不会带动销轴旋转的场合；BX、DX 型卸扣是销子式，其主要用于可能使销轴转动的场合及长期安装的场合。

二、卸扣的构造与规格

卸扣的构造比较简单，它由扣体（大环圈）和销轴组成。销轴分螺纹销和光直销两种。在螺纹销中，有销子直接拧在有螺纹的弯环销孔中的，也有销孔无螺纹而在销端用另一个螺母固定的。而光直销则用开口销来固定。DW 型卸扣的结构如图 3-20-9 所示，该型号卸扣的技术规格尺寸见表 3-20-5。

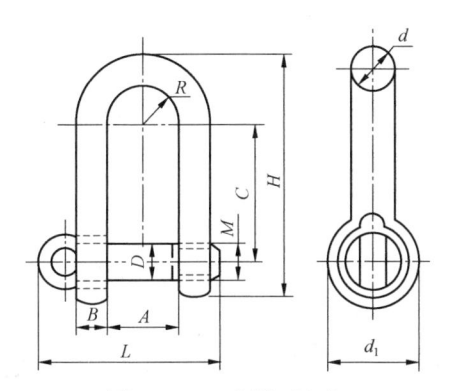

图 3-20-9　螺旋式卸扣

表 3-20-5　　　　　　DW 型螺旋卸扣技术规格表　　　　　　（单位：mm）

起重量（t）	A	B	C	D	d	d_1	M	R	H	L
1	28	14	68	20	14	40	18	14	102	79
2	36	18	90	25	20	48	22	18	132	103
3	44	24	107	33	24	65	30	22	164	128
4	56	28	118	37	28	72	33	25	182	145
5	64	32	138	40	32	80	36	25	210	150
8	72	36	149	43	36	80	38	25	225	154
10	50	38	148	45	38	84	42	25	228	274
15	60	46	178	54	46	100	52	30	274	214
20	70	52	205	62	52	114	60	35	314	246
25	80	60	230	70	60	130	68	40	355	245
30	90	65	258	78	65	144	76	45	395	270
35	100	70	280	85	70	156	80	50	428	295
40	110	76	300	90	76	166	85	55	459	320
45	120	82	320	96	82	178	95	60	491	347
50	130	88	343	104	88	192	100	65	527	371

三、卸扣允许荷重估算

卸扣允许荷重估算公式为：

$$Q = 60d^2 \qquad (3\text{-}20\text{-}1)$$

式中　Q——许用载荷，N；

D——卸扣扣体弯曲部分直径，mm。

需要强调说明，式（3-20-1）只是一个估算，只能作为参考。

四、卸扣的正确使用

卸扣在吊装中主要用于经常安装和拆卸的连接部位，卸扣可用作索具末端配件，在吊装作业中直接与被吊物连接；卸扣也可用于索具与末端配件之间，起连接作用，如用卸扣连接起重滑车和固定吊索等。

1. 挂钩

用卸扣直接挂钩时，应将卸扣的销轴直接挂入吊钩受力中心位置，不能挂在吊钩钩尖部位，也不能将扣体挂入吊钩上，如图 3-20-10 所示。卸扣安装好后，应保证销轴能在被吊物孔中转动灵活。

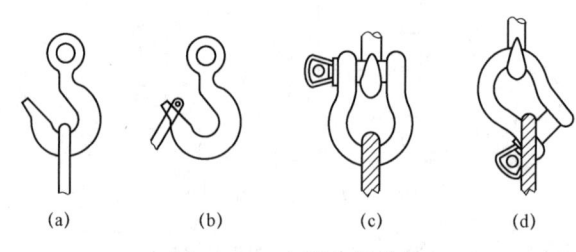

图 3-20-10　卸扣的挂钩
（a）、（c）正确；（b）、（d）错误

图 3-20-11　卸扣与单枝索具连接
（a）正确；（b）错误

2. 与单肢索具连接

卸扣与单肢索具连接时，应将索具尾端的环扣套入卸扣的销轴上，钢丝绳绕过物体后从卸扣的 U 形扣体内穿过，不应将索具尾端的环扣套入卸扣的 U 形扣体上，如图 3-20-11 所示。

3. 用于索具与末端配件之间的连接

在使用卸扣时，必须注意其受力方向。如果作用在卸扣上力的方向不符合要求，则会使卸扣允许承受载荷的能力降低，如图 3-20-12 所示是卸扣用于索具与末端配件之间连接的几种安装方式。正确的安装方式是力的作用点在卸扣本体的弯曲部分和横销上，如图 3-20-12 (a)～(b) 所示；如果作用力使卸扣扣体的开口扩大，或使销轴螺纹部分承受较大的拉力，则是错误的方式，如图 3-20-12 (c)～(d) 所示。

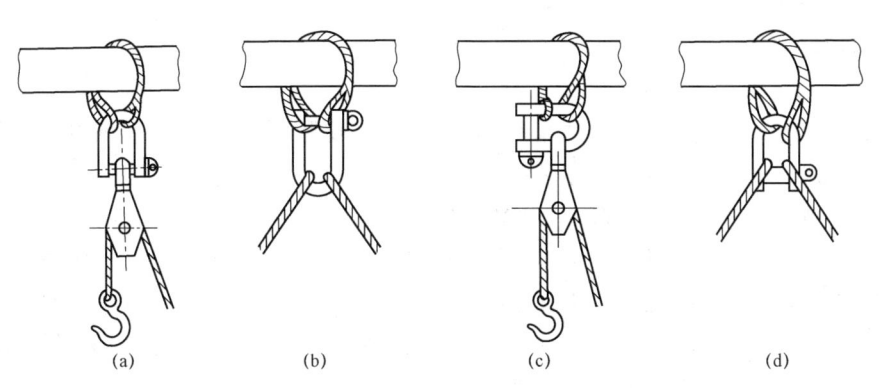

图 3-20-12　卸扣用于索具与末端配件之间连接的几种安装方式
(a)、(b) 正确；(c)、(d) 错误

五、卸扣使用注意事项

（1）卸扣的极限工作载荷和适用范围是卸扣的试验检测和使用的依据，严禁超载使用。

（2）起吊过程中，严禁吊运的物品受到碰撞和冲击。吊运过程应尽量平稳，下面严禁站人或有其他物品。

（3）任何一只卸扣在使用前必须先试吊再起吊。选择吊点应与吊重重心在同一条铅垂线上。

（4）吊装作业完毕后，不允许将卸扣由高空往下抛摔，以免卸扣落地碰撞变形或内部产生损坏和裂纹。

（5）起吊作业完毕后，要及时卸下卸扣，将销轴插入扣体销轴孔内并锁紧，以保证卸扣完整无缺。

（6）用卸扣时，应在其销轴的螺纹部分涂上润滑油，存放在干燥处，以防生锈。

（7）如发现卸扣有裂纹、严重磨损或销轴弯曲现象时，应停止使用。

【思考与练习】

1. 卸扣的分类有哪些？
2. 简述卸扣使用注意事项。
3. 简述卸扣如何正确使用。
4. 卸扣分为哪几种？

模块 3 吊环（ZY5600803003）

【模块描述】 本模块介绍吊环的构造、种类、规格。通过知识讲解和图例介绍，能够掌握吊环的使用方法及注意事项。

【模块内容】

一、吊环的构造、种类

吊环是指起吊设备时的一种专用的固定工具，多用于吊点位置，它的材料通常采用 20 或 25 号优质碳素钢经过整体锻造而成，表面应光洁，不应有刻痕、锐角、接缝和裂纹等现象。其硬度值应符合 HRB67–95。

常见的吊环有圆吊环、长吊环、梨形吊环 3 种，如图 3–20–13 所示。圆吊环在设备安装检修时，经常使用。使用此种吊环便于钢丝绳的系结，减少捆绑绳索的麻烦，其允许荷重见表 3–20–6。梨形吊环是一种封闭的环形吊具，起重能力大，无脱钩危险，一般用于固定的吊车上。长吊环主要和滑车配合使用。

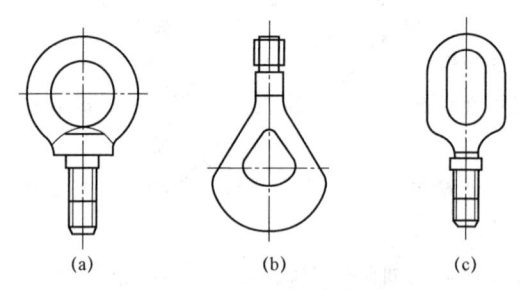

图 3–20–13　常见吊环示意图
（a）圆形吊环；（b）梨形吊环；（c）长吊环

二、吊环规格

吊环通常用在电动机、减速器的安装，维修时作固定吊具使用，吊环安全承载力如表 3–20–6 所示。

表 3–20–6　　　　吊环安全承载力　　　　（单位：t）

规格（D）	M8	M10	M12	M16	M20	M24	M30	M36	M42	M48	M56	M64
单吊环起吊	0.16	0.25	0.4	0.63	1	1.6	2.5	4	6.3	8	10	16

续表

规格（D）		M8	M10	M12	M16	M20	M24	M30	M36	M42	M48	M56	M64
双吊环起吊		0.08	0.12	0.2	0.32	0.5	0.8	1.25	2	3.2	4	5	8

注 表中数值系指平稳起吊时的最大允许起吊重量。

三、使用方法及注意事项

（1）使用吊环前，应检查丝杆是否有弯曲变形现象，丝扣、丝牙是否完好。

（2）吊环最大起吊重量仅适用于将吊环安装于钢、铸钢、铸铁的情况。

（3）吊环必须旋进至使支撑面紧密贴合，但不准使用工具旋紧。

（4）采用两个或两个以上吊环起吊时，钢丝绳间的夹角不应大于 90°，使用两个吊环起吊时注意环的方向，使环径成直线，不要孔对孔。

（5）吊环使用时必须注意其受力方向，垂直受力情况最佳，纵向受力差些，严禁横向受力。

（6）吊环在使用中如发现螺纹太长，须加垫片，再拧紧后方可使用。

【思考与练习】

1. 常见的吊环有哪三种？
2. 简述吊环使用方法及注意事项。
3. 吊环材料如何选择？
4. 吊环 M64 的含义是什么？

▲ 模块 4　吊钩（ZY5600803004）

【模块描述】本模块介绍吊钩的种类和构造。通过知识讲解和图例介绍，掌握吊钩的正确使用方法和操作注意事项以及吊钩的报废标准。

【模块内容】

一、吊钩的种类和构造

吊钩主要作为起重作业中的连接工具，直接承受载荷。吊钩采用优质碳素结构钢或合金结构钢锻造并经热处理制成，具有体积小、重量轻、强度高等特点。各种吊钩外形结构如图 3–20–14 所示。

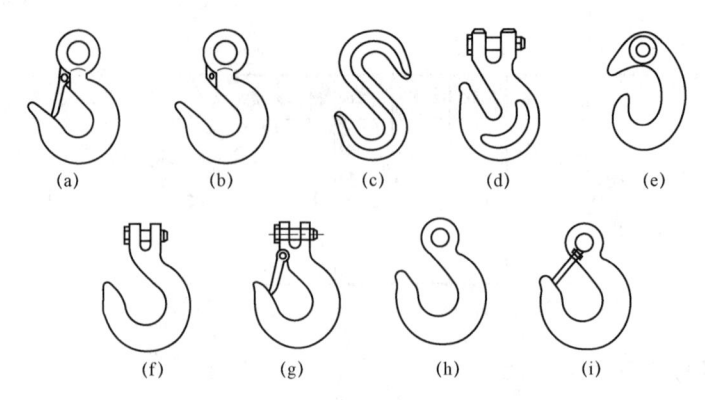

图 3-20-14　吊钩外形结构示意图

(a) 美式货钩；(b) 环眼吊钩；(c) S 钩；(d) 羊角抓钩；(e) 鼻形钩；(f) 羊角滑钩；
(g) 羊角滑钩（带保险卡）；(h) 眼形滑钩；(i) 眼形滑钓（带保险卡）

二、吊钩的正确使用与操作注意事项

（1）卸扣或吊环在挂入吊钩时，应将索具端部件挂入吊钩受力中心位置，不能直接挂入吊钩钩尖部位，如图 3-20-15 所示。

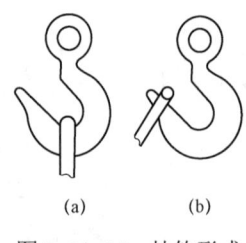

图 3-20-15　挂钩形式
(a) 正确；(b) 错误

（2）吊钩的极限工作载荷和适用范围是吊钩检验和使用的依据，严禁超载使用。如没有标注或起重量标记模糊不清，应重新计算并通过负荷试验来确定其额定起重量。

（3）吊钩在与索具配合使用时应注意环境条件，同时索具不得扭转和打结使用。

（4）起吊过程中，严禁使吊运的物品受到碰撞和冲击。

（5）吊运过程应尽量保持平稳，被吊物品下面严禁站人或有其他物品。

（6）任何一只吊钩在使用前必须先试吊再起吊。

（7）新吊钩在投入使用前，应进行检查，应有制造厂的制造合格证，否则不准投入使用。新吊钩的开口度要进行测量并应符合规定。新钩应做负荷试验，检验荷载按起重量的不同而不同，如表 3-20-7 所示。

表 3-20-7　吊钩的检验荷载

额定起重量（t）	检验荷载	
	（kN）	（tf）
≤25	200%额定起重量	
32	600	60
40	700	70

续表

额定起重量（t）	检 验 荷 载	
	（kN）	（tf）
50	850	85
63	1000	100
80	1200	120
100	1432	143
112	1580	158
125	1725	172.5
140	1890	189
≥160	133%额定起重量	

（8）对吊钩 3 个危险断面应用火油清洗，用放大镜看有无裂纹；对板式钩应检查其衬套、销子磨损情况。

（9）在起重吊装作业中使用的吊钩，其表面要光滑，不能有剥裂、刻痕、锐角、接缝和裂纹等缺陷。

（10）对吊钩的连接部分应经常进行检查，检查连接是否可靠、润滑是否良好。

（11）吊钩在使用过程中，应进行定期检查，主要检查是否有变形、裂纹、磨损、腐蚀等现象，并应做好记录。

（12）挂吊索时要将吊索挂至吊钩底部，正确的拴挂方式如图 3-20-16（c）所示。

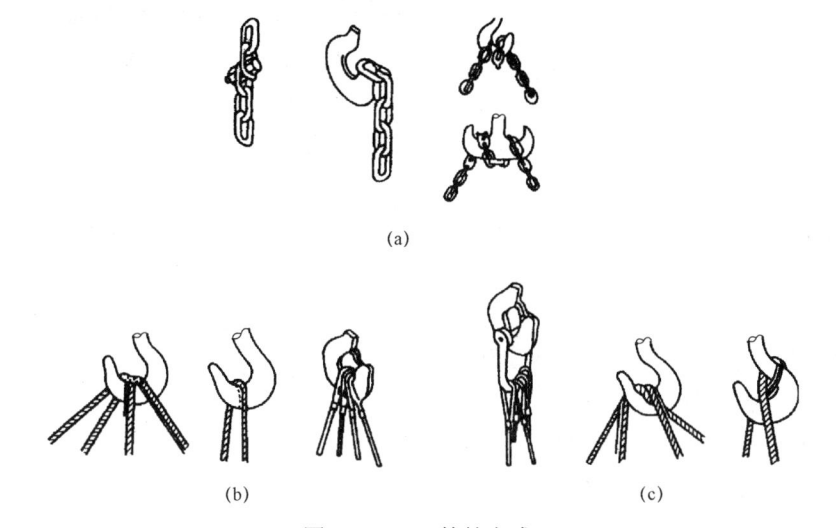

(a)

(b)   (c)

图 3-20-16　拴挂方式
(a) 错误；(b) 错误；(c) 正确

如需将吊钩直接钩挂在构件的吊环中，不能硬别，以免使钩身受侧向力，产生扭曲变形。

（13）吊钩不得补焊。

（14）吊钩上应装有防止脱钩的安全装置。

（15）吊钩在停止使用时，应对其进行仔细的清洗、除锈，上好防锈油，放在通风干燥的地方。

三、吊钩的报废标准

吊钩是起重机械上重要的取物装置，其必须安全可靠，因此对不符合使用条件的吊钩应予报废。

出现下列情况之一者，吊钩应予报废。

（1）裂纹。钩身裂纹常用20倍放大镜或用超声波探伤仪检查。钩身尾部的退刀槽处应力集中，容易产生裂纹，因此是检查的重点部位。

（2）危险断面（图3-20-17中有的3处断面）的磨损重，达到原尺寸（高度）的10%时。

（3）危险断面和吊钩颈部产生塑性变形时。

（4）吊钩钩腔的开口度比原尺寸超过15%时。

（5）吊钩扭曲变形，当吊钩钩尖中心线与钩尾中心线扭曲角大于10°时。

（6）钩尾螺纹外径比原标准尺寸超过5%以上。

（7）板钩衬套磨损达到原尺寸的50%以上，衬套应报废，销子磨损量超过名义直径的3%～5%应更新。

（8）板钩心轴磨损达到原尺寸的5%时，报废心轴。

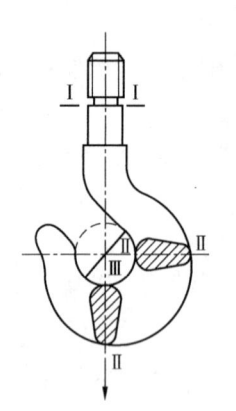

图3-20-17 吊钩危险断面

【思考与练习】

1. 吊环使用方法及注意事项有哪些？
2. 如何估算卸扣许用荷重？
3. 绳卡使用要点有哪些？
4. 简述固定绳卡的方法。
5. 指出图3-20-18中正确的图示是哪些？
6. 吊钩的报废标准是什么？使用时应注意哪些问题？

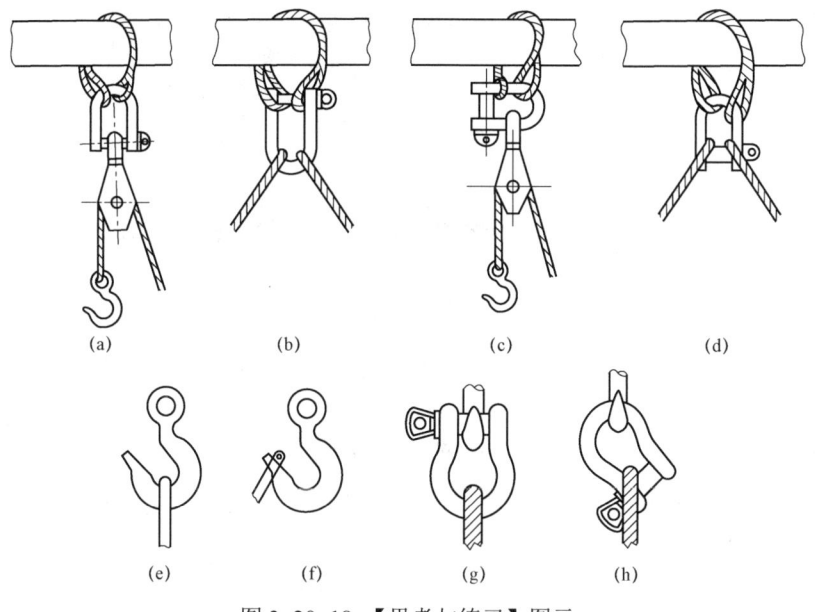

第二十章　绳卡、卸扣、吊环和吊钩使用与维护　197

图 3-20-18 【思考与练习】图示

国家电网有限公司
技能人员专业培训教材　水电起重工

第二十一章

千斤顶使用与维护

▲ 模块1　齿条千斤顶的使用（ZY5600804001）

【模块描述】本模块介绍齿条千斤顶使用与维护。通过理论讲解和图例介绍，了解齿条千斤顶工作原理，掌握齿条千斤顶使用方法。

【模块内容】

千斤顶是起重作业中常用的起重设备，它构造简单，使用轻便，工作时无振动与冲击，能保证把重物准确地停在一定的高度上。顶升重物时不需要电源、绳索、链条等，常用它作重物的短距离起升或在设备安装时用于校正位置。

千斤顶按照其结构形式和工作原理的不同，可以分为齿条式千斤顶、螺旋式千斤顶和液压式千斤顶。

齿条式千斤顶是利用齿条的顶端顶起高处的重物，也可以利用齿条的下脚顶起低处的重物。它由金属外壳和装在外壳内的齿轮、齿条、棘爪及棘轮等组成，其结构如图 3-21-1 所示。齿条式千斤顶用于设备修理或机件的装配。

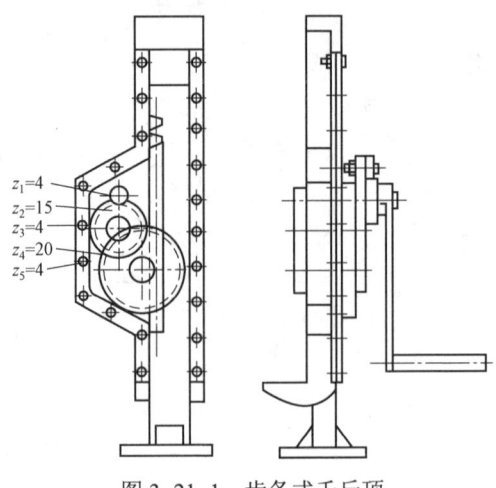

$z_1=4$
$z_2=15$
$z_3=4$
$z_4=20$
$z_5=4$

图 3-21-1　齿条式千斤顶

1. 顶升

使用时，先将棘爪放在上升位置，然后把手柄作上下摇动，手柄每向下按一次，千斤顶的齿条就上升一个齿距，同时重物也随之上升一个齿距；当手柄往上提时，由于棘爪的止动作用，齿条不会因重物重量的作用而下落。这样将手柄作连续上下摇动，就可以把重物顶升到要求的高度。

2. 下降

在使用时，将棘爪放到下降的位置，然后将手柄上下揿动，当手柄向上提时，齿条就下降一小距离，手柄往回揿动，由于棘爪制动作用，重物就不会继续下滑。连续揿动手柄，即可将重物下降到要求的位置。

【思考与练习】

1. 齿条千斤顶如何顶升？
2. 齿条千斤顶如何下降？
4. 千斤顶按构造和原理如何分类？
5. 千斤顶在起重作业中的作用是什么？

▲ 模块 2　螺旋千斤顶（ZY5600804002）

【模块描述】本模块介绍螺旋式千斤顶使用与维护。通过理论讲解和图例介绍，了解螺旋式千斤顶工作原理，掌握螺旋式千斤顶使用方法。

【模块内容】

螺旋千斤顶有固定式螺旋千斤顶、LQ 型固定式螺旋千斤顶、移动式螺旋千斤顶几种。

一、固定式螺旋千斤顶

固定式螺旋千斤顶是一种简单千斤顶。它由带螺母的底座、起重螺杆、顶托重物的顶头和转动起重螺杆的手柄等几个部分组成，如图 3-21-2 所示。

固定式螺旋千斤顶的螺母用螺钉固定在底座上端。当手柄转动时，螺杆即在螺母中上下移动，起到顶起或降下重物的作用。固定式螺旋千斤顶的螺纹由于其导角小于螺杆与螺母间的摩擦角，具有自锁作用，所以在重物的作用下，螺杆不会转动而使重物下降。这种千斤顶在作业时，未卸载前不能作平面移动。

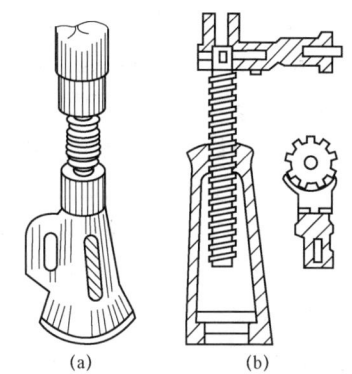

图 3-21-2　固定式螺旋千斤顶
(a) 普通式；(b) 棘轮式

二、LQ 型固定式螺旋千斤顶

LQ 型固定式螺旋千斤顶即锥齿轮式螺旋千斤顶，其结构如图 3-21-3 所示。这种螺旋千斤顶的起重量为 3~50t，顶升高度可达 250~400mm。固定式螺旋式千斤顶与齿条千斤顶相比，具有使用方便、操作省力和上升速度快等优点。

1. 使用

作业前应根据起重量的大小选择千斤顶，使起重量在千斤顶的额定负荷内。使用时，把摇把上的换向扳钮扳到上升位置，然后用手摇动摇把，使螺杆套筒迅速上升，直至与重物相接触。将手柄插入摇把的孔内，使手柄作用来回摆动，通过棘轮组使锥齿轮组转动，同时，与锥齿轮连在一起的螺杆与锥齿轮一起转动，使螺杆套筒在壳体内向上移动，顶起重物。反之，把摇把上的换向扳钮扳到下降位置，在摇把来回摇动时，螺杆套筒就下降，同时重物也随着下降。

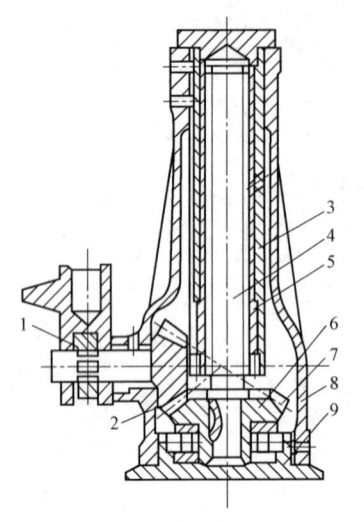

图 3-21-3　LQ 型固定式螺旋千斤顶
1—棘轮组；2—小锥齿轮；3—套筒；4—螺杆；5—螺母；6—大锥齿轮；7—轴承；8—主架；9—底座

2. 保养

为使千斤顶能可靠地工作，延长其使用寿命，在使用中应加强对千斤顶的维护保养，使千斤顶始终保持完好状态。千斤顶的维护保养应注意以下几个方面：

（1）经常保持棘轮组的清洁，勿使棘轮组积尘土，并经常加注润滑油，使棘轮保持良好的润滑，以保证棘轮组的动作灵活可靠。

（2）螺杆套筒与壳体间的摩擦表面必须随时涂润滑油。涂油前应将套筒表面擦干净。千斤顶的其他注油孔，如螺杆、锥齿部件润滑良好，减少摩擦力及噪声。

（3）应定期将千斤顶拆卸、清洗。

（4）可能出现的故障及排除方法。

千斤顶使用较长时间后，因零件磨损或由于平时维护保养不当，甚至是只使用不保养，会使千斤顶在使用中出现以下故障：

1）当摇把摇动时，重物不会被顶起或下降。产生此种现象的原因可能是装在摇把处的棘轮组失灵，棘爪在棘轮上打滑而不能推动旋转。当故障原因确定后，应拆下摇把机构，把棘爪重新安装好，千斤顶即可正常工作。

2）在顶起重物的过程中，有不正常的噪声出现。产生此种现象的原因大都是锥齿轮的支撑轴承被损坏。消除故障的办法是把千斤顶拆开，更换新的轴承。其方法及步骤如下：

① 将千斤顶底座侧面的紧固螺钉拆下，把底座按螺纹反方向旋出。

② 把螺杆全部旋出，更换新的支撑轴承。

③ 将螺杆、底座重新安装好，千斤顶就可正常工作。在更换锥齿轮的支撑轴承时，不要忘记在轴承内加足润滑油，使轴承润滑良好，以利减少摩擦力及噪声。

3）摇把在摆动中有冲击的感觉，可能是由于锥齿轮的齿断裂而引起的。由于齿的断裂，使齿的啮合情况恶化而产生撞击。齿断裂后必须换上新的锥齿轮。假定是更换与摇把相连的一只锥齿轮，其拆卸更换步骤如下：

第一步，摇动摇把，使螺杆套筒上升，当上升至全行程的一半左右时，就停止摇动。

第二步，拆下底座的坚固螺钉，把底座旋下。

第三步，用力把螺杆套筒下压，使锥齿轮部分伸出壳体，然后把螺杆全部旋出。

第四步，把螺杆套筒从壳体中抽出。

第五步，拆下摇把机构及棘轮组。

第六步，拆下锥齿轮，并换上新的锥齿轮。

第七步，按顺序装上各零件。

当装配全部结束后，需摇动摇把，检查千斤顶各转动部分是否灵活，经检查认为机构一切正常后方可投入使用。

三、移动式螺旋千斤顶

移动式螺旋千斤顶是一种在顶升过程中可以移动的一种螺旋千斤顶。移动主要是依靠千斤顶底部的水平螺杆转动，使顶起的重物连同千斤顶一起作水平移动，适用于设备的移动就位。其结构图如图 3–21–4 所示。

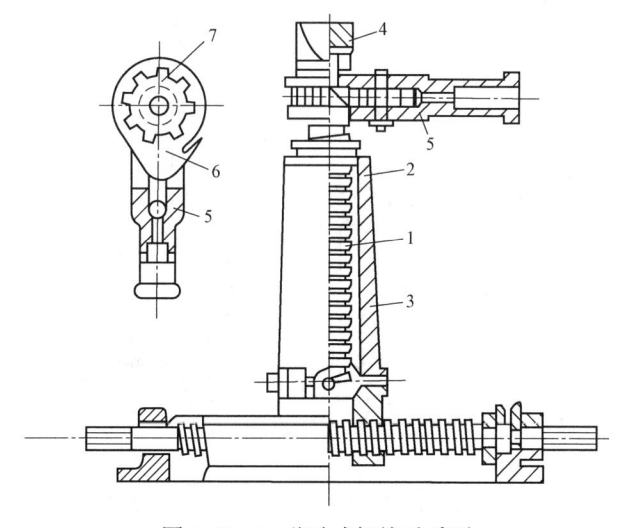

图 3–21–4　移动式螺旋千斤顶

1—螺杆；2—轴套；3—壳体；4—千斤顶头；5—棘轮手柄；6—制动爪；7—棘轮

【思考与练习】
1. 螺旋千斤顶的种类有哪些？
2. 移动式螺旋千斤顶的工作原理是什么？
3. 固定式螺旋千斤顶由哪几部分组成？
4. 固定式螺旋千斤顶的工作原理是什么？

模块 3　液压千斤顶（ZY5600804003）

【模块描述】本模块介绍液压千斤顶使用与维护。通过理论讲解和图例介绍，了解液压千斤顶工作原理，掌握液压千斤顶使用方法。

【模块内容】

液压千斤顶是起重工作中用得较多的一种小型起重设备，常用来顶升较重的重物，它的顶升高度为 100～250mm，起重量较大，大的液压千斤顶的起重能力可达 300t 以上。液压千斤顶工作平稳、安全可靠、操作简单省力。

液压千斤顶的结构如图 3–21–5 所示，主要由工作液压缸、起重活塞、柱塞泵、手柄等几部分组成。

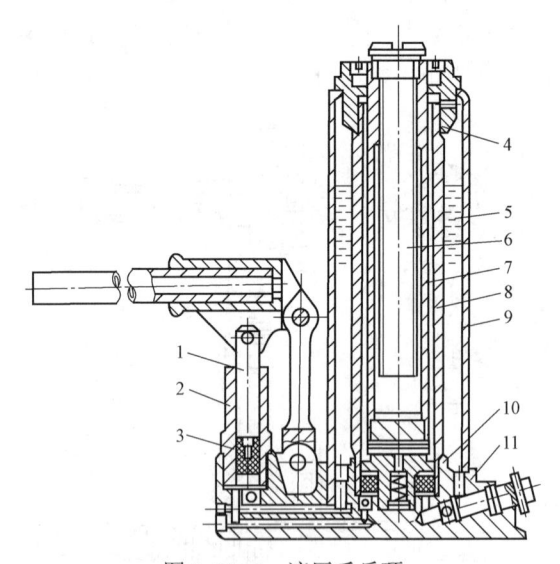

图 3–21–5　液压千斤顶
1—液压泵芯；2—液压泵缸；3—液压泵胶碗；4—顶帽；5—工作油；6—调整螺杆；7—活塞杆；8—活塞缸；9—外套；10—活塞胶碗；11—底盘

1. 液压千斤顶的使用方法

使用时，先将手柄开槽的一端套入开关，并按顺时针方向旋转将开关拧紧，然后把手柄插入撬手孔内，把手柄作上下撬动。随着手柄的上下撬动，泵芯也随之作上下运动。当泵芯向上运动时，工作液（机械油）便通过单向阀被吸入泵体；当泵芯向下运动时，被吸入泵体内的工作液便被泵芯压出，压出的工作液通过另一个单向阀进入活塞胶碗的底部，活塞杆即被逐渐顶起；当活塞上升到额定高度时，由于限位装置的作用，活塞杆不再上升。当需要降落时，仍用手柄开槽的一端套入开关，做逆时针方向的转动，单向阀即被松开，此时缸内的工作液就通过单向阀流回外壳内，活塞杆活塞即渐渐下降。活塞杆的下降要在外力的作用下才能实现，且下降的速度可以通过单向阀开启的大小来调节。

2. 液压千斤顶的维护保养

液压千斤顶在使用一段时间后，应拆卸、清洗、换油、检查，保持千斤顶性能良好，使千斤顶能正常工作。液压千斤顶的拆卸步骤如下：

（1）在进行拆卸前，把加油孔螺钉用螺钉旋具拆下，把千斤顶横放在油盘上，使工作液流出。

（2）把千斤顶的调整螺杆旋下。

（3）用扳手将螺母拆下，然后把活塞杆拆下。

（4）用扳手将顶帽拆下，拆下顶帽后，便可将活塞缸取出，这样活塞胶碗也同时被取出。

（5）将泵芯上的销子拆下，取出泵芯及液压泵胶碗。

（6）拆下堵塞螺钉。

经过以上的拆卸后，便可对千斤顶各部分进行清洗，或更换损坏的零件。经仔细清洗及检查后，便可按拆卸的反顺序进行装配。

装配完工后，将千斤顶在负载下检查一下，若有不合格处（如漏油、动作失灵等），则必须重新修整，经检查符合要求后，才能投入使用。

【思考与练习】

1. 简述液压千斤顶的使用方法。
2. 简述液压千斤顶的维护方法。
3. 简述螺旋千斤顶的使用及维护方法。
4. 液压千斤顶由哪几部分组成？
5. 液压千斤顶有哪些特点？

第二十二章

钢管桅杆的立、拆和移动作业

▲ 模块1 钢管桅杆的立、拆及移动作业方法步骤（ZY5600805001）

【模块描述】本模块介绍钢管桅杆的立、拆和移动作业知识。通过讲解和图例介绍，能够熟悉钢管桅杆的立、拆方案措施，掌握选择流动式起重机。

【模块内容】

钢管桅杆的立、拆和移动作业，是桅杆起重作业的基本方法，也是比较复杂的作业项目，关系到钢管桅杆作业的安全性，本模块通过实例进行讲解其基本的方法和要求。

选择一根 $\phi 325 \text{mm} \times 12 \text{mm}$、高 10m 单根钢管桅杆，利用滑移法立、拆桅杆，设置 6 根缆风绳，桅杆自重 $W=20 \text{kN}$，头部索具重 $Q=10 \text{kN}$，如图 3-22-1 所示。

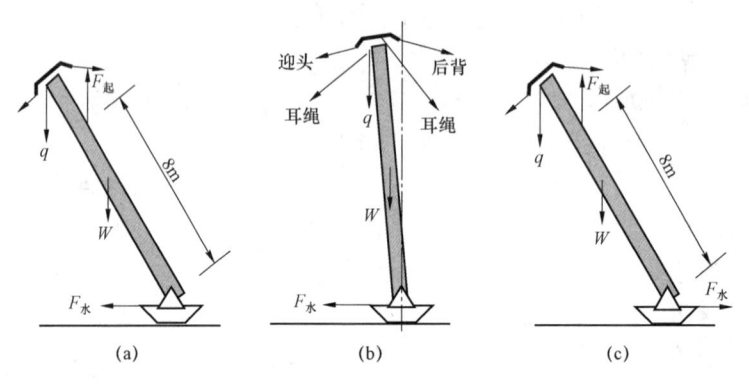

图 3-22-1 钢管桅杆立拆移作业
(a) 滑移法竖立桅杆；(b) 桅杆移动；(c) 滑移法放倒桅杆

一、熟悉方案措施

在接受该项作业任务时，首先需要接受技术人员的工艺、安全、质量、进度等方面的方案措施交底，尽快熟悉并掌握方案措施的内容和要求，根据方案措施的要求进行技术准备以及机、索具和材料、工具的准备。

二、设置地锚

根据方案措施要求进行地锚开挖和设置，主要设置缆风绳地锚、卷扬机地锚、导向滑轮地锚、桅杆尾排牵引、溜尾地锚，设置埋件和连接索具并回填地锚。或者利用已有建筑物作为锚点（需核算确认）。

三、组对钢管桅杆

根据方案措施要求和现场条件，选择确定钢管桅杆方位。首先将行走走排及滚杠按走向安放在基础上，桅杆头部平卧，将桅杆最下节和底座设置在行走排上，逐节支垫组对，调整好桅杆同心度，紧固桅杆各节法兰连接螺栓。

四、穿挂各部位机、索具

按方案措施要求和吊装需要，穿挂主吊机、索具，按桅杆行走及吊装方向穿挂缆风绳机、索具，穿挂尾排牵引、溜尾等各部位机、索具。挂好流动式起重机吊装竖立桅杆索具，检查确认。

五、选择流动式起重机

根据桅杆自重 $W = 20\text{kN}$ 和头部索具重 $Q = 10\text{kN}$，起吊点在离桅杆底部 8m 位置，如图 3-22-1 所示。起吊力为：

$$F_{起} = (5W+10Q) \div 8$$
$$= (5 \times 20 + 10 \times 10) \div 8$$
$$= 25 \text{ (kN)}$$

应选择 8t 流动起重机，工作半径 $R=5\text{m}$，杆长 $L=12\text{m}$，允许起吊重量 $[T]=4\text{t}$，满足安全起吊。

六、竖立桅杆作业

支垫好流动式起重机，拴挂吊装绳结，检查确认后，流动起重机开始起吊，尾排牵引，到桅杆基础边缘，利用溜尾机、索具脱排，流动式起重机继续起吊到桅杆直立状态，稳固好桅杆底座及行走走排，调整紧固缆风绳，拆除流动式起重机吊装索具，流动式起重机退场，竖立桅杆作业完毕。

七、移动桅杆作业

利用桅杆底部行走走排和牵引机、索具，将桅杆向预定方向行走，行走时，先放松后背缆风绳不超过 1.5m，略收紧迎头缆风绳，使桅秤始终保持略前倾状态向前行走，两侧耳绳略带受力，控制桅杆头部横向摆动，一直行走到桅杆预定位置。调整桅杆到直立状态，稳固好桅杆底座及行走走排，调整紧固缆风绳，拆除牵引机、索具，移动桅杆作业完毕。

八、拆除桅杆作业

支垫好流动式起重机，拴挂吊装绳结，检查确认后，放松缆风绳，拆除桅杆底部机、索具，准备好行走走排及溜尾机、索具，并安放在桅杆基础边缘，流动式起重机开始起吊，将桅杆底座放到尾排上，溜尾机、索具牵引，流动式起重机降落，到桅杆平卧状态，支垫好桅杆，拆除所有桅杆机、索具和流动式起重机一起退场，拆除桅杆作业完毕。

【思考与练习】

1. 如何拆除桅杆作业？
2. 竖立桅杆作业步骤是什么？
3. 流动式起重机的起吊力是如何计算的？
4. 移动桅杆作业有哪些步骤？
5. 钢管桅杆的立、拆用什么方法？

第二十三章

绞磨使用与维护

模块 1　绞磨种类、构造原理以及使用注意事项（ZY5600806001）

【模块描述】本模块介绍绞磨（绞盘），通过对绞磨的构造和原理的讲解、牵引力计算举例，了解绞磨的分类、性能特点及应用范围，掌握绞磨（绞盘）牵引力验算的相关知识。

【模块内容】

一、绞磨的种类、构造原理和特性

绞磨有木绞磨和铁绞磨两种，由磨心、支架、连接杆、绞杆等 4 部分组成，如图 3-23-1 所示为铁绞磨构造示意。工作时将滑轮组引出钢丝绳经绞磨的鼓轮由上向下绕 4~6 圈，然后拉紧用力推动推杆使鼓轮中心轴转动，将钢丝绳绞紧，并将绕过鼓轮

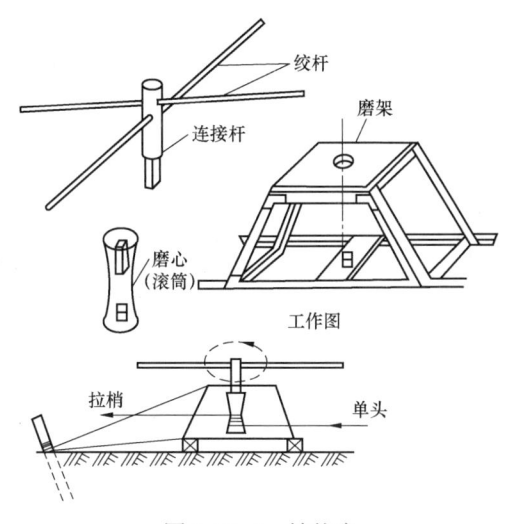

图 3-23-1　铁绞磨

的钢丝绳不断倒出,在鼓轮上始终保持4~6圈钢丝绳,以牵引或提升荷重。绞磨拉梢力可用表3-23-1的比值进行计算。

表 3-23-1　　　　　　　　　绞磨牵引力与拉梢力的比值

钢丝绳缠绕圈数	1	2	3	4	5	6
比值	2.5	6.5	17	43	111	284

绞磨结构简单,操作方便,只要推动绞杠,钢丝绳即可牵引或提升重物。同时,其本身重量也较轻,卷速快慢较绞车容易控制,一般比手摇绞车快。其缺点是需要较大的场地,用人多,而且起重量一般不超过5t,无制动装置,不如绞车安全可靠。

二、使用绞磨的注意事项

(1) 绞磨应选择较平整并能供推杆回转的地方固定,用封绳锁牢;绞磨前第一个转向滑轮必须与磨心在一水平线上。

(2) 如钢丝绳的跑头由绞磨前方穿入,在磨心上缠绕4~5圈后,再由后方穿出。未绞动前,前方绳子应放在磨心的中部,后面的绳子由磨心上部绕出。

(3) 绞动后,前面的绳子一圈一圈向下绕,后面绳子则一圈一圈向下退,后边的跑头用人力借助其他物体倒出去并将绳绷紧,防止松动时绞杆受反作用力回转伤人。

(4) 磨心上应始终保持4~5圈钢丝绳。

(5) 绞磨一般不用搭梢,在磨心弧形滚筒的绳圈可利用弧线自动窜向中部。使用时应注意防止滚筒上的绳圈互助挤压(卡梢)。发生卡梢时,应立即停止转动,将绳理顺后,才可继续工作。

(6) 绞磨应用牢固的地锚拉住,不能让绞磨支架产生倾倒或悬空现象。停机时,应将后边跑头封住,并将推杠用铁杆别住。

【思考与练习】

1. 简述使用绞磨的注意事项。
2. 绞磨的种类有哪些?
3. 绞磨的工作原理是什么?
4. 绞磨的磨心上应始终保持多少圈钢丝绳?
5. 绞磨由哪些部分组成?

第二十四章

手拉葫芦使用与维护

▲ 模块1 手拉葫芦（ZY5600807001）

【模块描述】 本模块介绍手拉葫芦的种类和构造、使用与维护、技术性能。通过讲解和示例，掌握手拉葫芦的使用以及维护保养常识。

【模块内容】

手拉葫芦又叫链条滑车、倒链滑车、链式起重机，它是一种构造比较简单、携带方便、操作容易的起重机具，通常1～2人即可将重物吊运到所需要的地方，适用于小型设备和构件短距离吊装或运输，也可在大型设备吊装中对桅杆缆风绳进行拉紧调节。其起重能力一般不超过10t，最大可达20t，起升高度一般不超过6m。

一、手拉葫芦的种类和构造

手拉葫芦按构造形式不同可分为齿轮传动和蜗轮传动两种。

1. 齿轮传动手拉葫芦

齿轮传动手拉葫芦主要由链条、链轮、行星装置和上下吊钩等几个主要部分组成，如图3-24-1所示。当提升重物时，可用手拉链条使链轮作顺时针方向旋转；停止不拉时，由于受其制动装置的作用，重物不会自动下落，可维持悬吊不动；当需要下落时，可用手拉链条使链轮作反时针方向旋转。

2. 蜗轮传动手拉葫芦

蜗轮传动手拉葫芦主要由链条、链轮、蜗杆蜗轮装置和上下吊钩等几个主要部分组成，如图3-24-2所示，用手拉链条带动蜗杆蜗轮旋转，使动滑车上升。这种葫芦效率较低，速度不及齿轮传动得快。

二、手拉葫芦技术性能

手拉葫芦主要是作垂直吊装，也可水平或倾斜使用，同时也经常在大型设备吊装中对桅杆缆风绳进行拉紧调节。国产手拉葫芦的性能和规格见表3-24-1。

三、手拉葫芦的使用

（1）使用前，要认真进行检查，看吊钩、轮轴有无损伤，转动部分是否灵活，是否有卡链现象，链条是否有断节及裂纹，制动器是否安全可靠，销子牢固与否，吊挂绳索及支架横梁是否结实稳固，经检查合格后方可使用。

（2）搬运装卸不得丢甩抛掷，注意保护轮轴及链条，轮轴及齿轮要随时加油，不应使链条齿轮扭结脱扣，要经常保持清洁，避免锈蚀。

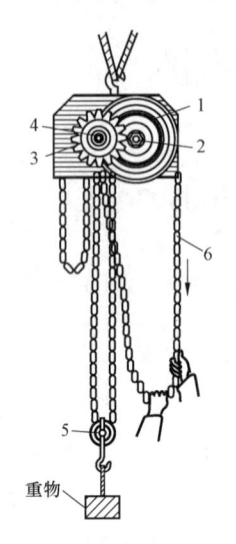

图 3-24-1　齿轮传动手拉葫芦
1～4—两个轮轴；5—动滑车；6—链条

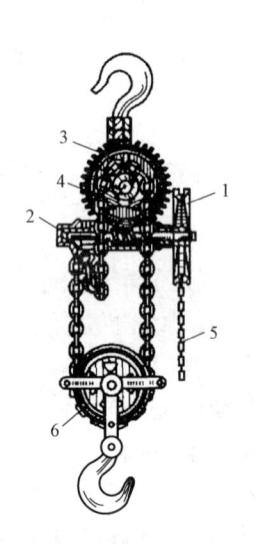

图 3-24-2　蜗轮传动手拉葫芦
1—手动链条；2—蜗杆；3—蜗轮；4—蜗轮轴；
5—手拉链条；6—动滑车

表 3-24-1　　　　　　　　　国产手拉葫芦的性能和规格

型　号	HS$\frac{1}{2}$	HS1	HS1$\frac{1}{2}$	HS2	HS2$\frac{1}{2}$
起重量（t）	0.5	1	1.5	2	2.5
标准起升高度（m）	2.5	2.5	2.5	2.5	2.5
满载链拉力（N）	195	310	350	320	390
净重（kg）	7	10	15	14	25

型　号	HS3	HS5	HS7$\frac{1}{2}$	HS10	HS15	HS20
起重量（t）	3	5	7.5	10	15	20
标准起升高度（m）	3	3	3	3	3	3
满载链拉力（N）	350	390	395	400	415	400
净重（kg）	24	36	48	68	105	150

（3）只在短距离起重、移动重物或绞紧物体以控制方向等情况下使用。

（4）使用手拉葫芦时，要检查起重链条是否有扭结现象，如有，应在调整好后方可使用。

（5）使用时应先反拉细链条，使粗链条松弛，以使滑车有最大的起重距离。

（6）起重时应慢慢倒紧，待链条吃劲后，检查滑车各部分有无变化，安装是否稳妥，链条是否会自行回松等，确认状态良好后才可继续工作。

（7）起重时，手拉链条要正对链轮均匀拉动，不可猛拉、强拉或斜拉，发生卡链时可顺势回拉 1～2 转，活动后再继续工作。

（8）不得超负荷使用。如起吊重量不明确，在绞紧葫芦后，只准一人拉动小链条，不得用两人以上的力量一起拉，以免粗链条因受力过大而断裂。

（9）葫芦做水平和倾斜方向作业时，拉链的方向要同链轮方向一致，避免卡链或掉链现象发生，同时还要求在水平方向细链的入口处垫物承托链条。

（10）在使用过程中，要根据其起重能力大小来决定拉链的人数。当手拉不动时，应查明原因，绝不能随意增加人员进行强拉，以免发生事故。拉链人数可参考表 3-24-2。

表 3-24-2　　　　　　　　根据起重能力确定拉链人数

起重量（t）	0.5～2	3～5	5～8	10～15
拉链人数（人）	1	1～2	2	2

（11）在起吊重物的过程中，如要将重物在空中停留较长时间时，应将手拉链妥善地拴在起重链上，以防止机具自锁失灵发生意外事故。

（12）不准过分提升或下降起重链条，以防止挣断插销。

（13）链条出现裂纹，链条发生塑性交形，伸长率达原长的 5%，链条直径磨损达原直径的 10% 情况时应报废。

（14）链式起重机应定期保养，对转动部件应及时加油润滑，要防止链条锈蚀。对严重锈蚀、有断痕和裂纹的链条，要做报废或更新处理，不准凑合使用。

四、手拉葫芦的维护保养

正确的维护保养对延长环链手拉葫芦的使用寿命及安全可靠地使用葫芦有很大影响，因此，用必须做好维护保养工作。环链手拉葫芦的维护保养有以下几个方面：

（1）使用完毕后应将手拉葫芦上的泥垢擦净，然后存放在干燥地点，避免受潮、生锈和腐蚀。

（2）每年应拆洗机件，加润滑油。

（3）手拉葫芦经清洗检修后，应进行空载和重载试验；确认工作正常时，才能正常使用。

（4）在加油和使用过程中，制动器的摩擦面必须保持干净；应经常检查制动部分，以防止制动失灵，发生重物自坠现象。

（5）应定期检修，检修项目见表 3-24-3。

表 3-24-3　　　　　　　　　　检 修 项 目

检修零部件	检修项目	检修方法	检修标准
铭牌	有无铭牌	目测	有铭牌，标志清晰
机体	无负荷试验	无负荷上升、下降	上升时有棘爪响声 下降时制动器无异常
吊钩	扭转变形 钩口变形 翘曲变形 裂纹缺陷	目测 目测，测量 目测 目测，探伤	不超过 100 开口度不超过 15% 无明显翘曲 无裂纹
链条	节距伸长 变形 裂纹	测量 目测 目测	不超过 3% 无明显变形 无裂纹
齿轮	破坏或磨损	目测	无破断及严重磨损
制动器组	磨损、变形或腐蚀	目测	无明显变化
摩擦片	磨损	测量	磨损不超过 25%
起重链轮游轮	裂纹 破损或腐蚀	目测	无裂纹、破损及腐蚀
手链轮	裂纹 破损或腐蚀	目测	无裂纹、破损及腐蚀
手拉链条	有无变形	目测	无明显的节距伸长及变形
螺钉（母） 开口销 垫（挡）圈 钢球	配合情况	目测	日常检查无松动、无脱落， 定期检查无异常

【思考与练习】

1. 手拉葫芦按构造形式不同分为哪两种？
2. 齿轮传动手拉葫芦由哪几部分组成？
3. 蜗轮传动手拉葫芦由哪几部分组成？
4. 手拉葫芦的主要用途是什么？
5. 简述手拉葫芦的使用方法。

模块 2 手扳葫芦（ZY5600807002）

【模块描述】本模块介绍手扳葫芦结构和技术规格。通过讲解和示例介绍，能够掌握手扳葫芦的操作技术和使用与保养注意事项。

【模块内容】

钢丝绳手扳葫芦又称钢丝绳手动牵引机，是一种轻巧简便的手动牵引机械，易于携带，能随时利用当地条件，固定于使用处所，迅速起吊和拖移重物，能发挥一般手动绞车的作用。手扳葫芦一般可分为钢丝绳手扳葫芦和环链手扳葫芦。

一、钢丝绳手扳葫芦

1. 构造原理和用途

钢丝绳手扳葫芦的构造如图 3-24-3 所示。其工作原理是由两对平滑自锁的夹钳交替夹紧钢丝绳，作直线往复运动而达到牵引目的。钢丝绳手扳葫芦广泛用于装卸各种货物和牵引机车、拉出陷入泥坑中的汽车、架设通信线架，同时还适用于水平、垂直、倾斜及任意方向上的提升与牵引作业，对于狭窄巷道以及其他起重设备不能使用的地方，用它来作起吊和牵引之用最为方便，还可用来收紧设备的系紧绳索或张紧电缆。使用中钢丝绳的窜动长度不受限制，若重物超过手扳葫芦的牵引能力时，还可以与滑车组配合使用。

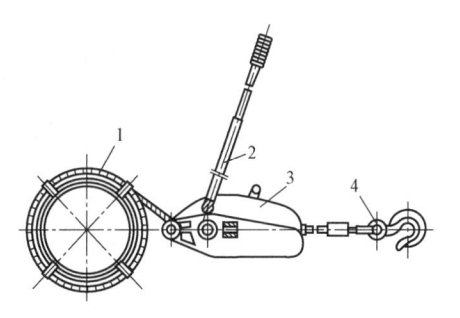

图 3-24-3 钢丝绳手扳葫芦
1—钢丝绳；2—手柄；3—主机；4—挂钩

2. 规格性能

钢丝绳手扳葫芦的规格性能见表 3-24-4。

表 3-24-4 钢丝绳手扳葫芦的规格性能

型　号	NHSS 0.8	NHSS 1.0	NHSS1.6	NHSS3.2
额定起重量（kg）	800	1000	1600	3200
额定前进行程（mm）	≥52	≥52	≥55	≥28
手柄有效长度（mm）	82.5	82.5	1200	1200
钢丝绳公称直径（mm）	8	8	11	16
钢丝绳标准长度（m）	10，20	10，20	10，20	10
额定手扳力（N）	≤360	≤290	≤420	≤450
外形尺寸（mm）	428×64×235	428×64×235	545×97×286	660×116×350

3. 使用与保养注意事项

可参见手拉葫芦。

二、环链手扳葫芦

环链手扳葫芦也是一种用途广泛的小型手动起重设备。

环链手扳葫芦的结构如图 3–24–4 所示，它采用一级齿轮传动，主要零件有齿轮轴、齿轮、制动器、起重链条、链轮、吊钩、操作手柄等。

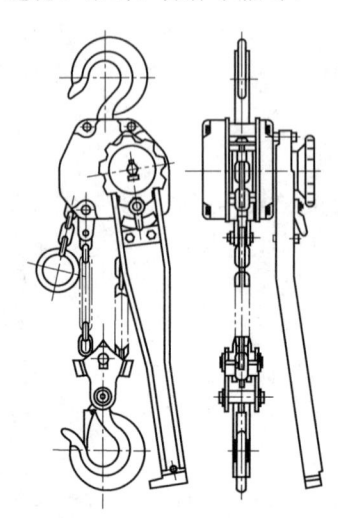

图 3–24–4　环链手扳葫芦结构

环链手扳葫芦的规格性能见表 3–24–5。

表 3–24–5　　　　　　　环链手扳葫芦的规格性能

型　号	HB$\frac{1}{2}$	HB1	HB$1\frac{1}{2}$	HB2	HB3
起重量（t）	0.5	1	$1\frac{1}{2}$	2	3
起升高度（m）	1.5	1.5	1.5	1.5	1.5
链条行数	1	1	1	2	2
扳手长度（mm）	360	400	500	400	500
满载时手板力（N）	200	250	300	265	320
手柄扳动 90°时的行程（mm）	12.5	11.35	12.2	5.68	6.1
链条规格（mm）	$\phi 5\times 15$	$\phi 6\times 18$	$\phi 8\times 24$	$\phi 6\times 18$	$\phi 8\times 24$
两钩间最小距离（mm）	265	295	325	350	440
净重（kg）	5	6.9	10	9.2	14.5

三、操作技术

操作时，先转动手柄上的旋钮使之指向位置牌中"上"的位置（表示吊钩向上升起），然后扳动手柄，拨爪便拨动拨轮，将摩擦片、棘轮、制动器座压紧成一体，并带动齿轮轴及齿轮一起转动，于是连接在齿轮内花键上的起重链轮便带动起重链条上升，重物即被平稳地吊起。

当需要下降重物时，转动手柄上的旋钮指向"下"的位置，扳动手柄，制动器松开，重物由于自重的作用而下降，当手柄停止扳动时，重物就停止下降。制动器的结构和原理与手拉葫芦相同，制动平稳、可靠。

在棘爪销上还装有棘爪脱离机构，空载时可以快速调整吊钩位置，使用十分方便。

四、使用与保养注意事项：

可参见手拉葫芦。

【思考与练习】

1. 简述手拉葫芦维护保养的方法。
2. 简述手拉葫芦的使用注意事项。
3. 简述钢丝绳手扳葫芦的使用方法。
4. 手扳葫芦分为哪两种？
5. 环链手扳葫芦的主要零件有哪些？

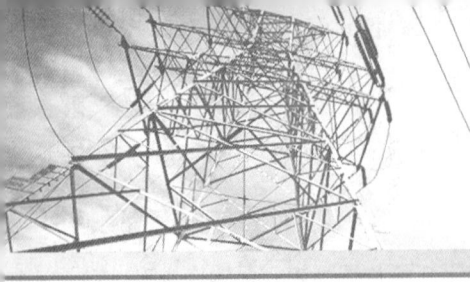

第二十五章

发电厂设备吊装实例

▲ 模块1 设备翻身作业（ZY5600808001）

【模块描述】本模块结合实例讲解水电厂设备翻身作业知识。通过工艺介绍和示例讲解，了解设备翻转方法及注意事项，掌握吊点的选择常用工艺。

【模块内容】

一、物体翻身作业吊点的选择

物体翻转常见的方法有兜翻，将吊点选择在物体重心之下，如图 3-25-1（a）所示，或将吊点选择在物体重心一侧，如图 3-25-1（b）所示。

物体兜翻时应根据需要加护绳，护绳的长度应略长于物体不稳定状态时的长度，同时应指挥吊车，使吊钩顺向移动，避免物体倾倒后的碰撞冲击。

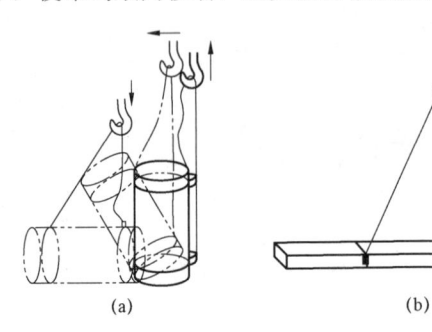

图 3-25-1 物体兜翻

对于大型物体翻转，一般采用绑扎后利用几组滑轮或主副钩或两台起重机在空中完成翻转作业。翻转绑扎时，应根据物体的重心位置、形状特点选择吊点，使物体在空中能顺利安全翻转。例如，用主副钩对大型封头的空中翻转，在略高于封头重心相隔 180°位置选两个吊装点 A、B，在略低于封头重心与 A、B 中线垂直位置选一吊点 C。主钩吊 A、B 两点，副钩吊 C 点，起升主钩使封头处在翻转作业空间内。副钩上升，用改变其重心的方法使封头开始翻转，直至封头重心越过 A、B 点，翻转完成 135°

时，副钩再下降，使封头水平完成封头 180° 空中翻转作业，如图 3-25-2 所示。

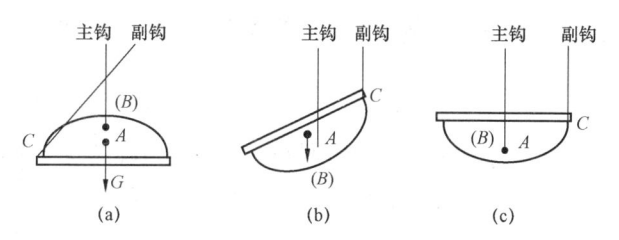

图 3-25-2 封头翻转 180°
（a）选点挂钩；（b）主钩不动副钩上升；（c）降副钩至水平

物体翻转或吊运时，每个吊环、节点承受的力应满足物体的总重量。对大直径薄壁型物体和大型桁架结构的吊装，应特别注意选择吊点是否满足被吊物体整体刚度或构件结构的局部稳定要求，采用临时加固法或采用辅助吊具法，避免起吊后发生整体变形或局部变形而造成的损坏，如图 3-25-3 所示。

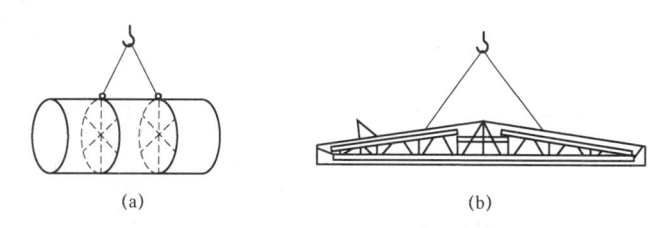

图 3-25-3 辅助吊具法
（a）薄壁构件临时加固吊装；（b）大型屋架临时加固吊装

二、汽轮机上汽缸翻转作业

以汽轮机上汽缸翻转为例，重点介绍在地面上进行滚翻、空间换点翻转法。

汽轮机外壳由上、下两部分组成，分别称为上汽缸、下汽缸。为保护汽轮机上汽缸的结合面，汽轮机上汽缸在运输、维修时，均采取结合面向上的方式。在汽轮机安装、检修、测量及对盖缸进行清理时，都需要对上汽缸进行多次 180° 翻转（俗称翻缸）。上汽缸形状复杂，安装精度要求高，外形尺寸较大。因此，翻缸是汽轮机吊装中较为主要的工作，也是吊装作业中较为典型的设备翻身案例。本模块以此为例，对设备的翻身作业进行说明。

1. 利用起重机在地面上进行滚翻

该方法一般应用在小型汽轮机机组中。可利用桥式起重机或其他起重机单钩在地面上进行滚翻。在滚翻时，必须用枕木将汽缸与地面的着力点垫平实，当汽缸重心和吊钩在汽缸上的系着点绕汽缸与地面的着力点滚翻接近 90° 时，为了防止汽缸的重心突然转向吊钩垂直线位置上而引起严重晃动,必须在缸体与地面的着力点处穿绕滑车组,不准着力点发生突然移动,从而使缸体的重心缓慢地转移至与吊钩在同一垂直线上,以免损坏起重机或汽轮机的上汽缸。

2. 空间换点翻转法

该方法主要用于外形不规则的上汽缸翻转。空间换点翻转是采用主、副钩千斤绳分别系结在汽缸的前后端,使主钩在缸体上的系结点绕副钩在汽缸体上的系结点翻转达 180°。

空间换点翻转法的操作要领:

千斤绳系结一般由桥式起重机的主钩在缸体前端左右对称地选取两个吊点;副钩在缸体后端,根据汽缸的形状选取一个或两个吊点,如图 3-25-4 所示。

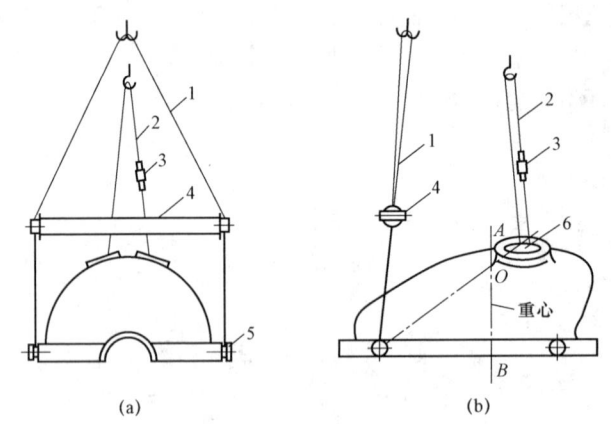

图 3-25-4 空间换点翻转千斤绳系接方法示意图
(a)缸体千斤绳系结示意图;(b)副钩千斤绳系结缸体的后端
1—主钩千斤绳;2—副钩千斤绳;3—卸扣;4—支撑横吊梁;5—管式吊梁;6—导气管孔

翻缸方法如图 3-25-5(a)所示。首先由主、副钩同时起升,将汽缸吊离地面约 0.5m 左右时,主钩继续提升,副钩停止,并配合主钩做间断的提升或下降,以保持缸体的最低点离地面 0.3～0.5m。当汽缸平面和地面成 90°夹角时,主钩停止提升,由副钩单独下降,使缸体重心逐渐转移至与主钩系结点在同一条垂直线上,并使副钩不承受载荷,千斤绳松宽后拆除系结绳套,如图 3-25-5(b)所示。由人工将悬吊在主钩上的汽缸绕主钩与汽缸重心的垂直线旋转 180°,使汽缸平面转向副钩千斤绳。把副钩千斤绳套系挂在汽缸后部左右两个管式吊耳上,如图 3-25-5(c)所示。

接着进行第二步继续翻转,将副钩稍向上提升,使缸体重心由原来与主钩系结点垂直线重合的位置,转化至在主、副钩系结点作用线之间。停止副钩提升,由主钩连续下降,使汽缸平面逐渐放飞,至汽缸的平面方向向上,如图 3-25-5(d)所示。采用双钩抬吊空间换点翻转去翻缸的关键是：翻缸前要正确掌握缸体的重心，正确选择主钩的系结点和副钩换点前后的系结点位置。

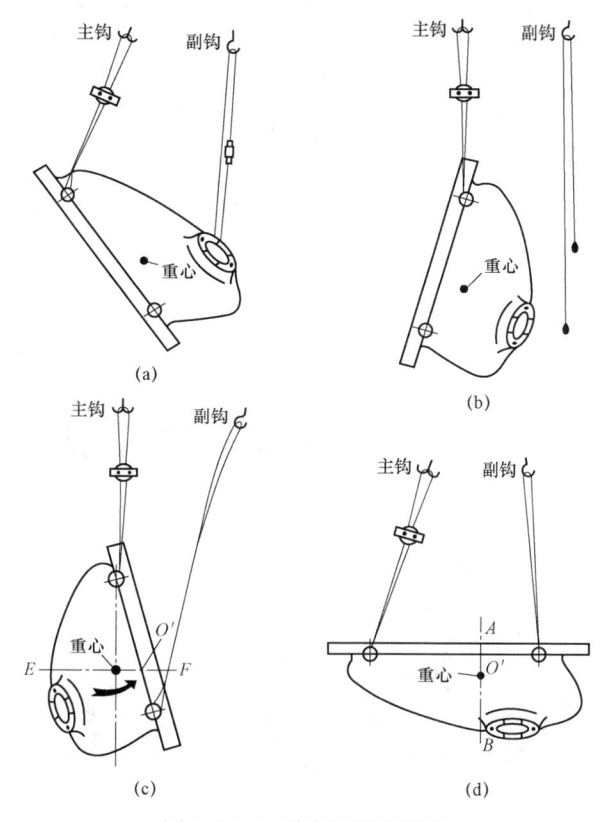

图 3-25-5　汽缸翻转示意图
（a）汽缸翻转示意图；（b）汽缸翻转 90°，拆除副钩千斤绳；
（c）汽缸绕主钩作用线旋转 180°后系接副钩千斤绳；（d）汽缸翻转 180°

空间换点翻转法系结点的选择要求：
（1）换点前主、副钩选择系结点的要求。
1）主、副钩系结点应选择在缸体重心垂直线 AB 的两侧（见图 3-25-4）。
2）主、副钩系结点之间的连接线在垂直 AB 的交点 O，必须在缸体重心的上面，最差条件只能与重心重合，绝对不能低于重心，如图 3-25-5（c）所示。
（2）换点后主、副钩选择系结点的要求。
1）副钩系结应选取在缸体重心水平线 EF 之下，如图 3-25-5（c）所示。
2）主、副钩系结之间的连接线，在重心水平线 EF 的交点 O'，必须在缸体重心的翻转方向一边（图上 F 的一边），绝对不能交在另一边，如图 3-25-5（c）所示。

三、水电厂轴流式水轮机转轮吊装与翻转作业

在轴流式水轮机转轮安装、检修、测量及清理时，需要对其进行180°翻转。轴流式水轮机转轮形状复杂，安装精度要求高，外形尺寸较大。因此，翻转是水轮机吊装中较为主要的工作，也是吊装作业中较为典型的设备翻身案例。本模块以某发电厂轴流式水轮机转轮（156t）吊装为例，对设备的翻身作业进行说明。

1. 吊装材料准备

悬挂工具1套，其中包括4个挂具，4个拉杆螺栓，4个抗剪锁，16个挂具螺栓；千斤顶4个（15t螺旋千斤顶）；2t手拉葫芦4个，挂葫芦用ϕ15.5mm、长2m钢丝绳8根；ϕ39mm、长28m钢丝绳4根，特制吊环4个；2m高梯子2个；支墩（特制设计放转轮用）6个。

2. 翻转材料

特制吊具2套（原厂家随机带来），吊环1个（厂家带来）；ϕ39mm、长24m双头钢丝绳1对；ϕ43mm、长24m双头钢丝绳1对；250mm×250mm×2000mm木方8根；特制铁支墩4个。

3. 起吊作业

当大修吊出转子以后，如果继续下拆，在没有吊出发电机主轴前就应把转轮事先挂好，挂的步骤与办法如下：

（1）运入悬挂工具，应从进水口工作门槽运进去，通过蜗壳，座环到挂装位置。

（2）割开挂具孔，吊起挂具，用螺栓及剪销把挂具固定到护壁上。

（3）用特制螺栓把转轮叶片与挂具联起来，此时如果转轮停的位置不对，应盘车找正，如图3-25-6所示。

图3-25-6 转轮起吊

(4) 当转轮悬挂完了以后，转轮以上部件拆除即可进行起吊，采用在转轮上法兰处对称上 4 个吊环，用 ϕ39mm 钢丝绳 4 根挂成 16 股，因吊载较大，吊车上要设专人监护刹车装置（起吊前要适当调小抱闸间隙）。

(5) 吊出基坑后放在安装间支墩上，支墩应事先调整水平，吊的过程中连挂具也一起带出来，待放下转轮后再把叶片上的挂具吊走。

(6) 起吊叶片上的挂具应小心慎重。

4. 翻转作业

如果需要更换枢轴铜套或下腔某一部件拆出处理，必须考虑翻转问题。其工艺过程是在转轮上法兰装两个特制吊环，用 ϕ43mm、长 24m 双头钢丝绳一对，分别挂在特制吊环和主钩上，形成 8 股绳，用主钩吊起转轮后把下吊具上好，用 ϕ39mm、长 24m 双头钢丝绳 1 对分别挂在 50t 副钩与下吊具上，然后进行如图 3-25-7 所示起落动作，每次翻 90°，两次翻转 180°，翻转中要倒换一次挂钩，翻转后的转轮卸去下面吊环，放于支墩上。

图 3-25-7 转轮翻转

5. 注意事项

(1) 对好吊车中心，吊绳找齐，保护好钢丝绳。

(2) 挂设吊具时应注意别碰坏手脚。

(3) 在叶片上挂设吊具时做好防滑措施。

(4) 翻转时离地不要起的太高，尽量用主钩起升。

(5) 有专人监护抱闸，防止溜钩。

(6) 下落时应缓慢，落好垫平。

四、混流式水轮机转轮吊装与翻转作业

以某发电厂混流式水轮机转轮为例，介绍其吊装与翻转作业。

1. 吊装材料准备

40t 吊装带 10m 长 2 根；特制吊环 4 个；支墩（特设计放转轮用的）4 个；折叠梯子 1 个；ϕ78mm 卡扣 2 个。

2. 翻转材料准备

ϕ42mm、长 18m 钢丝绳 2 根；ϕ78mm 卡扣 4 个；支墩（特设计放转轮用的）4 个；折叠梯子 1 个；铁线及小木方若干，250mm×250mm×2000mm 木方 4 块；铁管皮及废旧轮胎、毛毡各 8 块。

3. 起吊作业

（1）悬挂的方法：

1）在水轮机连轴螺栓处对称 4 个螺孔上安装 4 个特制吊环。

2）用 40t 吊装带 2 根分别缠绕在主钩和吊环上，然后用 2 个卡扣连接好。

3）尽量缩短起升距离，以免吊不到指定的位置。

（2）转轮起吊工艺。

当转轮悬挂完了后，转轮周围没有挂碰任何物件后即可进行起吊，采用在水轮机轴上法兰处对称上 4 个吊环，用 40t 吊装带 2 根缠绕几圈，尽量缩短起吊距离，用卡扣连接好，挂在主钩上，然后找正转轮中心，对好吊钩，缓慢起吊，吊出基坑后放在安装间支墩上，支墩应事先调整水平，平稳落下，如图 3-25-8 所示。

4. 翻转作业

在检修中如果气蚀严重，就必须考虑翻转问题。

其工艺过程是在转轮上冠及轮叶处，每隔 3 个轮叶对称处，用废旧轮胎、毛毡及管皮垫好棱角处，用 8 号铁线捆好，然后用 ϕ42mm 钢丝绳 2 根分别挂在主、副钩上，下面挂在轮

图 3-25-8 混流式水轮机转轮起吊

叶与上冠处，分 4 点挂绳，用 ϕ78mm 卡扣连接好，为了防止打滑，用小木方分别垫在钢丝绳与转轮之间，注意不要挂碰上、下迷宫环，待准备工作做好后，开始起主钩，待起吊一定高度后，落副钩，始终保持与地面的距离，不要超过 40cm，边起边落，直到将转轮立起为止，落副钩，摘绳。然后用人将转轮旋转 180°，起副钩，落主钩，同样道理，边起边落，直到把转轮落平为止，放于支墩上，如图 3-25-9 所示。

5. 注意事项

（1）对好吊车中心，吊绳找齐。

（2）挂设吊具时应注意别碰坏手脚。

（3）在叶片上挂设吊具时做好防滑措施。

（4）翻转时尽量用主钩起升，保护好钢丝绳。

（5）有专人监护抱闸，防止溜钩。

（6）下落时应缓慢，落好垫平。

五、水轮机顶盖翻转作业

以某发电厂水轮机顶盖（见图 3-25-10）为例，介绍翻转作业。

某发电厂水轮机顶盖自重 56.08t，支持环重 7.262t，总重量为 63.342t。

1. 工具准备

2″钢丝绳 2 对；1″吊绳 2 根；ϕ80 长 400mm 圆钢两根；1.5″钢丝绳 14m 2 根；管皮 3″ 12 块。

图 3-25-9 转轮翻转

图 3-25-10 水轮机顶盖

2. 起吊翻转方案

（1）将 1 对 2″钢丝绳和 1 对 1.5″钢丝绳分别穿入相应的吊点，对应挂吊车的两个吊钩上。

（2）找好吊钩与顶盖的中心，因两对绳不是相同的长度，所以两钩必须都受力经检查无其他问题后即可起吊。

（3）两钩同时起吊到一定高度后，2″钢丝绳（前钩）继续提升，1.5″钢丝绳（后钩）则下降，前钩起升到水轮机顶盖最大直径脱离地面，此时顶盖接近垂直于地面，能自由翻转为止，后钩下降摘下钢丝绳。

（4）将顶盖水平翻转180°，然后将1.5″钢丝绳再挂在后钩上，起升后钩，下降前钩，是顶盖垂直翻转90°使之水平，然后落到支墩上，以备检修。

3. 安全措施

（1）指定专人指挥，工作人员按规定着装，听从指挥。

（2）两个吊钩要协调一致，都吃力后方可起升或降落。

（3）吊点的棱角处，用管皮垫上，用电焊点上，防止割断钢丝绳。

（4）在顶盖边沿的顶盖固定孔与钢丝绳折角的对应点处，用圆钢作成导杆，把导杆固定孔处，使钢丝绳固定在固定孔处，使钢丝绳固定不能滑动，防止折角割损钢丝绳，此处的钢丝绳是直角弯，应着重注意。

（5）无关人员禁止进入顶盖翻转现场，工作人员密切注意起吊翻转中的钢丝绳的变化，如有异常应立即停止工作，检查无误后方可继续这项工作。

4. 技术参数

2″钢丝绳，5倍安全系数许用拉力为 $P=10d^2=10\times50^2=25t$，双绳为50t。一面用一对绳，其起吊能力为：4根，100t。

1.5″钢丝绳，5倍安全系数许用拉力为：$P=10d^2=10\times38^2=14.44t$，双绳为28.88t。4根绳其起吊能力为57.76t。

4个吊点平均每个吊点受力为：63.342/4=15.833t。因1.5″钢丝绳不单独受力，只有在顶盖与地面垂直的情况下，2″钢丝绳一对受力，按其计算结果符合起吊要求，1.5″因不单独受力也符合安全要求。

【思考与练习】

1. 空间换点翻转法系结点的选择要求有哪些？
2. 水轮机转轮翻转作业操作注意事项有哪些？
3. 水轮机转轮吊装作业操作方法是什么？
4. 物体翻转有哪些常见的方法？
5. 简述空间换点翻转法操作要领。

第四部分

大型起重设备操作及故障处理

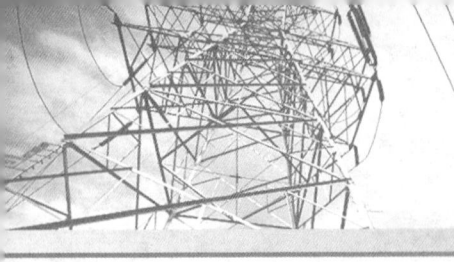

国家电网有限公司
技能人员专业培训教材　水电起重工

第二十六章

大型起重设备操作

▲ 模块 1　大型起重设备的构造及原理（ZY5600901001）

【模块描述】本模块介绍大型起重设备的构造及原理。通过讲解和介绍起重机的构造，能够了解起重机的种类、用途与优点；了解起重机的工作原理；掌握起重机的正确操作方法。

【模块内容】
一、起重机的基础知识

1. 起重机的特点

起重机是一种能在一定范围内垂直起升和水平移动物品的机械。动作间歇性和作业循环性是起重机工作特点。

2. 按照主要用途分类

按照主要用途可分为通用起重机、建筑起重机、冶金起重机、港口起重机、铁路起重机、造船起重机等。

3. 按构造特征分类

按照构造特征可分为桥式起重机和臂架式起重机；旋转式起重机和非旋转式起重机；固定式起重机和运行式起重机。

4. 水电站常用起重机械与设备

（1）桥式起重机。桥式起重机是由大车和小车两部分组成。小车上装有起升机构和小车运行机构，整个小车沿装于主梁上盖板上的小车轨道运行。该类起重机在车间内，起升高度和跨度固定，起重量不随高度和跨度变化，适合车间内的设备和构件的吊装。

（2）门座式起重机。门座式起重机是由金属结构部分、机械传动部分和电气传动部分组成。该类起重机一般安装在露天场所，起升高度和跨度固定，起重量不随起升高度和跨度变化，适合施工材料堆放场地、设备及构件保管场地、设备及构件组装场地等的吊装工作。

二、起重机的基本参数

1. 额定起重量

额定起重量指起重机容许吊装的最大起重荷载,单位为 kN(塔式起重机为 kN·m)。它由起重机的整体稳定性、结构强度、机构的承载能力决定,是选择起重机的首要参数。

2. 最大起升高度

最大起升高度指工作场地或轨道面至起重机取物装置(一般为钓钩中心线)的上极限位置的距离。

3. 幅度

幅度指具有变幅机构的臂架式起重机的旋转中心垂线与取物装置垂线间水平距离,单位为 m。

4. 跨度

跨度主要针对桥架式和缆索式起重机,桥架式主要指两轨道之间的水平距离;缆索式指两支架中心垂线间的水平距离。对于上述起重机,这两个参数是固定的,它直接决定起重机的工作范围。

5. 工作速度

工作速度包括起升、变副、旋转和运行速度。

(1)起升速度指钓钩或取物装置上升的速度。

(2)变副速度指取物装置从最大幅度移动到最小幅度的平均线速度。

(3)旋转速度指起重机每分钟旋转的转数。

(4)运行速度指起重机的行走速度,单位一般为 m/s,对于自行式起重机,则以 km/s 为单位。

【思考与练习】

1. 简述起重机的特点。
2. 起重机按用途如何分类?
3. 起重机按构造如何分类?
4. 起重机的基本参数有哪些?
5. 起重机工作速度包括哪些?

▲ 模块2 大型起重设备操作(ZY5600901002)

【模块描述】本模块介绍大型起重设备的大型起重设备操作要领。通过讲解和介绍,掌握起重机操作要领和注意事项;能够提高起重机操作人员的正确操作技能。

【模块内容】
一、起重机的基本操作方法

1. 开机

首先要对起重机送电。

2. 起升机构的操作

起升机构是起重机的核心机构，它的工作好坏是保证起重机能否安全运转的关键。起升操作可分为轻载起升、中载起升和重载起升3种。

（1）轻载起升。轻载起升的起重量$Q \leqslant 0.4G_n$，操作方法是：从零位向左（起升方向）逐级推挡，直至第五挡，每挡必须停留1s以上，从静止、加速到额定速度（第五挡），一般需要经过5s以上。当吊钩被提升到预定高度时，应将手柄逐级扳回零位。同理，每挡也要停留1s以上，使电动机逐渐减速，最后制动停车。

（2）中载起升。中载起升的起重量$Q=0.5G_n \sim 0.6G_n$，操作方法是：起动、缓慢加速，当将手柄推到起升方向第一挡时，停留2s左右，再逐级加速，每挡停留1s左右，直至第五挡。而电动机逐渐减速，直至最后制动停车。

（3）重载起升。重载起升的起重量$Q \geqslant 0.7G_n$，操作方法是：将手柄推到起升方向的一挡时，由于负载转矩大于该挡电动机的起升转矩，所以电动机不能起动运转，应该迅速将手柄推到第二挡，把物件逐渐吊起。物件吊起后再逐渐加速，直至第五挡。如果手柄推到第二挡后，电动机仍不能起动，就意味着被吊物件已超过额定起重量，这时要马上停止起吊。另外，如果将物件提升到预定高度时，应将手柄逐挡扳回零位，在第二挡停留时间应稍长些，以减少冲击；且在第一挡位不能停留，要迅速扳回零位，否则重物会下滑。

3. 下降操作

下降操作与上升时各挡位速度的逐级加快正好相反，下降手柄一、二、三、四、五挡的速度逐级减慢。其操作可分为轻载下降、中载下降和重载下降3种。

（1）轻载下降的起重量$Q \leqslant 0.4G_n$，操作方法是：将手柄推到下降第一挡，这时被吊物件以大约1.5倍的额定起升速度下降。这对于长距离的物件下降是最为合理的操作挡位，可以加快起重吊运速度，提高工作效率。

（2）中载下降的起重量$Q=0.5G_n \sim 0.6G_n$，操作方法是：将手柄推到下降第三挡比较合适，不应以下降第一挡的速度高速下降，以免发生事故。这样操作，既能保证安全，又能达到提高工作效率之目的。

（3）重载下降的起重量$Q \geqslant 0.7G_n$，操作方法是：将手柄推到下降第五挡时，以最慢速度下降。当被吊物到达应停位置时，应迅速将手柄由第五挡扳回零位，中间不要停顿，以避免下降速度加快及制动过猛。

（4）重载下降的操作还应注意以下几点：

1）不能将手柄置于下降方向第一挡。因为这时被吊物下降速度可高达额定起升速度的两倍以上，这无疑是极其危险的，不仅电动机要发生故障，而且由于下降速度过快，重量大的被吊物体会产生很大的动能，造成刹不住车的严重溜钩事故。

2）长距离的重载下降，禁止采用反接制动方式下降。即手柄置于上升方向第一挡，这时电动机起动转矩小于吊物的负载转矩，重物拖带着电动机逆转，电动机转子电流很大，有可能烧毁电动机，所以在这种场合不能采用这种操作方式。

4. 起升机构的操作要领及安全技术

起升机构操作的好坏，是保证起重机工作安全的关键。因此，起重机驾驶员不仅要掌握好起升机构的操作要领，而且还要掌握它的安全技术。

5. 吊钩前后找正

每次吊运物件时，要把钩头对准被吊物件的重心，或正确估计被吊物件的重量和重心，然后将吊钩调至适当的位置。

6. 稳起吊

当钢丝绳拉直后，应先检查吊物、吊具和周围环境，再进行起吊。起吊过程应先用低速把物件吊起，当被吊物件脱离周围的障碍物后，再将手柄逐档推到最快挡，使物件以最快的速度提升。禁止快速推挡、突然起动，避免吊物撞周围人员和设备，以及拉断钢丝绳，造成人身或设备事故。

7. 被吊物起升后

一般起升的高度在其吊运范围内，高出地面最高障碍物 0.5m 为宜，然后开小车移至吊运通道再沿吊运通道吊运，不得从地面人员和设备上空通过，防止发生意外事故。

8. 切断电源

在工作中不允许把各限位开关当作停止按钮来切断电源，更不容许在电动机运转时（带负荷时）拉下闸刀，切断电源。

9. 物件的停放

当物件吊运到应停放的位置时，应对正预定停点后下降，下降时要根据吊物距离落点的高度来选择合适的下降速度。而且在吊物降至接近地面时，要继续开动起升机构慢慢降落至地面，不要过快、过猛。当吊物放置地面后，不要马上落绳脱钩，必须在证实吊物放稳且经地面指挥人员发出落绳脱钩信号后，方可落绳脱钩。

二、稳钩的基本操作方法

作为司机，稳钩是实际操作的重要基本技能之一，是完成每一个吊运工作循环中必不可少的工作环节。所谓稳钩，就是使摇摆着的吊钩，平稳地停在所需要的位置，或使吊钩随起重机平稳运行的操作方法。

1. 起车稳钩（见图 4-26-1）

在吊钩摇摆到幅度最大时，而尚未回摆的瞬间，把车跟向吊钩将要回摆的方向（钩向哪边摆，车向哪边跟）。跟车的距离应使吊钩的重心恰好处于垂直位置，摆幅大，跟车距离就大，摆幅小，跟车距离就小。跟车速度都不宜太慢。

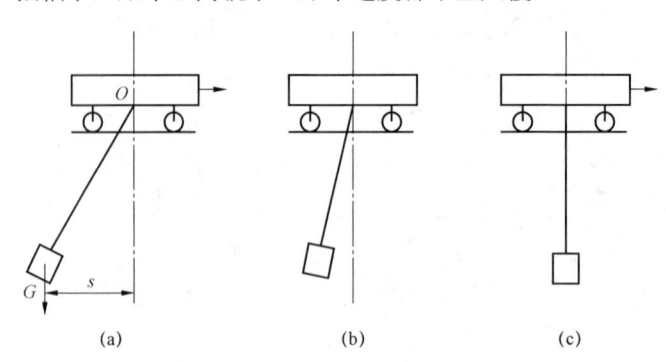

图 4-26-1 起车稳钩示意
（a）起车；（b）停车；（c）二次起车

2. 前后摇摆的稳钩（见图 4-26-2）

在吊钩向前摇摆到幅度最大时，而尚未回摆的瞬间，把小车跟向前方。跟车的距离应使吊钩的重心恰好处于垂直位置，摆幅大，跟车距离就大，摆幅小，跟车距离就小。跟车速度都不宜太慢。

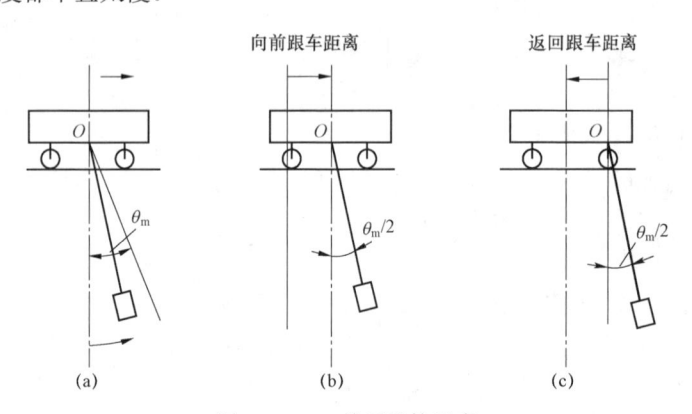

图 4-26-2 前后稳钩示意
（a）起车；（b）向前跟车；（c）反向跟车

3. 左右摆的稳钩（见图 4-26-3）

在吊钩向左或右摇摆到幅度最大时，而尚未回摆的瞬间，把车跟向吊钩将要回摆的方向（钩向哪边摆，车向哪边跟）。跟车的距离应使吊钩的重心恰好处于垂直位置，摆幅大，跟车距离就大，摆幅小，跟车距离就小。跟车速度都不宜太慢。

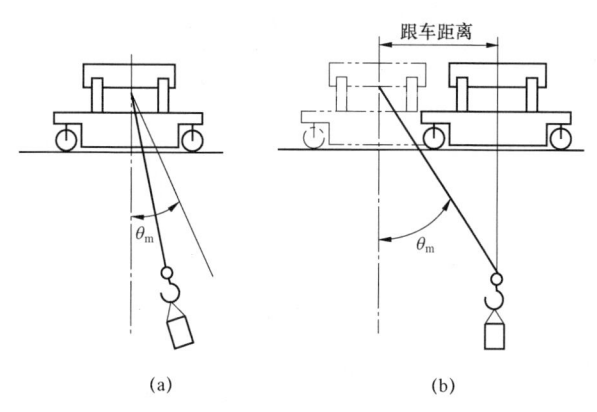

图 4-26-3　左右摇摆稳钩示意
（a）向前跟车；（b）停止跟车

4. 运行稳钩

在运行中吊物向前摇摆时，应顺着吊物的摇摆方向加大控制器的挡位，使车速加快，运行机构跟上吊钩的摆动。当吊物向回摆动时，应减小控制器的挡位，使车速减小，吊物跟上车体的运行速度，以减小吊物的回摆幅度。在运行中，通过几次反复加速、减速、跟车，就可以使吊物与运行机构同时平稳地运行。

5. 停车稳钩（见图 4-26-4）

尽管在启动和运行时吊物很平稳，但如果停车时掌握不好停车的方法，往往就会产生停车时的吊物摇摆。这时需要卡车司机采用停车稳钩的方法来消除吊物摇摆。

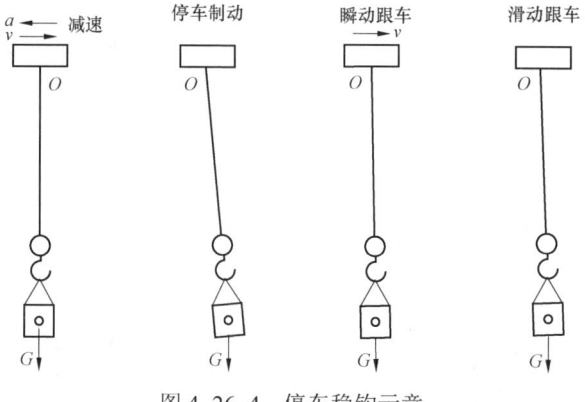

图 4-26-4　停车稳钩示意

6. 稳抖动钩

在起重机的吊运过程中，经常遇到抖动钩，抖动钩表现为吊物以大幅度前后摆动，而吊钩以小角度在吊物一个摆角之内抖动几次。产生抖动的原因为：吊物件的钢丝绳长短不一；吊物重心偏；操作时吊钩没有对正吊物的重心。

7. 稳圆弧钩

在吊运或起动时，因操作不当，或某些外界因素的作用，都将使吊物产生弧形曲线运动，即圆弧钩。稳这种圆弧钩的操作方法是：采用大、小车的综合运动跟车法，即沿吊物运动方向和吊物运动曲线度状况，操纵大、小车控制手柄，改变控制器速度挡位使小车产生相应的曲线运动，即可把圆弧状的吊物摇摆消除。

三、起重机在运行中发生故障应急处理方法

1. 起升机构制动器突然失灵的操作方法

所谓制动器失灵，就是控制器手柄转到零，吊钩或车体仍在运行。当遇到这种情况，特别是起升机构的制动器突然失灵时，正确处理方法是：

（1）处事态度。驾驶员应该沉着、冷静、正确判断，采取应急措施。

（2）机械方面。先从机械方面着手。首先要进行一次点车或反向操作，使吊物上升到一定高度（能上升，千万不可断电）。手柄再放到零位，若重物又开始下滑，说明机械故障不能消除，应立即发出紧急信号，同时寻找物体可以降落的地点。如当时物体所处位置即可以降落，就要把控制器手柄放到下降速度最慢一挡，使物件降落。决不允许让物件自由坠落。如果当时的情况不允许直接降落物体，就要迅速地把控制器手柄逐级地转到上升速度最慢的一挡，严禁将控制器转到上升速度最快一挡。因为转矩变化大，会使过电流继电器触点脱开，把电源切断，使重物立即自由坠落，造成更大的事故。因此，根据实际情况，通过连续几次重复的上下操作，能使大、小车把物件运送到可以降落的地点。

（3）电气方面。如果在点车或反向操作之后，重物仍在下滑，则可以认为这种失灵是由电气方面原因造成的。遇到这种情况，应立即拉下紧急开关和保护箱闸刀开关，切断电源，使制动器合闸制动（因为是常闭制动器），把吊物停住。然后查明原因，排除故障。

2. 起吊操作中判断超载或故障的方法

当控制器手柄放到上升第二挡位置时，仍不能起动负载，驾驶员应当及时把控制器手柄放到零位，然后分两种情况进行分析：

（1）询问、估计载荷是否超载，若有超载可能，就不允许再起吊。

（2）询问、估计载荷不能超载，否则起升机构有故障，也不能再起吊，应请有关机、电维修人员来检查维修。

3. 吊运中突然停电的处理方法

当吊运过程中突然停电时，司机应首先把控制器手柄放到零位，并拉下控制箱闸刀开关，然后询问停电原因。

（1）若短时间停电，就在司机室内耐心等待。

（2）若长时间停电，就要设法撬开制动器放下载荷。

4. 操纵机构突然失灵的处置方法

先立即拉下紧急开关，再拉下闸刀开关切断电源待查。

5. 桥式起重机操作中突然着火的处理方法

司机应该先立即拉下紧急开关，再拉下闸刀开关切断电源。然后用干粉或二氧化碳灭火机灭火，如果烟火很大，灭不了，应及时撤离后立即报警。

6. 操作中遇突发紧急信号的处理方法

操作中，突然有人发出紧急信号（不一定规范）的处理方法司机应该立即停止工作，将手柄放到零位或拉紧急开关，再拉闸刀开关切断电源。

四、起重机操作人员安全操作规定

1. 对司机操作的基本要求

起重机司机在严格遵守规章制度的前提下，在操作中还应做到如下几点：

（1）稳司机在操作起重机过程中，必须做到起动平稳，行车平稳，停车平稳，确保吊钩、吊具及其吊物不游摆。

（2）准在稳的基础上，吊物应准确地停在指定的位置上降落，即落点准确。

（3）快在稳、准的基础上，协调相应各机构动作，缩短工作循环时间，使起重机不断连续工作，提高工作效率。

（4）安全确保起重机在完好情况下可靠有效地工作，在操作中，严格执行起重机安全技术操作规程，不发生任何人身和设备事故。

（5）在了解掌握起重机性能和电动机机械特性的基础上，根据吊物的具体状况，正确地操纵控制器并做到合理控制，使起重机运转既安全而又经济。

2. 司机在工作前的要求

（1）在下列情况下，司机应发出警告信号：

1）起重机在起动后即将开动前；

2）靠近同跨其他起重机时；

3）在起吊和下降吊钩时；

4）吊物在运移过程中，接近地面工作人员时；

5）起重机在吊运通道上方吊物运行时；

6）起重机在吊运过程中设备发生故障时。

(2) 不准用限位器作为断电停车手段。

(3) 严禁吊运的货物从人头上方通过或停留，应使吊物沿吊运安全通道移动。

(4) 操纵电磁吸盘或抓斗起重机时，禁止任何人员在移动吊物下面工作或通过，应划出危险区并立警示牌，以引起人们重视。

(5) 在开动任何机构控制器时，不允许猛烈迅速扳转其手柄，应逐步推挡，确保起重机平稳起动运行。

(6) 不准使用限位器及连锁开关作为停车手段。

(7) 除非遇有非常情况外，不允许打反车。

(8) 不允许同时开动 3 个以上的机构同时运转。

(9) 在操作中，司机只听专职指挥员的指令进行工作，但对任何人发出的停车信号必须立即执行，不得违反。

3. 司机在工作完毕后的要求

起重机工作完毕后，司机应遵守下列规则：

(1) 应将吊钩提升到较高位置，不准在下面悬吊而妨碍地面人员行动；吊钩上不准悬吊挂具或吊物等。

(2) 将小车停在远离起重机滑触线的一端，不准停于跨中部位；大车应开到固定停靠位置。

(3) 电磁吸盘或抓斗、料箱等取物装置，应降落至地面或停放平台上，不允许长期悬吊。

(4) 将各机构控制器手柄扳回零位，扳开紧急断路开关，拉下保护柜主刀开关手柄，将起重运转中情况和检查时发现的情况记录于交接班日记中，关好司机室门下车。

(5) 室外工作的起重机工作完毕后，应将大车上好夹轨钳并锚固牢靠。

(6) 与下一班司机做好交接工作。认真负责地介绍当班的工作和设备运转情况，介绍排除设备故障情况以及存在的所有问题；详细地做好当班的记录。

4. 起重机司机"十不吊"内容

(1) 指挥信号不明确或违章指挥不吊。

(2) 超载不吊。

(3) 工件或吊物捆绑不牢不吊。

(4) 吊物上面有人不吊。

(5) 安全装置不齐全或有动作不灵敏、失效者不吊。

(6) 工件埋在地下、与地面建筑物或设备有钩挂不吊。

(7) 光线隐暗视线不清不吊。

(8) 棱角物件无防切割措施不吊。

（9）斜拉工件不吊。

（10）钢水包过满有洒落危险不吊。

【思考与练习】

1. 起重机的主要分类有哪些？
2. 起重机操作前注意事项有哪些？
3. 起重机突然断电时的操作方法是什么？
4. 简述起重机司机"十不吊"的内容。
5. 简述起重机操作中突然着火的处理方法。

第二十七章

电动葫芦故障处理

▲ 模块 1 电动葫芦故障处理方法（ZY5600902001）

【模块描述】本模块介绍电动葫芦故障处理。通过讲解和介绍，能够了解电动葫芦种类、用途与优点；了解电动葫芦的结构与工作原理；掌握电动葫芦使用保养注意事项以及电动葫芦故障排除。

【模块内容】

一、电动葫芦的种类、用途与优点

电动葫芦是一种简便的起重机械，它由运行和提升两大部分组成，一般是安装在直线或曲线工字梁轨道上，用以提升和移运重物，常与电动单梁悬臂等起重机配套使用。

电动葫芦按其结构不同，可以分为环链式电动葫芦和钢丝绳式电动葫芦。环链式电动葫芦是用环状焊接链与吊钩连接作起吊索具之用；而钢丝绳式电动葫芦是用钢丝绳与吊钩连接作起吊索具之用。环链式电动葫芦重物的起升高度较低，多应用于低矮厂房或露天环境。目前，以钢丝绳电动葫芦应用最广，在应用的电动葫芦中 TD 型、CD 型比较多。

电动葫芦除固定悬挂使用外，还可以悬空挂在工字梁上作水平移动，使其在工字梁上移动的方式有手推小车式、手拉链式和电动运行小车式等几种方式。

由于电动葫芦轻巧，机动性大，因此在施工现场、设备检修等，均可使用。

电动葫芦的起重量一般在 2.5～50kN，最大的可达 100kN，提升速度为 4.5～10m/min，提升高度一般在 6～30m。

电动葫芦的主要优点有以下几方面：

（1）在结构上体积小、重量轻，全机封闭便于安装。

（2）全部用密闭于黄油箱中的正齿轮传动，主轴用滚动轴承，传动机构不另设离合器以减少故障。

（3）不用任何控制机件，自动刹车，起重量越大，制动力也越大。

（4）操作方便，用手一按按钮即可控制启闭。

（5）钢丝绳利用导索夹圈，准确地卷绕在卷筒上，不论钢丝绳如何松弛，卷筒上钢丝绳不会松动、重叠、绞乱。

（6）吊钩位置或钢丝绳在卷筒上卷绕圈数，由终点限制开关自动撞制，安全可靠。

二、电动葫芦的结构与工作原理

电动葫芦由电动机（制动器）、减速器、卷筒等构成。如图 4-27-1 所示为 CD 型电动葫芦的结构。锥形转子电动机转动时，通过弹性联轴器将动力传给三级齿轮减速器，最后一级减速齿轮带动卷筒回转，实现卷绳，使吊钩上下运动。减速器是三级齿轮机构。以 5t 葫芦为例，齿数为 68/12、42/12、45/11，总传动比为 81.2。第三级大齿轮安装在空心轴上，主传动轴由此通过。经减速后，第三级大齿轮通过花键轴带动卷筒回转。

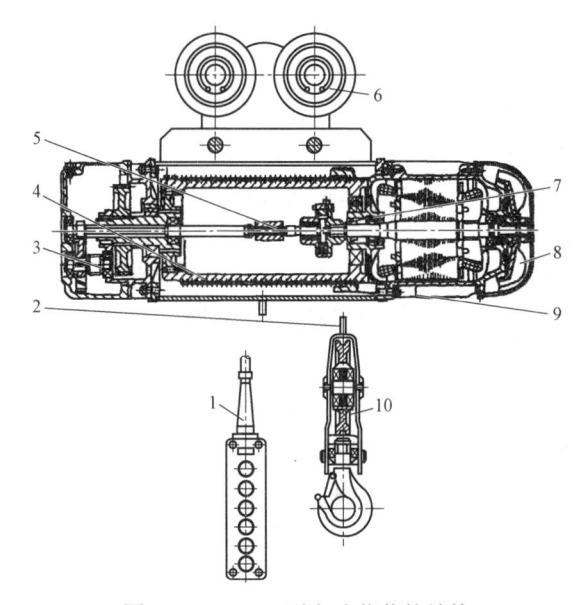

图 4-27-1　CD 型电动葫芦的结构

1—电器装置；2—钢丝；3—减速器；4—卷筒；5—中心轴；6—电动小车；
7—弹性联轴器；8—锥形转子电动机（制动器）；9—导绳器；10—吊钩

利用锥形转子电动机的特点，在接电时，转子在磁拉力作用下有轴向移动，利用弹簧和风扇轮构成制动器（见图 4-27-2）。

当起动时，磁拉力克服弹簧推力，使与轴子同轴的风扇制动轮右移，与后端盖脱开松闸。

当断电时，在弹簧的推动下，电动机轴子左移，同时带动风扇制动轮左移，与后端盖压在一起，实现制动。

电动葫芦应装上升极限位置限制器。CD型电动葫芦采用双向限位器，在葫芦外沿卷筒布置两个停止块，当导绳器运动到极限位置与停止块相撞时，切断主回路，吊钩停止运动。

三、电动葫芦的使用保养注意事项

（1）使用前应了解电动葫芦的结构性能，熟悉安全操作规程，且应按规定做负荷试验。

（2）由于卷筒没有导绳装置，易乱绳，必须经常检查和调整。钢丝绳在卷筒上应排列整齐，不得重叠散乱。

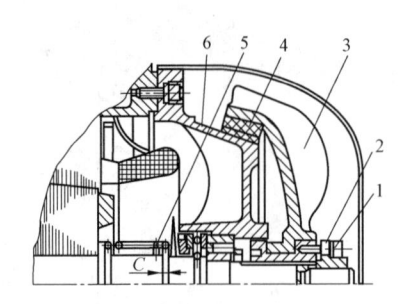

图 4-27-2 锥形制动器
1—轴端螺钉；2—锁紧螺母；3—风扇制动轮；4—制动衬；5—弹簧；6—后端盖

（3）电动葫芦无下降限位装置时，钢丝绳在卷筒上必须要有2～3圈的安全圈。

（4）经常检查电动机与减速器之间的联轴节，发现裂纹即应更换。

（5）必须经常检查钢丝绳，发现有断丝情况，必须更换。

（6）卷筒两端轴承每星期要加油一次。

（7）制动部分不可沾有润滑剂，否则会使刹车失灵。

（8）在运行发现设备有不正常音响时，应立即停车检查。

（9）行驶用工字钢两头要有挡板，电动葫芦本身要有缓冲器。

（10）限位器是防止吊钩上升或下降超过极限位置时的安全装置，不能当行程开关使用，不准用限位器停车。

（11）不允许将负荷长时间停在空中，以防止机件发生永久变形及其他事故。

（12）不准在吊载情况下调整制动器。

（13）吊运时，不得从人员头上通过。

（14）电动葫芦工作时，不准检查和维修。

（15）有下述情况之下不应操作：

1）超载、斜拉斜吊、吊拔埋置物或起吊重量不清的货物。

2）电动葫芦有影响安全工作的缺陷或损伤，如制动器、限制装置失灵；吊钩螺母防松装置损坏，钢丝绳损伤达报废标准。

3）因捆绑吊挂不平衡而可能滑动，重物棱角与钢丝绳间未加衬垫。

4）工作场地昏暗，无法看清场地及被吊物的情况。

（16）起吊接近额定起重量时，应先试吊，没有异常现象时再起吊。

（17）禁止吊运热熔金属及其他易燃易爆物品。

（18）当重物下降出现严重的自溜且刹不住时，可以迅速按"上升"按钮，使重物上升少许。然后再按"下降"按钮,并不要松开,直至徐徐降至地面,然后进行检查。

(19) 根据使用情况定期进行检查,并进行润滑。

(20) 发生故障应及时查找原因,予以排除,不允许带病作业。

四、电动葫芦故障排除

电动葫芦常见故障、主要原因及处理方法见表 4–27–1。

表 4–27–1　　　　电动葫芦常见故障、主要原因及处理方法

故　　障	主　要　原　因	处　理　方　法
起动后电动机不转	1. 过渡超载; 2. 电压较低; 3. 电气有故障,导线断开或接触不良; 4. 制动轮与后端盖咬死,制动轮脱不开	1. 不许超载使用; 2. 等电压恢复后使用; 3. 检查电气与线路; 4. 检修
制动不可靠,下滑距离超过规定	1. 制动器磨损大或其他原因,使弹簧压力减小; 2. 制动器摩擦面有油污存在; 3. 制动环摩擦接触不良; 4. 压力弹簧损坏; 5. 制动环松动	1. 调整压力; 2. 擦净油污; 3. 修磨; 4. 更换弹簧; 5. 更换制动环
电动机温升过高	1. 超载使用或工作过于频繁; 2. 制动器未调整好,运转时未完全脱开	1. 按额定载荷和工作制度工作; 2. 调整间隙
减速器响声过大	1. 润滑不良; 2. 齿轮磨损过度,齿间间隙过大; 3. 齿轮损坏; 4. 轴承损坏	拆卸检修
起动时电机发出嗡嗡声	1. 电源及电机少相; 2. 交流接触器接触不良	检修或更换接触器
重物升至半空,停车后不能起动	电压过低或波动大	电压恢复正常后工作
起动后不能停车,或到极限位置时仍未停车	1. 交流接触器熔焊; 2. 限位器失灵	迅速切断电源更换电气零件

【思考与练习】

1. 电动葫芦常见故障、主要原因及处理方法有哪些?
2. 电动葫芦的使用保养注意事项是什么?
3. 电动葫芦起动时电机发出嗡嗡声的故障原因及处理方法是什么?
4. 电动葫芦制动不可靠,下滑距离超过规定的故障原因及处理方法?
5. 简述电动葫芦的主要优点。

参 考 文 献

[1] 马记,吴祥生. 国家职业资格培训教材 起重工(初级)(第 2 版). 北京:机械工业出版社,2013.
[2] 吕嘉宾,马记. 国家职业资格培训教材 起重工(高级). 北京:机械工业出版社,2006.
[3] 张应立,罗建祥. 起重司索指挥作业. 北京:化学工业出版社,2010.
[4] 机械工业职业教育研究中心. 起重工技能实战训练. 北京:机械工业出版社,2006.
[5] 钱夏夷,李向东. 起重作业技巧与禁忌. 北京:机械工业出版社,2008.
[6] 国家经贸委安全生产局. 起重机司机. 北京:气象出版社,2005.